高等学校教材

高等学校常用危险化学品安全技术手册

主　编　姜周曙
副主编　林海旦　亓文涛　樊　冰　许杭慧
主　审　公晓丽　杜　奕　楼荣华

高等教育出版社·北京

内容提要

本书精选了高等学校科研和教学工作中常用的300种危险化学品，详细介绍了每种危险化学品的名称(中文名称和英文名称)、编号(CAS登记号、RTECS号或UN编号)、化学式、相对分子质量、危险性类别、危险标识、理化性质(闪点、熔点、沸点、相对密度、相对蒸气密度、爆炸极限、危险特性)、预防措施(呼吸防护、眼睛防护、手防护、身体防护和其他防护)、事故响应(皮肤接触、眼睛接触、吸入和食入)、应急处理(消防措施和泄漏处理)、安全存储和废物处置等信息。

本书主要作为高等学校的学生、教师、科研和实验室安全管理人员的实验室安全教育用书，亦可作为从事与危险化学品相关的生产、作业、经营、研发、安全监督、安全监察与管理干部等人员的安全技术参考书和培训教材，还可作为编制危险化学品安全应急预案的主要技术资料。

图书在版编目(CIP)数据

高等学校常用危险化学品安全技术手册 / 姜周曙主编. -- 北京 : 高等教育出版社, 2018.9 (2020.12重印)
ISBN 978-7-04-049253-8

Ⅰ.①高… Ⅱ.①姜… Ⅲ.①高等学校－化工产品－危险物品管理－技术手册 Ⅳ.①TQ086.5-62

中国版本图书馆CIP数据核字(2018)第003818号

Gaodeng Xuexiao Changyong Weixian Huaxuepin Anquan Jishu Shouce

策划编辑 李 颖　　责任编辑 李 颖　　封面设计 张 志　　版式设计 张 杰
插图绘制 杜晓丹　　责任校对 殷 然　　责任印制 朱 琦

出版发行 高等教育出版社
社　　址 北京市西城区德外大街4号
邮政编码 100120
印　　刷 北京市联华印刷厂
开　　本 787 mm×1092 mm 1/16
印　　张 19.75
字　　数 520千字
购书热线 010-58581118
咨询电话 400-810-0598
网　　址 http://www.hep.edu.cn
http://www.hep.com.cn
网上订购 http://www.hepmall.com.cn
http://www.hepmall.com
http://www.hepmall.cn
版　　次 2018年9月第1版
印　　次 2020年12月第3次印刷
定　　价 39.50元

物 料 号 49253-00

书　评

《高等学校常用危险化学品安全技术手册》一书，以高等学校实验室危险化学品使用的实际情况为基础，经过广泛调研和反复筛选，收集了300种高校实验室常用危险化学品，并对这些危险化学品的理化特性以及个体防护措施、事故响应、应急处理、安全存储和废物处理方面的要求和注意事项进行梳理，形成安全技术手册，可以作为高等学校实验室危险化学品使用安全技术指导文件。

该书的编写，一方面响应了国家关于加强危险化学品安全管理的要求，从物质的性质出发，为高等学校实验室安全策划、实验准备工作提供了安全技术支撑，为个体防护和事故防范提供了依据。另一方面结合了高等学校实验室的实际情况，在浩如繁星的危险化学品中筛选出最常用的或者通常难以查询的品种，为高校实验室安全使用危险化学品、把好实验安全关提供了一件简捷高效的工具。第三是融合了作者长期从事高校实验室安全管理工作的经验积淀，从危险化学品众多信息中提炼出高等学校实验室危险化学品安全管理最关切、最有用的信息，通过精心整理和编排，更加贴近高等学校实验室安全管理现实需求。第四是采用了更加方便实用的形式，其内容可以制作成卡片、标签，也可以根据其中的内容编制实验安全须知、应急处置卡，具有功能多样化的特点。

该书有助于学生自主学习，有助于教师实验准备，有助于实验过程的应急，也有助于高等学校实验室的日常安全管理，是一本针对性、实用性和创新性相结合的精品工具书。

楼荣华

2017年11月于杭州

前言

化学品是指天然生成或人工合成、由各种化学元素组成的纯净物或混合物。化学品中有不少具有易燃、易爆、有毒和腐蚀等危险性，目前列入国家《危险化学品目录(2015版)》的危险化学品，共有28类95个危险类别，2 828种。

化学品是高等学校科研与教学的基本物质资源。随着高等教育事业的发展和高等学校科技创新能力的增强，实验室中使用危险化学品已不局限于化学、化工、生物、材料和环境等传统学科。在学科交叉研究和创新驱动下，高等学校所用危险化学品的种类和数量迅速增加。如果对危险化学品的性质认识不足，在使用过程中，会带来很大的安全隐患，处理不当容易发生安全事故。近年来，与危险化学品使用和管理相关的安全事故时有发生，造成了生命和财产损失，社会影响恶劣，教训十分深刻。因此，加强学习和了解各种危险化学品的理化性质、预防措施、事故响应、应急处理、安全存储和废物处置方法等安全知识，掌握危险化学品正确的使用方法十分必要。

本书编者对高等学校科研与教学人员常用的危险化学品进行了充分调研，从中选取常用的300种危险化学品，编制了安全技术手册，对危险化学品的中英文名称、编号、化学式、相对分子质量、危险性类别和理化性质、预防措施、事故响应、应急处理和安全存储及废物处置等进行了阐述。基本内容符合《化学品分类和危险性公示通则》(GB13690—2009)、《安全标志及其使用导则》(GB2894—2008)、《化学品安全标签编写规定》(GB15258—2009)和《常用危险化学品安全周知卡编制导则》(HG23010—1997)等国家标准与行业标准的要求。

为方便读者查阅，本书正文按照危险化学品中文名称拼音字母顺序排序，包含了每一种化学品最核心的信息，简明扼要、实用性强。

浙江省教育厅和浙江省高校实验室工作研究会对本书的出版提供了宝贵的资助。浙江省教育厅校园安全处潘伟川先生、浙江大学冯建跃教授给予了热情鼓励、大力支持和无私奉献。清华大学杜奕高级工程师、杭州电子科技大学公晓丽博士和浙江中一寰球安全科技有限公司楼荣华教授对本书进行了认真、反复的审校。无锡赛弗安全装备有限公司王龙生、浙江师范大学林建军、浙江中医药大学王辉、浙江省建筑科学设计研究院张建良和浙江方元安消防技术研究院闵甦宏等领导、专家和学者对本书编写提出了许多珍贵的意见。杭州电子科技大学黄志恒、程艳超、潘松、刘斌和常树杭等研究生，在文献资料的收集、整理和编纂过程中做出了贡献。在此一并表示诚挚的感谢。

由于编者水平所限，书中难免存在疏漏、错误、不足和值得商榷之处，诚望读者不吝赐教，敬请批评指正，以便有机会再版时得以更正。

编　者

2017年5月于杭州

本书术语解释

1. 编号

每种化学品可能有三种编号：

(1) CAS 登记号：指《美国化学文摘》(Chemical Abstracts Service，CAS)登记号。《美国化学文摘》为每一种出现在文献中的物质分配一个 CAS 登记号，是该物质唯一的数字识别号码。

(2) RTECS 号：指化学物质毒性数据库(Registry of Toxic Effects of Chemical Substances，RTECS)，是一个记录化学物质毒性资料的数据库。

(3) UN 编号：UN 是联合国(United Nations)的缩写，UN 编号指联合国危险货物运输专家委员会对危险物质规定的编号。

同一种化学品根据不同的命名方法可以有几个名字，但其编号是唯一确定的。因此，本书给出了化学品的中文名称、英文名称，以及 CAS 登记号、RTECS 号或 UN 编号。

2. 职业接触限值

(1) 最高容许浓度(MAC)：指工作地点、在一个工作日内、任何时间有毒化学物质均不应超过的浓度。用 mg/m^3 表示。

(2) 时量平均浓度(PC-TWA)：指以时间为权数规定的 8 h 工作日、40 h 工作周的平均容许接触浓度。用 mg/m^3 表示。

3. 理化性质

(1) 闪点：指在规定的条件下，试样被加热到它的蒸气与空气的混合气体接触火焰时，能产生闪燃的最低温度。闪点有开杯(用 OC 标注)和闭杯(用 CC 标注)两种值。闪点是评价液体物质燃爆危险性的重要指标。闪点越低，燃爆危险性越大。

(2) 熔点：指在一定压力下，纯物质的固态和液态呈平衡时的温度，单位是℃。

(3) 沸点：指液体沸腾时的温度，也就是液体的饱和蒸气压与外界压力相等时的温度，单位是℃。

(4) 相对密度：指物质的密度与参考物质的密度在规定条件下的比值。化学品是气体和蒸气时，以空气为参考物质；化学品是液体或液化气体时，以水为参考物质。

(5) 爆炸极限：易(可)燃气体、液体蒸气、固体粉尘与空气形成混合物，遇火源即能发生燃烧爆炸的最低浓度，称为该气体、蒸气或粉尘的爆炸下限；同时，易(可)燃气体、液体蒸气或固体粉尘与空气形成混合物，遇火源即能发生燃烧爆炸的最高浓度，称为该气体、蒸气或粉尘的爆炸上限。上、下限之间的浓度范围称为爆炸极限。爆炸极限通常用易(可)燃气体或液体蒸气在混合气中的体积分数(%)表示，固体粉尘的爆炸极限用 mg/m^3 表示。

目　录
(按汉语拼音顺序)

F

G

H

J

K

L

M

N

P

Q

S

T

W

X

Y

中文名称:**氨气**	英文名称:ammonia
CAS 登记号:7664-41-7	RTECS 号:B00875000
化学式:NH_3	相对分子质量:17.03

时量平均浓度	危险性类别	危险标识
PC-TWA:20 mg/m^3	有毒气体;易燃气体;腐蚀气体	 有毒气体 易燃气体 腐蚀气体

理化性质

闪点:−54℃	熔点:−77.7℃	沸点:−33.5℃
相对密度($d_{水}$=1):0.7(−33℃)	相对蒸气密度($d_{空气}$=1):0.59	爆炸极限:15%~28%

预防措施

呼吸防护	空气中浓度超标时,建议佩戴过滤式防毒面具(半面罩)。紧急事态抢救或撤离时,必须佩戴空气呼吸器。
眼睛防护	戴化学安全防护眼镜。
手 防 护	戴保温防护手套。
身体防护	穿防静电工作服。处理液氨时,穿防寒服。
其他防护	采用防爆型照明、通风设施。禁止使用易产生火花的机械设备和工具。

事故响应

皮肤接触	立即脱去污染的衣着,应用 2% 硼酸溶液或大量清水彻底冲洗。如有不适感,就医。
眼睛接触	立即提起眼睑,用大量流动清水或生理盐水彻底冲洗 10~15 min。如有不适感,就医。
吸　　入	迅速脱离现场至空气新鲜处。保持呼吸道通畅。如呼吸困难,给输氧。如呼吸、心跳停止,立即进行心肺复苏术。就医。
食　　入	不会通过该途径接触。

应急处理

消防措施	用雾状水、抗溶性泡沫、二氧化碳、砂土灭火。切断气源。若不能切断气源,则不允许熄灭泄漏处的火焰。消防人员须佩戴空气呼吸器,穿全身防火防毒服。在上风向灭火。尽可能将容器从火场移至空旷处。喷水冷却火场容器。
泄漏处理	建议应急处理人员穿内置正压自给式呼吸器的隔绝式防护服。如果是液化气体泄漏,还应注意防冻伤。尽可能切断泄漏源。如果钢瓶发生泄漏,无法关闭时可浸入水中。储罐区最好设稀酸喷洒设施。隔离泄漏区直至气体散尽。

安全存储

储存于阴凉、干燥、通风的有毒气体专用库房。远离火种、热源。库温不宜超过 30℃。应与氧化剂、酸类、卤素、食用化学品分开存放,切忌混储。

废物处置

先用水稀释,再加盐酸中和,然后排入废水系统。

中文名称:**氨基磺酸**	英文名称:sulfamic acid
CAS 登记号:5329-14-6	RTECS 号:WO5950000
化学式:NH_2SO_3H	相对分子质量:97.10

最高容许浓度 / 时量平均浓度	危险性类别	危险标识
未制定标准	酸性腐蚀品	 酸性腐蚀品

理化性质

闪点:无意义	熔点:200~205℃	沸点:209℃
相对密度($d_{水}$=1):2.15	相对蒸气密度($d_{空气}$=1):3.3	爆炸极限:无意义

预防措施

呼吸防护	可能接触毒物时,应该佩戴过滤式防尘呼吸器。	
眼睛防护	戴化学安全防护眼镜。	
手 防 护	戴橡胶耐酸碱手套。	
身体防护	穿橡胶耐酸碱服。	
其他防护	在通风橱内进行化学反应。实验室禁止吸烟和饮食。	

事故响应

皮肤接触	立即脱去污染的衣着,用大量流动清水冲洗 20~30 min。如有不适感,就医。
眼睛接触	立即提起眼睑,用大量流动清水或生理盐水彻底冲洗 10~15 min。如有不适感,就医。
吸　　入	迅速脱离现场至空气新鲜处。保持呼吸道通畅。如呼吸困难,给输氧。如呼吸、心跳停止,立即进行心肺复苏术。就医。
食　　入	用水漱口,禁止催吐,给饮牛奶或蛋清。就医。

应急处理

消防措施	用雾状水、泡沫、二氧化碳、砂土灭火。氨基磺酸受热分解,放出氮、硫的氧化物等毒性气体。消防人员须佩戴空气呼吸器,穿全身耐酸碱消防服灭火。尽可能将容器从火场移至空旷处。喷水冷却火场容器,直至灭火结束。
泄漏处理	建议应急处理人员戴防尘口罩,穿防酸碱服,戴耐酸碱手套。穿上适当的防护服前严禁接触破裂的容器和泄漏物。尽可能切断泄漏源。用塑料布覆盖泄漏物,减少飞散。勿使水进入包装容器内。用洁净的铲子收集泄漏物,置于干燥、干净、盖子较松的容器内,将容器移离泄漏区。

安全存储

储存于阴凉、通风的库房。远离火种、热源。包装密封。应与氧化剂、碱类分开存放,切忌混储。储区应备有合适的材料收容泄漏物。

废物处置

中和后,用安全掩埋法处置。

中文名称:**氨水**　　英文名称:ammonia water

CAS登记号:1336-21-6　　RTECS号:BQ9625000

化学式:$NH_3 \cdot H_2O$　　相对分子质量:35.06

时量平均浓度	危险性类别	危险标识
PC-TWA:20 mg/m^3	碱性腐蚀品	 碱性腐蚀品

理化性质

闪点:无意义　　熔点:-58℃(25%溶液)　　沸点:38℃(25%溶液)

相对密度($d_{水}$=1):0.91(25%溶液)　　相对蒸气密度($d_{空气}$=1):0.6~1.2　　爆炸极限:无意义

危险特性:易挥发出氨气

预防措施

呼吸防护	可能接触其蒸气时,应该佩戴过滤式防毒面具(全面罩)。
眼睛防护	呼吸防护中已做防护。
手 防 护	戴橡胶手套。
身体防护	穿实验室工作服。
其他防护	在通风橱内进行化学反应。实验室禁止吸烟和饮食。

戴过滤式防毒面具(全面罩)

戴橡胶手套

穿实验室工作服

事故响应

皮肤接触	立即脱去污染的衣着,用大量流动清水冲洗20~30 min。如有不适感,就医。
眼睛接触	立即提起眼睑,用大量流动清水或生理盐水彻底冲洗10~15 min。如有不适感,就医。
吸　　入	迅速脱离现场至空气新鲜处。保持呼吸道通畅。如呼吸困难,给输氧。如呼吸、心跳停止,立即进行心肺复苏术。就医。
食　　入	用水漱口,禁止催吐,给饮牛奶或蛋清。就医。

应急处理

消防措施	用水、雾状水、砂土灭火。易放出氨气。消防人员须佩戴空气呼吸器,穿耐酸碱消防服灭火。尽可能将容器从火场移至空旷处。喷水冷却火场容器,直至灭火结束。
泄漏处理	建议应急处理人员戴正压自给式呼吸器,穿防酸碱服,戴橡胶手套。穿上适当的防护服前严禁接触破裂的容器和泄漏物。尽可能切断泄漏源。小量泄漏:用干燥的砂土或其他不燃材料吸收或覆盖,收集于容器中。大量泄漏:构筑围堤或挖坑收容。用耐腐蚀泵转移至槽车或专用收集器内。

安全存储

储存于阴凉、通风的库房。远离火种、热源。库温不超过32℃,相对湿度不超过80%。保持容器密封。应与酸类、金属粉末等分开存放,切忌混储。储区应备有应急处理设备和合适的收容材料。

废物处置

中和、稀释后排入废水系统。

中文名称:**苯**	英文名称:benzene
CAS 登记号:71-43-2	RTECS 号:CY1400000
化学式:C_6H_6	相对分子质量:78.12

时量平均浓度	危险性类别	危险标识
PC-TWA:6 mg/m^3	易燃液体;致癌液体	 易燃液体 致癌液体

理化性质

闪点:-11℃	熔点:5.5℃	沸点:80.1℃
相对密度($d_{水}$=1):0.88	相对蒸气密度($d_{空气}$=1):2.77	爆炸极限:1.2%~8.0%

预防措施

呼吸防护	空气中浓度超标时,佩戴过滤式防毒面具(半面罩)。紧急事态抢救或撤离时,应该佩戴空气呼吸器。	 戴过滤式防毒面具(半面罩) 戴化学安全防护眼镜 戴橡胶耐油手套 穿实验室工作服
眼睛防护	戴化学安全防护眼镜。	
手 防 护	戴橡胶耐油手套。	
身体防护	穿实验室工作服。	
其他防护	采用防爆型照明、通风设施。禁止使用易产生火花的机械设备和工具。	

事故响应

皮肤接触	脱去污染的衣着,用肥皂水和清水彻底冲洗皮肤。如有不适感,就医。
眼睛接触	提起眼睑,用流动清水或生理盐水冲洗。如有不适感,就医。
吸　　入	迅速脱离现场至空气新鲜处。保持呼吸道通畅。如呼吸困难,给输氧。如呼吸、心跳停止,立即进行心肺复苏术。就医。
食　　入	饮水,禁止催吐。如有不适感,就医。

应急处理

消防措施	用泡沫、干粉、二氧化碳、砂土灭火。用水灭火无效。消防人员须佩戴空气呼吸器,穿全身防火防毒服,在上风向灭火。容器突然发出异常声音或出现异常现象,应立即撤离。
泄漏处理	建议应急处理人员戴正压自给式呼吸器,穿防毒、防静电服,戴橡胶耐油手套。作业时所用的所有设备应接地。禁止接触或跨越泄漏物。防止泄漏物进入水体、下水道、地下室或限制性空间。小量泄漏:用砂土或其他不燃材料吸收。大量泄漏:构筑围堤或挖坑收容。用泡沫覆盖,减少蒸发。

安全存储

储存于阴凉、通风的库房。远离火种、热源。避免光照。库温不宜超过 37℃。保持容器密封。应与氧化剂、食用化学品分开存放,切忌混储。储区应备有泄漏应急处理设备和合适的收容材料。

废物处置

用焚烧法处置。把倒空的容器归还厂商或在规定场所掩埋。

中文名称：**苯酚**　　英文名称：phenol

CAS 登记号：108-95-2　　RTECS 号：SJ3325000

化学式：C_6H_5OH　　相对分子质量：94.12

时量平均浓度	危险性类别	危险标识
PC-TWA：10 mg/m^3	毒害品	 毒害品

理化性质

闪点：79℃（CC）；85℃（OC）	熔点：40.6℃	沸点：181.9℃
相对密度（$d_{水}$=1）：1.071	相对蒸气密度（$d_{空气}$=1）：3.24	爆炸极限：1.3%~9.5%

预防措施

呼吸防护	可能接触其粉尘时，佩戴过滤式防尘呼吸器。紧急事态抢救或撤离时，应该佩戴空气呼吸器。
眼睛防护	戴化学安全防护眼镜。
手　防　护	戴乳胶手套。
身体防护	穿实验室工作服。
其他防护	在通风橱内进行化学反应。实验室禁止吸烟和饮食。

戴过滤式防尘呼吸器

戴化学安全防护眼镜

戴乳胶手套

穿实验室工作服

事故响应

皮肤接触	立即脱去污染的衣着，用大量流动清水彻底冲洗。冲洗后即用浸过 30%~50% 酒精的棉花反复擦拭创面至无酚味为止（注意不能将患处浸泡于酒精中），再继续用 4%~5% 碳酸氢钠溶液湿敷创面 2~4 h。就医。
眼睛接触	立即提起眼睑，用大量流动清水或生理盐水彻底冲洗 10~15 min。
吸　　入	迅速脱离现场至空气新鲜处。保持呼吸道通畅。如呼吸困难，给输氧。如呼吸、心跳停止，立即进行心肺复苏术。就医。
食　　入	立即给饮植物油 15~30 mL。催吐。口服活性炭悬液，导泄。就医。

应急处理

消防措施	用水、泡沫、干粉、二氧化碳灭火。消防人员须佩戴空气呼吸器，穿全身防火防毒服，在上风向灭火。
泄漏处理	建议应急处理人员戴防尘口罩，穿防毒服，戴防化学品手套。用塑料布覆盖泄漏物，减少分散。勿使水进入包装容器内。

安全存储

储存于阴凉、通风的库房。远离火种、热源。避免光照。库温不超过 35℃，相对湿度不超过 80%。包装密封。应与氧化剂、酸类、碱类、食用化学品分开存放，切忌混储。配备相应品种和数量的消防器材。

废物处置

用焚烧法处置。把倒空的容器归还厂商或在规定场所掩埋。

中文名称：**苯酚钠**　　英文名称：sodium phenolate

CAS 登记号：139-02-6

化学式：C_6H_5ONa　　相对分子质量：116.09

最高容许浓度 / 时量平均浓度	危险性类别	危险标识
未制定标准	其他腐蚀品	 其他腐蚀品

理化性质

闪点：无意义	熔点：384℃	沸点：无资料
相对密度($d_{水}$=1)：无资料	相对蒸气密度($d_{空气}$=1)：无资料	爆炸极限：无资料

预防措施

呼吸防护	可能接触其粉尘时，必须佩戴过滤式防尘呼吸器。紧急事态抢救或撤离时，佩戴空气呼吸器。
眼睛防护	戴化学安全防护眼镜。
手 防 护	戴橡胶手套。
身体防护	穿橡胶耐酸碱服。
其他防护	在通风橱内进行化学反应。实验室禁止吸烟和饮食。

事故响应

皮肤接触	立即脱去污染的衣服，用大量流动清水彻底冲洗。冲洗后即用浸过 30%~50% 酒精的棉花反复擦拭创面至无酚味为止(注意不能将患处浸泡于酒精中)，再继续用 4%~5% 碳酸氢钠溶液湿敷创面 2~4 h。就医。
眼睛接触	立即提起眼睑，用大量流动清水或生理盐水彻底冲洗 10~15 min。如有不适感，就医。
吸　　入	迅速脱离现场至空气新鲜处。保持呼吸道通畅。如呼吸困难，给输氧。如呼吸、心跳停止，立即进行心肺复苏术。就医。
食　　入	立即给饮植物油 15~30 mL。催吐。口服活性炭悬液，导泄。就医。

应急处理

消防措施	用雾状水、抗溶性泡沫、干粉、二氧化碳灭火。消防人员须佩戴空气呼吸器，穿全身耐酸碱消防服灭火。
泄漏处理	建议应急处理人员戴防尘口罩，穿防腐蚀、防毒服，戴橡胶手套。用塑料布覆盖泄漏物，减少飞散。用洁净的铲子收集泄漏物，置于干燥、干净、盖子较松的容器内，将容器移离泄漏区。

安全存储

储存于阴凉、通风的库房。远离火种、热源。包装要求密封，不可与空气接触。应与氧化剂、酸类分开存放，切忌混储。配备相应品种和数量的消防器材。

废物处置

用控制焚烧法处理。处置前应参阅国家和地方有关法规。

中文名称：**苯甲腈**　　英文名称：benzonitrile

CAS 登记号：100-47-0　　RTECS 号：DI2450000

化学式：C_6H_5CN　　相对分子质量：103.13

最高容许浓度 / 时量平均浓度	危险性类别	危险标识
未制定标准	毒害品	 毒害品

理化性质

闪点：71.7℃	熔点：-12.8℃	沸点：190.7℃
相对密度（$d_{水}$=1）：1.01	相对蒸气密度（$d_{空气}$=1）：无资料	爆炸极限：1.3%~8%

预防措施

呼吸防护	可能接触其蒸气时，应该佩戴过滤式防毒面具（半面罩）。紧急事态抢救或撤离时，建议佩戴空气呼吸器。
眼睛防护	戴化学安全防护眼镜。
手 防 护	戴橡胶耐油手套。
身体防护	穿实验室工作服。
其他防护	在通风橱内进行化学反应。实验室禁止吸烟和饮食。

戴过滤式防毒面具（半面罩）

戴化学安全防护眼镜

戴橡胶耐油手套

穿实验室工作服

事故响应

皮肤接触	立即脱去污染的衣着，用流动清水或 5% 硫代硫酸钠溶液彻底冲洗。就医。
眼睛接触	提起眼睑，用流动清水或生理盐水冲洗。如有不适感，就医。
吸　　入	迅速脱离现场至空气新鲜处。保持呼吸道通畅。如呼吸困难，给输氧。如呼吸、心跳停止，立即进行人工呼吸（勿用口对口）和胸外心脏按压术。就医。
食　　入	如患者神志清醒，催吐。洗胃。就医。

应急处理

消防措施	用泡沫、干粉、二氧化碳、砂土灭火。禁止用酸碱灭火剂灭火。消防人员须佩戴空气呼吸器，穿全身防火防毒服，在上风向灭火。尽可能将容器从火场移至空旷处。喷水冷却火场容器，直至灭火结束。容器突然发出异常声音或出现异常现象，应立即撤离。
泄漏处理	建议应急处理人员戴正压自给式呼吸器，穿防毒服，戴橡胶耐油手套。尽可能切断泄漏源。防止泄漏物进入水体、下水道、地下室或限制性空间。小量泄漏：用干燥的砂土或其他不燃材料吸收覆盖，收集于容器中。大量泄漏：构筑围堤或挖坑收容。

安全存储

储存于阴凉、通风的库房。远离火种、热源。保持容器密封。应与氧化剂、还原剂、酸类、食用化学品分开存放，切忌混储。

废物处置

建议用焚烧法处置。焚烧炉排出的氮氧化物通过洗涤器除去。

中文名称:**苯甲酸甲酯**　　英文名称:methyl benzoate

CAS 登记号:93-58-3　　RTECS 号:DH3850000

化学式:$C_6H_5COOCH_3$　　相对分子质量:136.16

最高容许浓度 / 时量平均浓度	危险性类别	危险标识
未制定标准	毒害品	 毒害品

理化性质

闪点:82.8℃(CC)　　熔点:-12.3℃　　沸点:198℃

相对密度($d_{水}$=1):1.09　　相对蒸气密度($d_{空气}$=1):4.68　　爆炸极限:1.2%~6.7%

预防措施

呼吸防护	空气中浓度超标时,佩戴过滤式防毒面具(半面罩)。
眼睛防护	戴化学安全防护眼镜。
手 防 护	戴乳胶手套。
身体防护	穿实验室工作服。
其他防护	在通风橱内进行化学反应。实验室禁止吸烟和饮食。

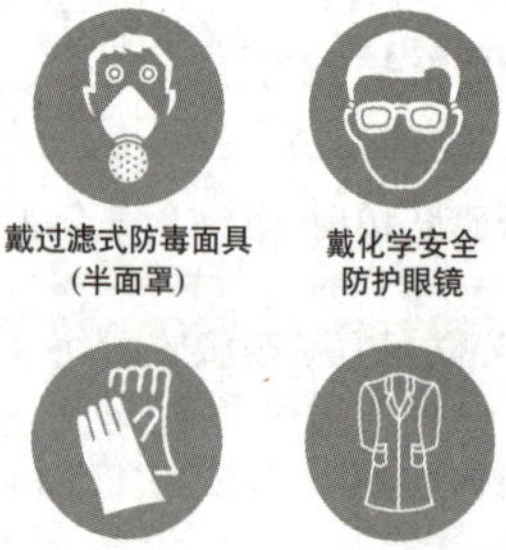

事故响应

皮肤接触	脱去污染的衣着,用肥皂水和清水彻底冲洗皮肤。如有不适感,就医。
眼睛接触	提起眼睑,用流动清水或生理盐水冲洗。如有不适感,就医。
吸　　入	迅速脱离现场至空气新鲜处。保持呼吸道通畅。如呼吸困难,给输氧。如呼吸、心跳停止,立即进行心肺复苏术。就医。
食　　入	饮足量温水,禁止催吐。就医。

应急处理

消防措施	用干粉、泡沫、二氧化碳、砂土灭火。消防人员须佩戴空气呼吸器,穿全身防火防毒服,在上风向灭火。尽可能将容器从火场移至空旷处。喷水冷却火场容器,直至灭火结束。容器突然发出异常声音或出现异常现象,应立即撤离。
泄漏处理	建议应急处理人员戴正压自给式呼吸器,穿防毒服,戴防化学品手套。尽可能切断泄漏源。小量泄漏:用干燥的砂土或其他不燃材料吸收或覆盖,收集于容器中。大量泄漏:构筑围堤或挖坑收容。用泵转移至槽车或专用收集器内。

安全存储

储存于阴凉、通风的库房。远离火种、热源。库温不超过35℃,相对湿度不超过85%。保持容器密封。应与氧化剂、碱类、食用化学品分开存放,切忌混储。配备相应品种和数量的消防器材。

废物处置

建议用焚烧法处置。

中文名称:**苯乙烯**　　英文名称:styrene

CAS 登记号:100-42-5　　RTECS 号:WL3675000

化学式:$C_6H_5CH{=}CH_2$　　相对分子质量:104.16

时量平均浓度	危险性类别	危险标识
PC-TWA:50 mg/m^3	可燃液体	 可燃液体

理化性质

闪点:31℃	熔点:-30.6℃	沸点:146℃
相对密度($d_{水}$=1):0.99(25℃)	相对蒸气密度($d_{空气}$=1):3.6	爆炸极限:0.9%~6.8%

预防措施

呼吸防护	空气中浓度超标时,建议佩戴过滤式防毒面具(半面罩)。紧急事态抢救或撤离时,建议佩戴空气呼吸器。
眼睛防护	一般不需要特殊防护。高浓度接触时,可戴化学安全防护眼镜。
手 防 护	戴橡胶耐油手套。
身体防护	穿实验室工作服。
其他防护	采用防爆型照明、通风设施。禁止使用易产生火花的机械设备和工具。

戴过滤式防毒面具(半面罩)

戴化学安全防护眼镜

戴橡胶耐油手套

穿实验室工作服

事故响应

皮肤接触	脱去污染的衣着,用肥皂水和清水彻底冲洗皮肤。如有不适感,就医。
眼睛接触	立即提起眼睑,用大量流动清水或生理盐水彻底冲洗。就医。
吸　　入	迅速脱离现场至空气新鲜处。保持呼吸道通畅。如呼吸困难,给输氧。如呼吸、心跳停止,立即进行心肺复苏术。就医。
食　　入	大量饮水,禁止催吐。如有不适感,就医。

应急处理

消防措施	用泡沫、干粉、二氧化碳、砂土灭火。消防人员须佩戴防毒面具,穿全身消防服,在上风向灭火。尽可能将容器从火场移至空旷处。喷水冷却火场容器,直至灭火结束。容器突然发出异常声音或出现异常现象,应立即撤离。
泄漏处理	建议应急处理人员戴正压自给式呼吸器,穿防静电服,戴橡胶耐油手套。作业时所用的所有设备应接地。禁止接触或跨越泄漏物。尽可能切断泄漏源。小量泄漏:用砂土或其他不燃材料吸收。大量泄漏:构筑围堤或挖坑收容。用砂土、惰性物质或蛭石吸收大量液体。

安全存储

通常商品加有阻聚剂。储存于阴凉、通风的库房。远离火种、热源。库温不宜超过 37℃。包装要求密封,不可与空气接触。应与氧化剂、酸类分开存放,切忌混储。不宜大量储存或久存。

废物处置

用焚烧法处置。

中文名称:**吡啶**　　英文名称:pyridine

CAS 登记号:110-86-1　　RTECS 号:UR8400000

化学式:C_5H_5N　　相对分子质量:79.1

最高容许浓度 / 时量平均浓度	危险性类别	危险标识
无资料	易燃液体	 易燃液体

理化性质

闪点:17℃　　熔点:-42℃　　沸点:115.3℃

相对密度($d_{水}$=1):0.98　　相对蒸气密度($d_{空气}$=1):2.73　　爆炸极限:1.7%~12.4%

预防措施

呼吸防护	可能接触其蒸气时,必须佩戴防毒面具。紧急事态抢救或撤离时,建议佩戴空气呼吸器。	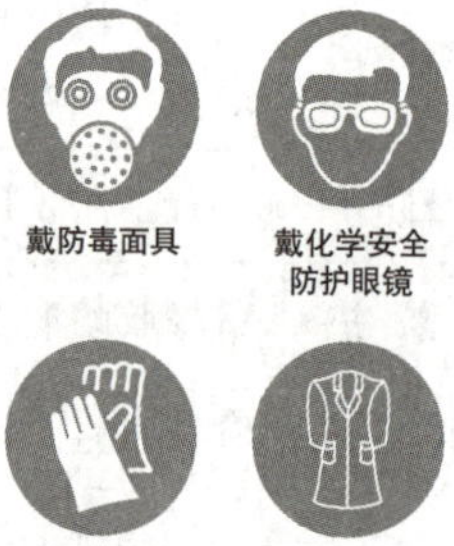 戴防毒面具　戴化学安全防护眼镜 戴乳胶手套　穿实验室工作服
眼睛防护	戴化学安全防护眼镜。	
手 防 护	戴乳胶手套。	
身体防护	穿实验室工作服。	
其他防护	采用防爆型照明、通风设施。禁止使用易产生火花的机械设备和工具。	

事故响应

皮肤接触	立即脱去污染的衣着,用大量流动清水冲洗 20~30 min。如有不适感,就医。
眼睛接触	立即提起眼睑,用大量流动清水或生理盐水彻底冲洗 10~15 min。如有不适感,就医。
吸　　入	迅速脱离现场至空气新鲜处。保持呼吸道通畅。如呼吸困难,给输氧。如呼吸、心跳停止,立即进行心肺复苏术。就医。
食　　入	患者清醒时给饮大量温水,催吐。就医。

应急处理

消防措施	用雾状水、泡沫、二氧化碳、干粉、砂土灭火。消防人员须佩戴空气呼吸器,穿全身防火防毒服,在上风向灭火。尽可能将容器从火场移至空旷处。喷水冷却火场容器,直至灭火结束。
泄漏处理	切断点火源。建议应急处理人员戴正压自给式呼吸器,穿一般消防防护服。喷水雾会减少蒸发,但不能降低泄漏物在受限制空间内的易燃性。小量泄漏:用砂土或其他不燃材料吸收。收集运至废物处理场所处置。也可以用大量水冲洗,经稀释的洗水排入废水系统。大量泄漏:构筑围堤或挖坑收容。

安全存储

储存于阴凉、通风的库房。远离火种、热源。库温不超过 30℃。保持容器密封。应与氧化剂、酸类分开存放,切忌混储。储区应备有泄漏应急处理设备。

废物处置

用焚烧法处置。

中文名称:**丙胺**　　英文名称:propylamine

CAS 登记号:107-10-8　　RTECS 号:UH9100000

化学式:$C_3H_7NH_2$　　相对分子质量:59.11

最高容许浓度 / 时量平均浓度	危险性类别	危险标识
未制定标准	高度易燃液体	

理化性质

闪点:−37℃	熔点:−83℃	沸点:48.5℃
相对密度($d_{水}$=1):0.719	相对蒸气密度($d_{空气}$=1):2.0	爆炸极限:2.0%~10.4%

预防措施

呼吸防护	可能接触其蒸气时,应该佩戴过滤式防毒面具(半面罩)。
眼睛防护	戴化学安全防护眼镜。
手　防　护	戴橡胶耐油手套。
身体防护	穿防静电工作服。
其他防护	采用防爆型照明、通风设施。禁止使用易产生火花的机械设备和工具。

事故响应

皮肤接触	立即脱去污染的衣着,用大量流动清水冲洗 20~30 min。如有不适感,就医。
眼睛接触	立即提起眼睑,用大量流动清水或生理盐水彻底冲洗 10~15 min。如有不适感,就医。
吸　　入	迅速脱离现场至空气新鲜处。保持呼吸道通畅。如呼吸困难,给输氧。如呼吸、心跳停止,立即进行心肺复苏术。就医。
食　　入	大量饮水,禁止催吐。就医。

应急处理

消防措施	用抗溶性泡沫、干粉、二氧化碳、砂土灭火。消防人员须佩戴空气呼吸器,穿全身防火防毒服,在上风向灭火。尽可能将容器从火场移至空旷处。喷水保持火场容器冷却,直至灭火结束。容器突然发出异常声音或出现异常现象,应立即撤离。
泄漏处理	建议应急处理人员戴正压自给式呼吸器,穿防静电、防腐蚀、防毒服,戴橡胶耐油手套。小量泄漏:用砂土或其他不燃材料吸收。使用洁净的无火花工具收集吸收材料。大量泄漏:构筑围堤或挖坑收容。用抗溶性泡沫覆盖,减少蒸发。

安全存储

储存于阴凉、通风的库房。远离火种、热源。库温不宜超过 29℃。保持容器密封。应与氧化剂、酸类分开存放,切忌混储。

废物处置

建议用焚烧法处置。焚烧炉排出的氮氧化物通过洗涤器除去。

中文名称：**丙苯**　　英文名称：*n*-propylbenzene

CAS 登记号：103-65-1

化学式：$C_6H_5C_3H_7$　　相对分子质量：120.21

最高容许浓度 / 时量平均浓度	危险性类别	危险标识
未制定标准	可燃液体	 可燃液体

理化性质

闪点：30℃（CC）	熔点：-99.5℃	沸点：159.2℃
相对密度（$d_{水}$=1）：0.862	相对蒸气密度（$d_{空气}$=1）：4.14	爆炸极限：0.8%~6.0%

预防措施

呼吸防护	空气中浓度超标时，佩戴过滤式防毒面具（半面罩）。紧急事态抢救或撤离时，建议佩戴空气呼吸器。
眼睛防护	戴化学安全防护眼镜。
手 防 护	戴橡胶耐油手套。
身体防护	穿实验室工作服。
其他防护	采用防爆型照明、通风设施。禁止使用易产生火花的机械设备和工具。

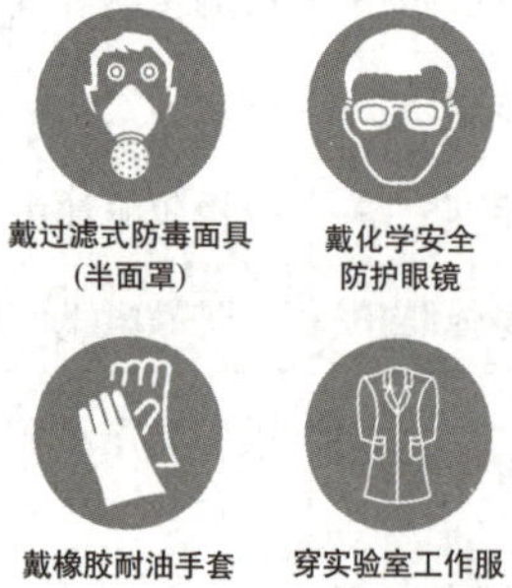

事故响应

皮肤接触	脱去污染的衣着，用肥皂水和清水彻底冲洗皮肤。如有不适感，就医。
眼睛接触	提起眼睑，用流动清水或生理盐水冲洗。如有不适感，就医。
吸　　入	迅速脱离现场至空气新鲜处。保持呼吸道通畅。如呼吸困难，给输氧。如呼吸、心跳停止，立即进行心肺复苏术。就医。
食　　入	饮水，禁止漱口。如有不适感，就医。

应急处理

消防措施	用泡沫、干粉、二氧化碳、砂土灭火。消防人员须佩戴空气呼吸器，穿全身防火防毒服，在上风向灭火。尽可能将容器从火场移至空旷处。喷水冷却火场容器，直至灭火结束。容器突然发出异常声音或出现异常现象，应立即撤离。
泄漏处理	建议应急处理人员戴正压自给式呼吸器，穿防静电服，戴橡胶耐油手套。作业时所用的所有设备应接地。禁止接触或跨越泄漏物。尽可能切断泄漏源。小量泄漏：用砂土或其他不燃材料吸收。使用洁净的无火花工具收集吸收材料。大量泄漏：构筑围堤或挖坑收容。用泡沫覆盖，减少蒸发。

安全存储

储存于阴凉、通风的库房。远离火种、热源。库温不宜超过37℃。保持容器密封。应与氧化剂分开存放，切忌混储。

废物处置

建议用焚烧法处置。

中文名称：**1,3-丙二胺**　　英文名称：1，3-propanediamine

CAS登记号：109-76-2

化学式：$NH_2(CH_2)_3NH_2$　　相对分子质量：74.13

最高容许浓度/时量平均浓度	危险性类别	危险标识
未制定标准	碱性腐蚀品	 碱性腐蚀品

理化性质

闪点：48.9℃	熔点：-12℃	沸点：139.7℃
相对密度($d_{水}$=1)：0.89	相对蒸气密度($d_{空气}$=1)：2.5	爆炸极限：2.8%~15.2%

预防措施

呼吸防护	可能接触其蒸气时，应该佩戴过滤式防毒面具(全面罩)。
眼睛防护	呼吸防护中已做防护。
手　防　护	戴橡胶耐油手套。
身体防护	穿橡胶耐酸碱服。
其他防护	采用防爆型照明、通风设施。禁止使用易产生火花的机械设备和工具。

戴过滤式防毒面具(全面罩)

戴橡胶耐油手套

穿橡胶耐酸碱服

事故响应

皮肤接触	立即脱去污染的衣着，用大量流动清水冲洗20~30 min。如有不适感，就医。
眼睛接触	立即提起眼睑，用大量流动清水或生理盐水彻底冲洗10~15 min。如有不适感，就医。
吸　　入	迅速脱离现场至空气新鲜处。保持呼吸道通畅。如呼吸困难，给输氧。如呼吸、心跳停止，立即进行心肺复苏术。就医。
食　　入	用水漱口，给饮牛奶或蛋清。就医。

应急处理

消防措施	用干粉、抗溶性泡沫、水、二氧化碳、砂土灭火。消防人员佩戴防毒面具，穿全身消防服，在上风向灭火。尽可能将容器从火场移至空旷处。喷水冷却火场容器，直至灭火结束。容器突然发出异常声音或出现异常现象，应立即撤离。
泄漏处理	建议应急处理人员戴正压自给式呼吸器，穿防腐蚀、防毒服，戴橡胶耐油手套。禁止接触或跨越泄漏物。尽可能切断泄漏源。防止泄漏物进入水体、下水道、地下室或限制性空间。小量泄漏：用砂土或其他不燃材料吸收。大量泄漏：构筑围堤或挖坑收容。用泡沫覆盖，减少蒸发。用耐腐蚀泵转移至槽车或专用收集器内。

安全存储

储存于阴凉、通风良好、干燥的库房。远离火种、热源。库温不宜超过35℃。保持容器密封。应与氧化剂、酸类、食用化学品分开存放，切忌混储。

废物处置

建议用焚烧法处置。焚烧炉排出的氮氧化物通过洗涤器除去。

中文名称：**丙二腈**	英文名称：propanedinitrile
CAS 登记号：109-77-3	RTECS 号：OO3150000
化学式：$CH_2(CN)_2$	相对分子质量：66.07

最高容许浓度 / 时量平均浓度	危险性类别	危险标识
未制定标准	毒害品	 毒害品

理化性质

闪点：112℃	熔点：32℃	沸点：220℃
相对密度（$d_{水}$=1）：1.191	相对蒸气密度（$d_{空气}$=1）：无资料	爆炸极限：2.9%~19%

预防措施

呼吸防护	可能接触毒物时，必须佩戴过滤式防毒面具（全面罩）。紧急事态抢救或撤离时，建议佩戴空气呼吸器。
眼睛防护	呼吸防护中已做防护。
手 防 护	戴橡胶手套。
身体防护	穿实验室工作服。
其他防护	在通风橱内进行化学反应。实验室禁止吸烟和饮食。

戴过滤式防毒面具（全面罩）　戴空气呼吸器

戴橡胶手套　穿实验室工作服

事故响应

皮肤接触	立即脱去污染的衣着，用流动清水或 5% 硫代硫酸钠溶液彻底冲洗。如有不适感，就医。
眼睛接触	提起眼睑，用流动清水或生理盐水冲洗。如有不适感，就医。
吸　　入	迅速脱离现场至空气新鲜处。保持呼吸道通畅。如呼吸困难，给输氧。如呼吸、心跳停止，立即进行人工呼吸（勿用口对口）和胸外心脏按压术。就医。
食　　入	如患者神志清醒，饮水，口服活性炭悬液。催吐，洗胃。就医。

应急处理

消防措施	用抗溶性泡沫、干粉、二氧化碳、砂土灭火。消防人员须佩戴空气呼吸器，穿全身防火防毒服，在上风向灭火。尽可能将容器从火场移至空旷处。喷水冷却火场容器，直至灭火结束。
泄漏处理	建议应急处理人员戴防尘口罩，穿防毒服，戴橡胶手套。用塑料布覆盖泄漏物，减少飞散。勿使水进入包装容器内。用洁净的铲子收集泄漏物，置于干燥、干净、盖子较松的容器内。

安全存储

储存于阴凉、通风的库房。远离火种、热源。包装要求密封，不可与空气接触。应与氧化剂、还原剂、酸类、食用化学品分开存放，切忌混储。配备相应品种和数量的消防器材。储区应备有合适的材料收容泄漏物。

废物处置

用焚烧法处置。焚烧炉排出的氮氧化物通过洗涤器除去。

中文名称:**丙二烯**	英文名称:allene
CAS 登记号:463-49-0	
化学式:$CH_2{=}C{=}CH_2$	相对分子质量:40.07

最高容许浓度 / 时量平均浓度	危险性类别	危险标识
未制定标准	易燃气体	 易燃气体

理化性质

闪点:<30℃	熔点:-136℃	沸点:-34.5℃
相对密度($d_{水}$=1):1.79	相对蒸气密度($d_{空气}$=1):1.42	爆炸极限:2.1%~13.0%

预防措施

呼吸防护	一般不需要特殊防护。高浓度接触时,可佩戴过滤式防毒面具(半面罩)。
眼睛防护	戴化学安全防护眼镜。
手 防 护	戴乳胶手套。
身体防护	穿防静电工作服。
其他防护	采用防爆型照明、通风设施。禁止使用易产生火花的机械设备和工具。

事故响应

皮肤接触	冻伤时,将患处浸泡于 38~42℃的温水中复温,不要涂擦。不要使用热水或辐射热。使用清洁、干燥的敷料包扎。就医。
眼睛接触	提起眼睑,用流动清水或生理盐水冲洗。如有不适感,就医。
吸 入	迅速脱离现场至空气新鲜处。保持呼吸道通畅。如呼吸困难,给输氧。如呼吸、心跳停止,立即进行心肺复苏术。就医。
食 入	不会通过该途径接触。

应急处理

消防措施	用雾状水、泡沫、干粉、二氧化碳灭火。切断气源。若不能切断气源,则不允许熄灭泄漏处的火焰。消防人员须佩戴空气呼吸器,穿全身防火防毒服,在上风向灭火。尽可能将容器从火场移至空旷处。喷水冷却火场容器,直至灭火结束。
泄漏处理	根据气体的影响划定警戒区,无关人员从侧风、上风向撤离至安全区。建议应急处理人员戴正压自给式呼吸器,穿防静电服。禁止接触或跨越泄漏物。尽可能切断泄漏源。喷雾状水抑制蒸气或改变蒸气云流向,避免水流接触泄漏物。禁止用水直接冲击泄漏物或泄漏源。防止气体通过下水道、通风系统和限制性空间扩散。隔离泄漏区直至气体散尽。

安全存储

储存于阴凉、通风的易燃气体专用库房。远离火种、热源。应与氧化剂、碱类、重金属粉末、汞及其化合物分开存放,切忌混储。储区应备有泄漏应急处理设备。

废物处置

建议用焚烧法处置。

中文名称：**丙酸**　　英文名称：propionic acid

CAS 登记号：79-09-4　　RTECS 号：UE5950000

化学式：C_2H_5COOH　　相对分子质量：74.09

时量平均浓度	危险性类别	危险标识
PC-TWA：30 mg/m^3	酸性腐蚀品	 酸性腐蚀品

理化性质

闪点：54℃（CC）　　熔点：-21.5℃　　沸点：141.1℃

相对密度（$d_{水}$=1）：0.99　　相对蒸气密度（$d_{空气}$=1）：2.56　　爆炸极限：3.0%~14.9%

预防措施

呼吸防护	可能接触其蒸气时，应该佩戴过滤式防毒面具（半面罩）。紧急事态抢救或撤离时，建议佩戴空气呼吸器。	 戴过滤式防毒面具（半面罩）  戴化学安全防护眼镜
眼睛防护	戴化学安全防护眼镜。	
手 防 护	戴橡胶耐酸碱手套。	 戴橡胶耐酸碱手套  穿橡胶耐酸碱服
身体防护	穿橡胶耐酸碱服。	
其他防护	采用防爆型照明、通风设施。禁止使用易产生火花的机械设备和工具。	

事故响应

皮肤接触	立即脱去污染的衣着，用大量流动清水冲洗 20~30 min。如有不适感，就医。
眼睛接触	立即提起眼睑，用大量流动清水或生理盐水彻底冲洗 10~15 min。如有不适感，就医。
吸　　入	迅速脱离现场至空气新鲜处。保持呼吸道通畅。如呼吸困难，给输氧。如呼吸、心跳停止，立即进行心肺复苏术。就医。
食　　入	用水漱口，禁止催吐。给饮牛奶或蛋清。就医。

应急处理

消防措施	用雾状水、抗溶性泡沫、干粉、二氧化碳、砂土灭火。消防人员须佩戴空气呼吸器，穿全身耐酸碱消防服灭火。尽可能将容器从火场移至空旷处。喷水冷却火场容器，直至灭火结束。容器突然发出异常声音或出现异常现象，应立即撤离。
泄漏处理	建议应急处理人员戴正压自给式呼吸器，穿防静电、防腐蚀、防毒服，戴橡胶耐酸碱手套。尽可能切断泄漏源。小量泄漏：用砂土或其他不燃材料吸收。大量泄漏：构筑围堤或挖坑收容。

安全存储

储存于阴凉、通风的库房。远离火种、热源。库温不超过32℃。相对湿度不超过80%。保持容器密封。应与氧化剂、还原剂、碱类分开存放，切忌混储。

废物处置

用焚烧法处置。溶于易燃溶剂后，再焚烧。

中文名称:**丙酮**	英文名称:dimethyl ketone
CAS 登记号:67-64-1	RTECS 号:AL3150000
化学式:C_3H_6O	相对分子质量:58.09

时量平均浓度	危险性类别	危险标识
PC-TWA:300 mg/m^3	高度易燃液体;易制毒	

理化性质

闪点:-18℃(CC);-9.4℃(OC)　熔点:-95℃　沸点:56.5℃

相对密度($d_{水}$=1):0.80　相对蒸气密度($d_{空气}$=1):2.00　爆炸极限:2.2%~13.0%

危险特性:其蒸气与空气混合能形成爆炸性混合物

预防措施

呼吸防护	空气中浓度超标时,佩戴过滤式防毒面具(半面罩)。
眼睛防护	一般不需特殊防护。高浓度接触时,可戴化学安全防护眼镜。
手 防 护	戴橡胶耐油手套。
身体防护	穿防静电工作服。
其他防护	采用防爆型照明、通风设施。禁止使用易产生火花的机械设备和工具。

事故响应

皮肤接触	脱去污染的衣着,用肥皂水和清水彻底冲洗皮肤。如有不适感,就医。
眼睛接触	提起眼睑,用流动清水或生理盐水冲洗。如有不适感,就医。
吸　　入	迅速脱离现场至空气新鲜处。保持呼吸道通畅。如呼吸困难,给输氧。如呼吸、心跳停止,立即进行心肺复苏术。就医。
食　　入	饮水,禁止催吐。如有不适感,就医。

应急处理

消防措施	用抗溶性泡沫、干粉、二氧化碳、砂土灭火。消防人员须佩戴防毒面具,穿全身消防服,在上风向灭火。尽可能将容器从火场移至空旷处。喷水保持火场容器冷却,直至灭火结束。容器突然发出异常声音或出现异常现象,应立即撤离。
泄漏处理	建议应急处理人员戴正压自给式呼吸器,穿防静电服,戴橡胶耐油手套。尽可能切断泄漏源。小量泄漏:用砂土或其他不燃材料吸收。大量泄漏:构筑围堤或挖坑收容。用砂土、惰性物质或蛭石吸收大量液体。用抗溶性泡沫覆盖泄漏物。

安全存储

储存于阴凉、通风良好的专用库房。远离火种、热源。库温不宜超过29℃。保持容器密封。应与氧化剂、还原剂、碱类分开存放,切忌混储。

废物处置

用焚烧法处置。

中文名称:**丙烷**	英文名称:propane
CAS 登记号:74-98-6	RTECS 号:TX2275000
化学式:C_3H_8	相对分子质量:44.11

最高容许浓度 / 时量平均浓度	危险性类别	危险标识
未制定标准	易燃气体	

理化性质

闪点:-104℃	熔点:-189.7℃	沸点:-42.1℃
相对密度($d_{水}$=1):0.58(-44.5℃)	相对蒸气密度($d_{空气}$=1):1.6	爆炸极限:2.1%~9.5%

预防措施

呼吸防护	一般不需要特殊防护。特殊情况下,建议佩戴过滤式防毒面具(半面罩)。
眼睛防护	一般不需要特殊防护。高浓度接触时,可戴化学安全防护眼镜。
手 防 护	戴乳胶手套。
身体防护	穿防静电工作服。
其他防护	采用防爆型照明、通风设施。禁止使用易产生火花的机械设备和工具。

事故响应

皮肤接触	冻伤时,将患处浸泡于38~42℃的温水中复温,不要涂擦。不要使用热水或辐射热。使用清洁、干燥的敷料包扎。就医。
眼睛接触	提起眼睑,用流动清水或生理盐水冲洗。如有不适感,就医。
吸　　入	迅速脱离现场至空气新鲜处。保持呼吸道通畅。如呼吸困难,给输氧。如呼吸、心跳停止,立即进行心肺复苏术。就医。
食　　入	不会通过该途径接触。

应急处理

消防措施	用雾状水、泡沫、干粉、二氧化碳灭火。切断气源。若不能切断气源,则不允许熄灭泄漏处的火焰。消防人员须佩戴空气呼吸器,穿全身防火防毒服,在上风向灭火。尽可能将容器从火场移至空旷处。喷水冷却火场容器,直至灭火结束。
泄漏处理	建议应急处理人员戴正压自给式呼吸器,穿防静电服。液化气泄漏时,穿防静电、防寒服。作业时使用的所有设备应接地。若可能翻转容器,使之逸出气体而非液体。喷雾状水抑制蒸气或改变蒸气云流向,避免水流接触泄漏物。

安全存储

储存于阴凉、通风的易燃气体专用库房。远离火种、热源。库温不宜超过30℃。应与氧化剂、卤素分开存放,切忌混储。

废物处置

用焚烧法处置。

中文名称:**丙烯酸**	英文名称:acrylic acid
CAS 登记号:79-10-7	RTECS 号:AS4375000
化学式:$CH_2{=}CHCOOH$	相对分子质量:72.07

时量平均浓度	危险性类别	危险标识
PC-TWA:6 mg/m^3	酸性腐蚀品	

理化性质

闪点:54℃ (CC);54.5℃ (OC)	熔点:13℃	沸点:141℃
相对密度($d_{水}$=1):1.05	相对蒸气密度($d_{空气}$=1):2.45	爆炸极限:2.4%~8.0%

预防措施

呼吸防护	可能接触其蒸气时,必须佩戴过滤式防毒面具(半面罩)。紧急事态抢救或撤离时,佩戴空气呼吸器。
眼睛防护	戴化学安全防护眼镜。
手 防 护	戴橡胶耐酸碱手套。
身体防护	穿橡胶耐酸碱服。
其他防护	采用防爆型照明、通风设施。禁止使用易产生火花的机械设备和工具。

事故响应

皮肤接触	立即脱去污染的衣着,用大量流动清水冲洗 20~30 min。如有不适感,就医。
眼睛接触	立即提起眼睑,用大量流动清水或生理盐水彻底冲洗 10~15 min。如有不适感,就医。
吸　　入	迅速脱离现场至空气新鲜处。保持呼吸道通畅。如呼吸困难,给输氧。如呼吸、心跳停止,立即进行心肺复苏术,就医。
食　　入	用水漱口,给饮牛奶或蛋清。禁止催吐。就医。

应急处理

消防措施	用雾状水、抗溶性泡沫、干粉、二氧化碳灭火。消防人员须佩戴空气呼吸器,穿全身耐酸碱消防服灭火。尽可能将容器从火场移至空旷处。喷水保持火场容器冷却,直至灭火结束。容器突然发出异常声音或出现异常现象,应立即撤离。
泄漏处理	建议应急处理人员戴正压自给式呼吸器,穿防静电、防腐蚀、防毒服,戴橡胶耐酸碱手套。尽可能切断泄漏源。小量泄漏:用砂土或其他不燃材料吸收。大量泄漏:构筑围堤或挖坑收容。

安全存储

通常商品加有阻聚剂。储存于阴凉、通风的库房。远离火种、热源。库温不宜超过 5℃(专用受压容器中除外)。包装要求密封,不可与空气接触。应与氧化剂、碱类分开存放,切忌混储。不宜大量储存或久存。

废物处置

用焚烧法处置。

中文名称:**丙烯酸乙酯**	英文名称:ethyl propenoate
CAS 登记号:140-88-5	RTECS 号:AT0700000
化学式:CH_2═$CHCOOC_2H_5$	相对分子质量:100.1

最高容许浓度 / 时量平均浓度	危险性类别	危险标识
未制定标准	易燃液体	 易燃液体

理化性质

闪点:9℃	熔点:−71.2℃	沸点:99.4℃
相对密度($d_{水}$=1):0.92	相对蒸气密度($d_{空气}$=1):3.45	爆炸极限:1.4%~14.0%

预防措施

呼吸防护	空气浓度超标时,应该佩戴过滤式防毒面具(半面罩)。必要时,佩戴空气呼吸器。
眼睛防护	戴化学安全防护眼镜。
手 防 护	戴橡胶耐油手套。
身体防护	穿防静电工作服。
其他防护	采用防爆型照明、通风设施。禁止使用易产生火花的机械设备和工具。

事故响应

皮肤接触	立即脱去污染的衣着,用肥皂水或清水冲洗皮肤。如有不适感,就医。
眼睛接触	立即提起眼睑,用大量流动清水或生理盐水彻底冲洗 10~15 min。如有不适感,就医。
吸　　入	迅速脱离现场至空气新鲜处。保持呼吸道通畅。如呼吸困难,给输氧。如呼吸、心跳停止,立即进行心肺复苏术。就医。
食　　入	饮水,禁止催吐。如有不适感,就医。

应急处理

消防措施	用抗溶性泡沫、干粉、二氧化碳、砂土灭火。消防人员须佩戴防毒面具,穿全身消防服,在上风向灭火。尽可能将容器从火场移至空旷处。喷水保持火场容器冷却,直至灭火结束。容器突然发出异常声音或出现异常现象,应立即撤离。
泄漏处理	建议应急处理人员戴正压自给式呼吸器,穿防静电服,戴橡胶耐油手套。尽可能切断泄漏源。小量泄漏:用砂土或其他不燃材料吸收。大量泄漏:构筑围堤或挖坑收容。

安全存储

通常商品加有阻聚剂。储存于阴凉、通风的库房。远离火种、热源。库温不宜超过 37℃。包装要求密封,不可与空气接触。应与氧化剂、酸类、碱类、过氧化物分开存放,切忌混储。不易大量储存或久存。

废物处置

用焚烧法处置。

中文名称:丙烯酰胺	英文名称:acrylamide
CAS 登记号:79-06-1	RTECS 号:AS3325000
化学式:$CH_2{=}CHCONH_2$	相对分子质量:71.09

时量平均浓度	危险性类别	危险标识
PC-TWA:0.3 mg/m^3	毒害品	 毒害品

理化性质

闪点:138℃(CC)	熔点:84.5℃	沸点:125℃(3.33 kPa)
相对密度($d_{水}$=1):1.12	相对蒸气密度($d_{空气}$=1):2.45	爆炸极限:2.7%~20.6%

预防措施

呼吸防护	空气中粉尘浓度超标时,应该佩戴过滤式防尘呼吸器。紧急事态抢救或撤离时,佩戴空气呼吸器。
眼睛防护	戴化学安全防护眼镜。
手 防 护	戴橡胶手套。
身体防护	穿实验室工作服。
其他防护	在通风橱内进行化学反应。实验室禁止吸烟和饮食。

事故响应

皮肤接触	脱去污染的衣着,用肥皂水和清水彻底冲洗皮肤。如有不适感,就医。
眼睛接触	提起眼睑,用流动清水或生理盐水冲洗。如有不适感,就医。
吸 入	迅速脱离现场至空气新鲜处。保持呼吸道通畅。如呼吸困难,给输氧。如呼吸、心跳停止,立即进行心肺复苏术。就医。
食 入	饮足量温水,催吐。给饮牛奶或蛋清。就医。

应急处理

消防措施	用雾状水、抗溶性泡沫、干粉、二氧化碳、砂土灭火。消防人员须佩戴空气呼吸器,穿全身防火防毒服,在上风向灭火。尽可能将容器从火场移至空旷处。喷水保持火场容器冷却,直至灭火结束。
泄漏处理	建议应急处理人员戴正压自给式呼吸器,穿防毒服,戴橡胶手套。尽可能切断泄漏源。用塑料布覆盖泄漏物,减少飞散。勿使水进入包装容器内。用洁净的铲子收集泄漏物,置于干燥、干净、盖子较松的容器内,将容器移离泄漏区。

安全存储

储存于阴凉、通风的库房。远离火种、热源。包装要求密封,不可与空气接触。应与氧化剂、酸类、碱类、食用化学品分开存放,切忌混储。不易大量储存或久存。储区应备有合适的材料收容泄漏物。

废物处置

用焚烧法处置。焚烧炉排出的氮氧化物通过洗涤器除去。

中文名称:**赤磷**　　英文名称:phosphorus red

CAS 登记号:7723-14-0

化学式:P_4　　相对分子质量:123.88

最高容许浓度 / 时量平均浓度	危险性类别	危险标识
未制定标准	易燃固体	 易燃固体

理化性质

闪点:无意义　　熔点:590℃ (4 357 kPa)　　沸点:280℃

相对密度($d_{水}$=1):2.34　　相对蒸气密度($d_{空气}$=1):4.77　　爆炸极限:无资料

预防措施

呼吸防护	可能接触其粉尘,建议佩戴过滤式防尘呼吸器。
眼睛防护	戴化学安全防护眼镜。
手 防 护	戴乳胶手套。
身体防护	穿实验室工作服。
其他防护	采用防爆型照明、通风设施。禁止使用易产生火花的机械设备和工具。

事故响应

皮肤接触	立即脱去污染的衣着,用大量流动清水冲洗 20~30 min。如有不适感,就医。
眼睛接触	提起眼睑,用流动清水或生理盐水冲洗。如有不适感,就医。
吸　　入	迅速脱离现场至空气新鲜处。保持呼吸道通畅。如呼吸困难,给输氧。如呼吸、心跳停止,立即进行心肺复苏术。就医。
食　　入	给饮水。如有不适感,就医。

应急处理

消防措施	遇明火、高热、摩擦、撞击有引起燃烧的危险。燃烧时放出有毒的刺激性烟雾。有害燃烧产物是氧化磷。小火可用干燥砂土闷熄。大火用水灭火。待火熄灭后,须用湿砂土覆盖,以防复燃。清理时须注意防范,以免灼伤。
泄漏处理	消除所有点火源。隔离泄漏污染区,限制出入。建议应急处理人员戴防尘口罩,穿防毒、防静电服。禁止接触或跨越泄漏物。小量泄漏:用洁净的铲子收集泄漏物,置于干燥、干净、盖子较松的容器内,将容器移离泄漏区。大量泄漏:用水润湿,并筑堤收容。防止泄漏物进入水体、下水道、地下室或限制性空间。

安全存储

储存于阴凉、通风的库房。库温不宜超过 35℃,相对湿度低于 80%。远离火种、热源。应与氧化剂、卤素、卤化物等分开存放,切忌混储。禁止震动、撞击和摩擦。储区应备有合适的材料收容泄漏物。

废物处置

用控制焚烧法处置。

中文名称:**重氮甲烷**	英文名称:diazomethane
CAS 登记号:334-88-3	
化学式:$CH_2=N\equiv N$	相对分子质量:42.05

时量平均浓度	危险性类别	危险标识
PC-TWA:0.35 mg/m^3	爆炸品	 爆炸品

理化性质

闪点:无意义	熔点:-145.0℃	沸点:-23.0℃
相对密度($d_{水}$=1):1.45	相对蒸气密度($d_{空气}$=1):1.45	爆炸极限:无资料

预防措施

呼吸防护	空气中浓度超标时,佩戴抗冲击面罩。紧急事态抢救或撤离时,建议佩戴空气呼吸器。	 戴抗冲击面罩  戴橡胶手套  穿防静电工作服
眼睛防护	呼吸防护中已做防护。	
手 防 护	戴橡胶手套。	
身体防护	穿防静电工作服。	
其他防护	在通风橱内进行化学反应。实验室禁止吸烟和饮食。	

事故响应

皮肤接触	冻伤时:将患处浸泡于38~42℃的温水中复温。不要涂擦。不要使用热水或辐射热。使用清洁、干燥的敷料包扎。如有不适感,就医。
眼睛接触	提起眼睑,用流动清水或生理盐水冲洗。如有不适感,就医。
吸 入	迅速脱离现场至空气新鲜处。保持呼吸道通畅。如呼吸困难,给输氧。如呼吸、心跳停止,立即进行心肺复苏术。就医。
食 入	不会通过该途径接触。

应急处理

消防措施	用雾状水、干粉、二氧化碳灭火。消防人员须佩戴防毒面具,在安全距离以外,在上风向灭火。遇大火切勿轻易接近。禁止用砂土压盖。
泄漏处理	根据气体的影响区域划定警戒区,无关人员从侧风、上风向撤离至安全区。消除所有点火源。建议应急处理人员戴正压自给式呼吸器,穿防静电服,戴橡胶手套。作业时使用的所有设备应接地。禁止接触或跨越泄漏物。尽可能切断泄漏源。喷雾状水抑制蒸气或改变蒸气云流向,避免水流接触泄漏物。禁止用水直接冲洗泄漏物或泄漏源。防止气体通过下水道、通风系统和限制性空间扩散。隔离泄漏区直至气体散尽。

安全存储

储存于阴凉、干燥、通风的易制爆专用库房。远离火种、热源。应与氧化剂、活性金属粉末、食用化学品分开存放。禁止震动、撞击和摩擦。

废物处置

处置前应参阅国家和地方有关法规。

中文名称：**重铬酸钾** 英文名称：potassium dichromate

CAS 登记号：7778-50-9

化学式：$K_2Cr_2O_7$ 相对分子质量：294.20

时量平均浓度	危险性类别	危险标识
PC-TWA：0.05 mg/m^3	氧化剂；易制爆	

理化性质

闪点：无意义	熔点：398℃	沸点：500℃（分解）
相对密度（$d_{水}$=1）：2.68	相对蒸气密度（$d_{空气}$=1）：无资料	爆炸极限：无意义

预防措施

呼吸防护	可能接触其粉尘时，应该佩戴抗冲击面罩。
眼睛防护	呼吸防护中已做防护。
手 防 护	戴橡胶手套。
身体防护	穿实验室工作服。
其他防护	在通风橱内进行化学反应。实验室禁止吸烟和饮食。

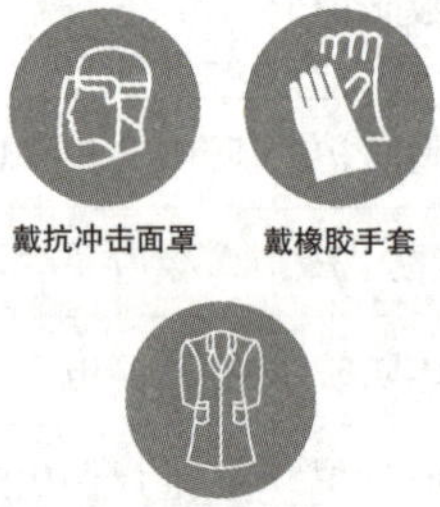

事故响应

皮肤接触	脱去污染的衣着，用肥皂水和清水彻底冲洗皮肤。如有不适感，就医。
眼睛接触	提起眼睑，用流动清水或生理盐水冲洗。如有不适感，就医。
吸 入	迅速脱离现场至空气新鲜处。保持呼吸道通畅。如呼吸困难，给输氧。如呼吸、心跳停止，立即进行心肺复苏术。就医。
食 入	用水漱口，给饮牛奶或蛋清。就医。

应急处理

消防措施	本品不燃，根据着火原因选择适当灭火剂灭火。消防人员须佩戴空气呼吸器，穿全身防火防毒服，在上风向灭火。尽可能将容器从火场移至空旷处。喷水冷却容器，直至灭火结束。
泄漏处理	隔离泄漏污染区，限制出入。建议应急处理人员戴防尘口罩，穿防毒服，戴橡胶手套。勿使泄漏物与可燃物质（如木材、纸、油等）接触。穿上适当的防护服前严禁接触破裂的容器和泄漏物。尽可能切断泄漏源。勿使水进入包装容器中。小量泄漏：用洁净的铲子收集泄漏物，置于干燥、干净、盖子较松的容器内，将容器移离泄漏区。大量泄漏：泄漏物回收后，用水冲洗泄漏区。

安全存储

储存于阴凉、通风的库房。远离火种、热源。库温不超过 30℃，相对湿度不超过 80%。包装密封。应与还原剂、易（可）燃物分开存放，切忌混储。

废物处置

根据国家和地方有关法规的要求处置。或与制造商联系，确定处置方法。

中文名称:**重铬酸钠(红矾钠)**　　英文名称:sodium dichromate

CAS登记号:10588-01-9

化学式:$Na_2Cr_2O_7 \cdot 2H_2O$　　相对分子质量:298.02

时量平均浓度	危险性类别	危险标识
PC-TWA:0.05 mg/m^3	氧化剂;易制爆	 氧化剂  易制爆

理化性质

闪点:无意义　　熔点:357℃(无水)　　沸点:400℃(分解)

相对密度($d_{水}$=1):2.52　　相对蒸气密度($d_{空气}$=1):无资料　　爆炸极限:无意义

预防措施

呼吸防护	可能接触其粉尘时,应该佩戴抗冲击面罩。
眼睛防护	呼吸防护中已做防护。
手防护	戴橡胶手套。
身体防护	穿实验室工作服。
其他防护	在通风橱内进行化学反应。实验室禁止吸烟和饮食。

戴抗冲击面罩

戴橡胶手套

穿实验室工作服

事故响应

皮肤接触	脱去污染的衣着,用肥皂水和清水彻底冲洗皮肤。如有不适感,就医。
眼睛接触	提起眼睑,用流动清水或生理盐水冲洗。如有不适感,就医。
吸入	迅速脱离现场至空气新鲜处。保持呼吸道通畅。如呼吸困难,给输氧。如呼吸、心跳停止,立即进行心肺复苏术。就医。
食入	用水漱口。给饮牛奶或蛋清。就医。

应急处理

消防措施	本品助燃,与可燃物混合能形成爆炸性混合物。本品不燃,根据着火原因选择适当灭火剂灭火。消防人员须佩戴空气呼吸器,穿全身防火防毒服,在上风向灭火。尽可能将容器从火场移至空旷处。喷水冷却火场容器,直至灭火结束。
泄漏处理	隔离泄漏污染区,限制出入。建议应急处理人员戴防尘口罩,穿防毒服,戴橡胶手套。勿使泄漏物与可燃物质(如木材、纸、油等)接触。穿上适当的防护服前严禁接触破裂的容器和泄漏物。勿使水进入包装容器中。小量泄漏:用洁净的铲子收集泄漏物,置于干燥、干净、盖子较松的容器内,将容器移离泄漏区。大量泄漏:泄漏物回收后,用水冲洗泄漏区。

安全存储

储存于阴凉、干燥、通风良好的专用库房。远离火种、热源。实行“双人收发、双人保管”制度。库温不超过30℃,相对湿度不超过80%。包装密封。

废物处置

根据国家和地方有关法规的要求处置。或与制造商联系,确定处置方法。

中文名称：**次磷酸**　　英文名称：hypophosphorous acid

CAS 登记号：6303-21-5

化学式：H_3PO_2　　相对分子质量：66.00

最高容许浓度 / 时量平均浓度	危险性类别	危险标识
未制定标准	酸性腐蚀品	 酸性腐蚀品

理化性质		
闪点：无意义	熔点：26.5℃	沸点：130℃
相对密度（$d_{水}$=1）：1.439	相对蒸气密度（$d_{空气}$=1）：无资料	爆炸极限：无意义

预防措施

呼吸防护	高浓度蒸气接触可佩戴过滤式防毒面具（半面罩）。空气中粉尘浓度超标时，建议佩戴过滤式防尘呼吸器。
眼睛防护	戴化学安全防护眼镜。
手 防 护	戴橡胶耐酸碱手套。
身体防护	穿橡胶耐酸碱服。
其他防护	在通风橱内进行化学反应。实验室禁止吸烟和饮食。

戴过滤式防毒面具（半面罩）

戴化学安全防护眼镜

戴橡胶耐酸碱手套

穿橡胶耐酸碱服

事故响应

皮肤接触	立即脱去污染的衣着，用大量流动清水冲洗 20~30 min。如有不适感，就医。
眼睛接触	立即提起眼睑，用大量流动清水或生理盐水彻底冲洗 10~15 min。如有不适感，就医。
吸　　入	迅速脱离现场至空气新鲜处。保持呼吸道通畅。如呼吸困难，给输氧。如呼吸、心跳停止，立即进行心肺复苏术。就医。
食　　入	用水漱口，给饮牛奶或蛋清。就医。

应急处理

消防措施	本品不燃，根据着火原因选择适当灭火剂灭火。消防人员须佩戴空气呼吸器，穿全身耐酸碱消防服灭火。尽可能将容器从火场移至空旷处。喷水保持火场容器冷却，直至灭火结束。
泄漏处理	建议应急处理人员戴正压自给式呼吸器，穿防酸碱服，戴耐酸碱手套。小量泄漏：用干燥的砂土或其他不燃材料吸收或覆盖，收集于容器中。大量泄漏：构筑围堤或挖坑收容。用砂土、惰性物质或蛭石吸收大量液体。

安全存储

储存于阴凉、通风的库房。远离火种、热源。包装密封。应与氧化剂、碱类分开存放，切忌混储。储区应备有泄漏应急处理设备和合适的收容材料。

废物处置

用石灰水中和，生成可以使用的化肥。

中文名称：**次氯酸钙**　　英文名称：calcium hypochlorite

CAS 登记号：7778-54-3　　RTECS 号：NH3485000

化学式：$Ca(ClO)_2$　　相对分子质量：142.98

最高容许浓度 / 时量平均浓度	危险性类别	危险标识
未制定标准	氧化剂	 氧化剂

理化性质

闪点：无意义　　熔点：100℃（分解）　　沸点：无资料

相对密度（$d_{水}=1$）：2.35　　相对蒸气密度（$d_{空气}=1$）：6.9　　爆炸极限：无意义

预防措施

呼吸防护	可能接触其粉尘时，建议佩戴过滤式防尘呼吸器。
眼睛防护	戴化学安全防护眼镜。
手 防 护	戴橡胶手套。
身体防护	穿实验室工作服。
其他防护	在通风橱内进行化学反应。实验室禁止吸烟和饮食。

事故响应

皮肤接触	立即脱去污染的衣着，用肥皂水和清水彻底冲洗皮肤。如有不适感，就医。
眼睛接触	提起眼睑，用流动清水或生理盐水冲洗。如有不适感，就医。
吸　　入	迅速脱离现场至空气新鲜处。保持呼吸道通畅。如呼吸困难，给输氧。如呼吸、心跳停止，立即进行心肺复苏术。就医。
食　　入	饮水，禁止催吐。如有不适感，就医。

应急处理

消防措施	用直流水、雾状水、砂土灭火。消防人员须佩戴空气呼吸器，穿全身防火防毒服，在上风向灭火。尽可能将容器从火场移至空旷处。喷水冷却火场容器，直至灭火结束。
泄漏处理	建议应急处理人员戴防尘口罩，穿防毒服，戴氯丁橡胶手套。勿使泄漏物与可燃物质（如木材、纸、油等）接触。小量泄漏：用洁净的铲子收集泄漏物，置于干燥、干净、盖子较松的容器内，将容器移离泄漏区。大量泄漏：泄漏物回收后，用水冲洗泄漏区。

安全存储

储存于阴凉、通风的库房。远离火种、热源。库温不宜超过 30℃，相对湿度不超过 80%。包装要求密封。应与氧化剂、酸类、易（可）燃物分开存放，切忌混储。不宜大量储存或久存。

废物处置

用安全掩埋法处置。

中文名称:**次氯酸钠溶液**	英文名称:sodium hypochlorite solution
CAS 登记号:7681-52-9	RTECS 号:NH3486300
化学式:NaClO	相对分子质量:74.44

最高容许浓度 / 时量平均浓度	危险性类别	危险标识
未制定标准	其他腐蚀品	 其他腐蚀品

理化性质

闪点:无意义	熔点:-6℃	沸点:40℃ (分解)
相对密度($d_{水}$=1):1.21	相对蒸气密度($d_{空气}$=1):无资料	爆炸极限:无意义

预防措施

呼吸防护	高浓度环境中,应该佩戴过滤式防毒面具(半面罩)。
眼睛防护	戴化学安全防护眼镜。
手 防 护	戴橡胶手套。
身体防护	穿实验室工作服。
其他防护	在通风橱内进行化学反应。实验室禁止吸烟和饮食。

戴过滤式防毒面具(半面罩)

戴化学安全防护眼镜

戴橡胶手套

穿实验室工作服

事故响应

皮肤接触	立即脱去污染的衣着,用大量流动清水冲洗 20~30 min。如有不适感,就医。
眼睛接触	提起眼睑,用流动清水或生理盐水冲洗。如有不适感,就医。
吸　　入	迅速脱离现场至空气新鲜处。保持呼吸道通畅。如呼吸困难,给输氧。如呼吸、心跳停止,立即进行心肺复苏术。就医。
食　　入	饮足量温水,禁止催吐。

应急处理

消防措施	本品不燃,根据着火原因选择适当灭火剂灭火。受高热分解产生有毒的腐蚀性烟气。消防人员须佩戴空气呼吸器,穿全身耐酸碱消防服灭火。用雾状水保持火场中容器冷却。尽可能将容器从火场移至空旷处。必须在安全距离以外施救。
泄漏处理	建议应急处理人员戴正压自给式呼吸器,穿防酸碱服,戴橡胶手套。尽可能切断泄漏源。小量泄漏:用干燥的砂土或其他不燃材料吸收或覆盖,收集于容器中。大量泄漏:构筑围堤或挖坑收容。用耐腐蚀爆泵转移至槽车或专用收集器内。

安全存储

储存于阴凉、通风的库房。远离火种、热源。库温不宜超过 30℃。应与碱类分开存放,切忌混储。储区应备有泄漏应急处理设备和合适的收容材料。

废物处置

若可能,回收使用。在规定的处理厂处理和中和。滤出固体,作为有害废物在规定场所掩埋。

中文名称：**氮气**	英文名称：nitrogen
CAS 登记号：7727-37-9	RTECS 号：QW9700000
化学式：N_2	相对分子质量：28.01

最高容许浓度 / 时量平均浓度	危险性类别	危险标识
未制定标准	不燃气体	 不燃气体

理化性质

闪点：无意义	熔点：-209.9℃	沸点：-196℃
相对密度（$d_{水}$=1)：0.81（-196℃）	相对蒸气密度（$d_{空气}$=1)：0.97	爆炸极限：无意义

预防措施

呼吸防护	一般不需要特殊防护。当空气中氧气浓度低于 18% 时，须佩戴空气呼吸器或长管面具。	 戴空气呼吸器  戴乳胶手套  穿实验室工作服
眼睛防护	一般不需要特殊防护。	
手 防 护	戴乳胶手套。	
身体防护	穿实验室工作服。	
其他防护	在通风橱内进行化学反应。实验室禁止吸烟和饮食。	

事故响应

皮肤接触	如果发生冻伤：将患处浸泡于 38~42℃的温水中复温。不要涂擦。不要使用热水或辐射热。使用清洁、干燥的敷料包扎。如有不适感，就医。
眼睛接触	提起眼睑，用流动清水或生理盐水冲洗。如有不适感，就医。
吸 入	迅速脱离现场至空气新鲜处。保持呼吸道通畅。如呼吸困难，给输氧。如呼吸、心跳停止，立即进行心肺复苏术。就医。
食 入	不会通过该途径接触。

应急处理

消防措施	本品不燃，根据着火原因选择适当灭火剂灭火。若遇高热，容器内压增大，有开裂和爆炸的危险。喷水冷却容器。可能的话将容器从火场移至空旷处。
泄漏处理	大量泄漏：根据气体的影响区域划定警戒区，无关人员从侧风、上风向撤离至安全区。建议应急处理人员戴正压自给式呼吸器，穿一般作业工作服。液化气泄漏时，穿防寒服。尽可能切断泄漏源。漏出气体允许排入大气中，泄漏场所保持通风。

安全存储

储存于阴凉、通风的不燃气体专用库房。远离火种、热源。库温不宜超过 30℃。储区应备有泄漏应急处理设备。

废物处置

废气直接排入大气。

中文名称:**碲**	英文名称:tellurium
CAS 登记号:13494-80-9	RTECS 号:WY2625000
化学式:Te	相对分子质量:127.60

最高容许浓度 / 时量平均浓度	危险性类别	危险标识
未制定标准	毒害品	

理化性质

闪点:无意义	熔点:449.8℃	沸点:989.9℃
相对密度($d_{水}$=1):6.11~6.27	相对蒸气密度($d_{空气}$=1):无资料	爆炸极限:无资料

预防措施

呼吸防护	可能接触其粉尘时,应该佩戴过滤式防尘呼吸器。必要时,佩戴空气呼吸器或长管面具。
眼睛防护	戴化学安全防护眼镜。
手 防 护	戴橡胶手套。
身体防护	穿实验室工作服。
其他防护	在通风橱内进行化学反应。实验室禁止吸烟和饮食。

事故响应

皮肤接触	脱去污染的衣着,用肥皂水和清水彻底冲洗皮肤。如有不适感,就医。
眼睛接触	提起眼睑,用流动清水或生理盐水冲洗。如有不适感,就医。
吸　　入	迅速脱离现场至空气新鲜处。保持呼吸道通畅。如呼吸困难,给输氧。如呼吸、心跳停止,立即进行心肺复苏术。就医。
食　　入	饮足量温水,催吐。就医。

应急处理

消防措施	消防人员须佩戴空气呼吸器,穿全身防火防毒服,在上风向灭火。尽可能将容器从火场移至空旷处。喷水冷却火场容器,直至灭火结束。
泄漏处理	建议应急处理人员戴防尘口罩,穿防静电、防毒服。戴橡胶手套。尽可能切断泄漏源。用塑料布覆盖泄漏物,减少飞散。勿使水进入包装容器内。用洁净的铲子收集泄漏物,置于干燥、干净、盖子较松的容器内,将容器移离泄漏区。

安全存储

储存于阴凉、通风的库房。远离火种、热源。应与酸类、碱类、卤素、食用化学品分开存放,切忌混储。储区应备有合适的材料收容泄漏物。

废物处置

若有可能,回收利用。

中文名称：**碘化汞**　　英文名称：mercuric iodide

CAS 登记号：7774-29-0

化学式：HgI_2　　相对分子质量：454.39

最高容许浓度 / 时量平均浓度	危险性类别	危险标识
未制定标准	毒害品	 毒害品

理化性质

闪点：无意义	熔点：257~259℃	沸点：349~354℃
相对密度（$d_{水}$=1）：6.28	相对蒸气密度（$d_{空气}$=1）：无资料	爆炸极限：无意义

预防措施

呼吸防护	应该佩戴过滤式防尘呼吸器。必要时，佩戴空气呼吸器。	
眼睛防护	戴化学安全防护眼镜。	
手 防 护	戴橡胶手套。	
身体防护	穿实验室工作服。	
其他防护	在通风橱内进行化学反应。实验室禁止吸烟和饮食。	

事故响应

皮肤接触	立即脱去污染的衣着，用大量流动清水冲洗 20~30 min。就医。
眼睛接触	立即提起眼睑，用大量流动清水或生理盐水彻底冲洗。就医。
吸　　入	迅速脱离现场至空气新鲜处。保持呼吸道通畅。如呼吸困难，给输氧。如呼吸、心跳停止，立即进行心肺复苏术。就医。
食　　入	如患者神志清醒，催吐，洗胃。口服活性炭悬液，导泻。就医。

应急处理

消防措施	本品不燃，根据着火原因选择适当灭火剂灭火。消防人员须佩戴空气呼吸器，穿全身防火防毒服，在上风向灭火。喷水保持火场中容器冷却，直至灭火结束。
泄漏处理	隔离泄漏污染区，限制出入。建议应急处理人员戴防尘口罩，穿防毒服。戴橡胶手套。尽可能切断泄漏源。用塑料布覆盖泄漏物，减少飞散。勿使水进入包装容器内。用洁净的铲子收集泄漏物，置于干燥、干净、盖子较松的容器内，将容器移离泄漏区。

安全存储

储存于阴凉、通风良好的专用库房。实行“双人收发、双人管理”制度。远离火种、热源。避免光照。包装密封。应与氧化剂、食用化学品分开存放，切忌混储。

废物处置

根据国家和地方有关法规的要求处置。或与制造商联系，确定处置方法。

中文名称：**碘化氢**	英文名称：hydrogen iodide
CAS 登记号：10034-85-2	UN 编号：2197
化学式：HI	相对分子质量：127.91

最高容许浓度 / 时量平均浓度	危险性类别	危险标识
未制定标准	酸性腐蚀气体	 酸性腐蚀气体

理化性质

闪点：无意义	熔点：−50.8℃	沸点：−35.5℃
相对密度（$d_{水}$=1）：5.23	相对蒸气密度（$d_{空气}$=1）：5.23（25℃）	爆炸极限：无意义

预防措施

呼吸防护	空气中浓度超标时，佩戴过滤式防毒面具（半面罩）。紧急事态抢救或撤离时，建议佩戴空气呼吸器。	 戴过滤式防毒面具（半面罩）  戴化学安全防护眼镜
眼睛防护	戴化学安全防护眼镜。	
手 防 护	戴橡胶手套。	 戴橡胶手套  穿实验室工作服
身体防护	穿实验室工作服。	
其他防护	在通风橱内进行化学反应。实验室禁止吸烟和饮食。	

事故响应

皮肤接触	立即脱去污染的衣着，用大量流动清水冲洗 20~30 min。如有不适感，就医。
眼睛接触	立即提起眼睑，用大量流动清水或生理盐水彻底冲洗 10~15 min。如有不适感，就医。
吸　　入	迅速脱离现场至空气新鲜处。保持呼吸道通畅。如呼吸困难，给输氧。如呼吸、心跳停止，立即进行心肺复苏术。就医。
食　　入	不会通过该途径接触。

应急处理

消防措施	本品不燃，根据着火原因选择适当灭火剂灭火。但与其他物品接触引起火灾时，消防人员须穿戴全身防护服，关闭火场中钢瓶的阀门，减弱火势，并用水喷淋保护去关闭阀门的人员。喷水冷却容器。尽可能将容器从火场移至空旷处。
泄漏处理	根据气体扩散的影响区域划定警戒区，无关人员从侧风、上风向撤离至安全区。建议应急处理人员穿内置正压自给式呼吸器的全封闭防护服。禁止接触或跨越泄漏物。尽可能切断泄漏源。防止气体通过下水道、通风系统或限制性空间扩散。高浓度泄漏区，喷氨水或其他稀碱液中和。

安全存储

储存于阴凉、通风的不燃气体专用库房。远离火种、热源。库温不宜超过 30℃。应与碱类、氧化剂等分开存放，切忌混储。储区应备有泄漏应急处理设备。

废物处置

根据国家和地方有关法规的要求处置。或与制造商联系，确定处置方法。

中文名称：**碘化亚铊**　　英文名称：thallium iodide

CAS 登记号：7790-30-9

化学式：TlI　　相对分子质量：331.27

最高容许浓度 / 时量平均浓度	危险性类别	危险标识
未制定标准	毒害品	

理化性质

闪点：无意义	熔点：440℃	沸点：824℃
相对密度（$d_{水}$=1）：7.1	相对蒸气密度（$d_{空气}$=1）：无资料	爆炸极限：无意义

预防措施

呼吸防护	可能接触其粉尘时，须佩戴过滤式防尘呼吸器。紧急事态抢救或撤离时，建议佩戴空气呼吸器。	
眼睛防护	戴化学安全防护眼镜。	
手 防 护	戴橡胶手套。	
身体防护	穿实验室工作服。	
其他防护	在通风橱内进行化学反应。实验室禁止吸烟和饮食。	

事故响应

皮肤接触	脱去污染的衣着，用肥皂水和清水彻底冲洗皮肤。如有不适感，就医。
眼睛接触	提起眼睑，用流动清水或生理盐水冲洗。如有不适感，就医。
吸　　入	迅速脱离现场至空气新鲜处。保持呼吸道通畅。如呼吸困难，给输氧。如呼吸、心跳停止，立即进行心肺复苏术。就医。
食　　入	如患者神志清醒，催吐，洗胃。用 1% 碘化钠溶液或 1% 碘化钾溶液洗胃效果更佳。口服牛奶、淀粉膏、氢氧化铝凝胶、次碳酸铋。口服活性炭悬液，用硫酸钠、硫酸镁或蓖麻油导泻。就医。

应急处理

消防措施	本品不燃，根据着火原因选择适当灭火剂灭火。消防人员须佩戴防毒面具，穿全身消防服，在上风向灭火。尽可能将容器从火场移至空旷处。喷水冷却火场容器，直至灭火结束。
泄漏处理	建议应急处理人员戴防尘口罩，穿防毒服，戴橡胶手套。尽可能切断泄漏源。用塑料布覆盖泄漏物，减少飞散。勿使水进入包装容器内。用洁净的铲子收集泄漏物，置于干燥、干净、盖子较松的容器内，将容器移离泄漏区。

安全存储

储存于阴凉、通风的库房。远离火种、热源。包装密封。应与氧化剂、食用化学品分开存放，切忌混储。储区应备有合适的材料收容泄漏物。

废物处置

根据国家和地方有关法规的要求处置。或与制造商联系，确定处置方法。

中文名称：**碘甲烷**	英文名称：methyl iodide
CAS 登记号：74-88-4	UN 编号：2644
化学式：CH_3I	相对分子质量：141.95

时量平均浓度	危险性类别	危险标识
PC-TWA：10 mg/m^3	毒害品	 毒害品

理化性质

闪点：无资料	熔点：-66.5℃	沸点：42.5℃
相对密度（$d_{水}$=1）：2.3	相对蒸气密度（$d_{空气}$=1）：4.89	爆炸极限：无资料

预防措施

呼吸防护	空气中浓度超标时，应该佩戴过滤式防毒面具（半面罩）。
眼睛防护	戴化学安全防护眼镜。
手 防 护	戴乳胶手套。
身体防护	穿实验室工作服。
其他防护	在通风橱内进行化学反应。实验室禁止吸烟和饮食。

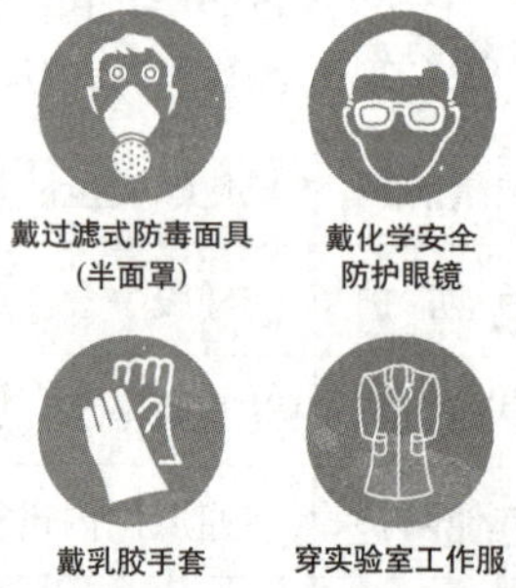

事故响应

皮肤接触	脱去污染的衣着，用大量流动清水冲洗。如有不适感，就医。
眼睛接触	立即提起眼睑，用大量流动清水或生理盐水彻底冲洗 10~15 min。如有不适感，就医。
吸 入	迅速脱离现场至空气新鲜处。保持呼吸道通畅。如呼吸困难，给输氧。如呼吸、心跳停止，立即进行心肺复苏术。就医。
食 入	饮水，催吐。口服活性炭悬液。避免饮牛奶、油类、酒类。如有不适感，就医。

应急处理

消防措施	用雾状水、泡沫、二氧化碳、砂土灭火。消防人员须佩戴空气呼吸器，穿全身防火防毒服，在上风向灭火。尽可能将容器从火场移至空旷处。喷水保持火场容器冷却，直至灭火结束。容器突然发出异常声音或出现异常现象，应立即撤离。
泄漏处理	建议应急处理人员戴正压自给式呼吸器，穿防毒服，戴防化学品手套。小量泄漏：用干燥的砂土或其他不燃材料吸收或覆盖。大量泄漏：构筑围堤或挖坑收容。用泵转移至槽车。

安全存储

储存在阴凉、通风良好的专用库房内。实行“双人收发、双人保管”制度。远离火种、热源。保持容器密封。应与氧化剂、碱类、食用化学品分开存放，切忌混储。储区应备有泄漏应急处理设备和合适的收容材料。

废物处置

建议用焚烧法处置。焚烧炉排出的卤化氢通过酸洗涤器除去。

中文名称:**碘酸**　　英文名称:iodic acid

CAS 登记号:7782-68-5

化学式:HIO_3　　相对分子质量:175.91

最高容许浓度 / 时量平均浓度	危险性类别	危险标识
未制定标准	氧化剂	 氧化剂

理化性质

闪点:无意义	熔点:110℃(分解)	沸点:无资料
相对密度($d_{水}$=1):4.63	相对蒸气密度($d_{空气}$=1):无资料	爆炸极限:无意义

预防措施

呼吸防护	可能接触其粉尘时,应该佩戴过滤式防尘呼吸器。
眼睛防护	戴化学安全防护眼镜。
手 防 护	戴橡胶手套。
身体防护	穿实验室工作服。
其他防护	在通风橱内进行化学反应。实验室禁止吸烟和饮食。

戴过滤式防尘呼吸器

戴化学安全防护眼镜

戴橡胶手套

穿实验室工作服

事故响应

皮肤接触	脱去污染的衣着,用肥皂水和清水彻底冲洗皮肤。如有不适感,就医。
眼睛接触	提起眼睑,用流动清水或生理盐水冲洗。如有不适感,就医。
吸　　入	迅速脱离现场至空气新鲜处。保持呼吸道通畅。如呼吸困难,给输氧。如呼吸、心跳停止,立即进行心肺复苏术。就医。
食　　入	饮水,禁止催吐。如有不适感,就医。

应急处理

消防措施	本品不燃,根据着火原因选择适当灭火剂灭火。消防人员须佩戴空气呼吸器,穿全身耐酸碱消防服灭火。喷水冷却容器,可能的话将容器从火场移至空旷处。在火场中与可燃物混合会爆炸,消防人员须在有防爆掩蔽处操作。
泄漏处理	建议应急处理人员戴防尘口罩,穿防腐蚀、防毒服,戴橡胶手套。勿使泄漏物与可燃物质(如木材、纸、油等)接触。尽可能切断泄漏源。小量泄漏:用洁净的铲子收集泄漏物,置于干燥、干净、盖子较松的容器内,将容器移离泄漏区。大量泄漏:泄漏物回收后,用水冲洗泄漏区。

安全存储

储存于阴凉、通风的库房。远离热源、火种。库温不超过 30℃,相对湿度不超过 80%。避免光照。包装密封。应与还原剂、醇类、易(可)燃物分开存放,切忌混储。储区应备有合适的材料收容泄漏物。

废物处置

中和、稀释后,排入废水系统。

中文名称:**碘酸钾**　　英文名称:potassium iodate

CAS 登记号:7758-05-6

化学式:KIO_3　　相对分子质量:214.00

最高容许浓度/时量平均浓度	危险性类别	危险标识
未制定标准	氧化剂	 氧化剂

理化性质

闪点:无意义　　熔点:560℃(分解)　　沸点:无资料

相对密度($d_{水}$=1):3.89　　相对蒸气密度($d_{空气}$=1):无资料　　爆炸极限:无意义

预防措施

呼吸防护	可能接触其粉尘时,应该佩戴过滤式防尘呼吸器。	 戴过滤式防尘呼吸器  戴化学安全防护眼镜
眼睛防护	戴化学安全防护眼镜。	
手 防 护	戴橡胶手套。	 戴橡胶手套  穿实验室工作服
身体防护	穿实验室工作服。	
其他防护	在通风橱内进行化学反应。实验室禁止吸烟和饮食。	

事故响应

皮肤接触	脱去污染的衣着,用肥皂水和清水彻底冲洗皮肤。如有不适感,就医。
眼睛接触	提起眼睑,用流动清水或生理盐水冲洗。如有不适感,就医。
吸　　入	迅速脱离现场至空气新鲜处。保持呼吸道通畅。如呼吸困难,给输氧。如呼吸、心跳停止,立即进行心肺复苏术。就医。
食　　入	饮足量温水,催吐。给饮牛奶或蛋清。就医。

应急处理

消防措施	本品不燃,根据着火原因选择适当灭火剂灭火。消防人员须佩戴空气呼吸器,穿全身防火防毒服,在上风向灭火。喷水冷却容器,可能的话将容器从火场移至空旷处。在火场中与可燃物混合会爆炸,消防人员须在有防爆掩蔽处操作。
泄漏处理	建议应急处理人员戴防尘口罩,穿防毒服,戴橡胶手套。勿使泄漏物与可燃物质(如木材、纸、油等)接触。穿上适当的防护服前严禁接触破裂的容器和泄漏物。尽可能切断泄漏源。小量泄漏:用洁净的铲子收集泄漏物,置于干燥、干净、盖子较松的容器内,将容器移离泄漏区。大量泄漏:泄漏物回收后,用水冲洗泄漏区。

安全存储

储存于阴凉、通风的库房。远离火种、热源。库温不超过30℃,相对湿度不超过80%。避免光照。包装密封。应与还原剂、活性金属粉末、有机金属化合物分开存放,切忌混储。储区应备有合适的材料收容泄漏物。

废物处置

用安全掩埋法处置。

中文名称:**碘酸钠**　　英文名称:sodium iodate

CAS 登记号:7681-55-2

化学式:$NaIO_3$　　相对分子质量:197.89

最高容许浓度 / 时量平均浓度	危险性类别	危险标识
未制定标准	氧化剂	

理化性质

闪点:无意义	熔点:分解	沸点:无资料
相对密度($d_{水}$=1):4.28	相对蒸气密度($d_{空气}$=1):无资料	爆炸极限:无意义

预防措施

呼吸防护	可能接触其粉尘时,应该佩戴过滤式防尘呼吸器。	
眼睛防护	戴化学安全防护眼镜。	
手 防 护	戴橡胶手套。	
身体防护	穿实验室工作服。	
其他防护	在通风橱内进行化学反应。实验室禁止吸烟和饮食。	

事故响应

皮肤接触	脱去污染的衣着,用肥皂水和清水彻底冲洗皮肤。如有不适感,就医。
眼睛接触	提起眼睑,用流动清水或生理盐水冲洗。如有不适感,就医。
吸　　入	迅速脱离现场至空气新鲜处。保持呼吸道通畅。如呼吸困难,给输氧。如呼吸、心跳停止,立即进行心肺复苏术。就医。
食　　入	饮足量温水,催吐。就医。

应急处理

消防措施	本品不燃,根据着火原因选择适当灭火剂灭火。消防人员须佩戴空气呼吸器,穿全身防火防毒服,在上风向灭火。喷水冷却容器,可能的话将容器从火场移至空旷处。在火场中与可燃物混合会爆炸,消防人员须在有防爆掩蔽处操作。
泄漏处理	建议应急处理人员戴防尘口罩,穿防毒服,戴橡胶手套。勿使泄漏物与可燃物质(如木材、纸、油等)接触。穿上适当的防护服前严禁接触破裂的容器和泄漏物。小量泄漏:用洁净的铲子收集泄漏物,置于干燥、干净、盖子较松的容器内,将容器移离泄漏区。大量泄漏:泄漏物回收后,用水冲洗泄漏区。

安全存储

储存于阴凉、通风的库房。远离火种、热源。库温不超过 30℃,相对湿度不超过 80%。避免光照。包装密封。应与还原剂、活性金属粉末等分开存放,切忌混储。储区应备有合适的材料收容泄漏物。

废物处置

用安全掩埋法处置。

中文名称：**叠氮化钠**　　英文名称：sodium azide

CAS 登记号：26628-22-8　　UN 编号：1687

化学式：NaN_3　　相对分子质量：65.02

最高容许浓度	危险性类别	危险标识
MAC：0.3 mg/m^3	剧毒固体；易爆固体	 剧毒固体  易爆固体

理化性质

闪点：无意义　　熔点：275℃（分解）　　沸点：无资料

相对密度（$d_{水}$=1)：1.85　　相对蒸气密度（$d_{空气}$=1)：2.2　　爆炸极限：无资料

危险特性：与酸类剧烈反应产生爆炸性的叠氮酸有毒气体

预防措施

呼吸防护	可能接触其粉尘时，必须佩戴抗冲击面罩。紧急事态抢救或撤离时，佩戴空气呼吸器。	 戴抗冲击面罩  戴橡胶手套  穿实验室工作服
眼睛防护	呼吸防护中已做防护。	
手 防 护	戴橡胶手套。	
身体防护	穿实验室工作服。必要时，穿连衣式防毒衣。	
其他防护	在通风橱内进行化学反应。实验室禁止吸烟和饮食。	

事故响应

皮肤接触	脱去污染的衣着，用肥皂水和清水彻底冲洗皮肤。如有不适感，就医。
眼睛接触	提起眼睑，用流动清水或生理盐水冲洗。如有不适感，就医。
吸　　入	迅速脱离现场至空气新鲜处。保持呼吸道通畅。如呼吸困难，给输氧。如呼吸、心跳停止，立即进行心肺复苏术。静脉注射 20%~50% 硫代硫酸钠溶液 20~50 mL。就医。
食　　入	饮足量温水，禁止催吐。静脉注射 20%~50% 硫代硫酸钠溶液 20~50 mL。就医。

应急处理

消防措施	本品不燃，根据着火原因选择适当灭火剂灭火。由于火场中可能发生容器爆破的情况，消防人员须在有防爆掩蔽处操作。尽可能将容器从火场移至空旷处。喷水冷却火场容器。
泄漏处理	建议应急处理人员戴防尘口罩，穿防毒服，戴橡胶手套。穿上适当的防护服前严禁接触破裂的容器和泄漏物。尽可能切断泄漏源。勿使水进入包装容器中。用洁净的铲子收集泄漏物，置于干燥、干净、盖子较松的容器内，将容器移离泄漏区。

安全存储

储存于阴凉、通风良好的专用库房内。实行“双人收发、双人保管”制度。远离火种、热源。库温不超过 30℃。包装密封。应与氧化剂、酸类、活性金属粉末、食用化学品等分开存放，切忌混储。

废物处置

根据国家和地方有关法规的要求处置。或与制造商联系，确定处置方法。

中文名称：**1，4- 丁炔二醇**	英文名称：2-butyne-1，4-diol
CAS 登记号：110-65-6	RTECS 号：ES0525000
化学式：$CH_2OHC \equiv CCH_2OH$	相对分子质量：86.1

最高容许浓度 / 时量平均浓度	危险性类别	危险标识
未制定标准	毒害品	

理化性质

闪点：128℃（OC）	熔点：58℃	沸点：238℃
相对密度（$d_{水}$=1）：1.07~1.2	相对蒸气密度（$d_{空气}$=1）：无资料	爆炸极限：2.3%~35.7%

预防措施

呼吸防护	空气中粉尘浓度较高时，佩戴过滤式防尘呼吸器。
眼睛防护	戴化学安全防护眼镜。
手 防 护	戴乳胶手套。
身体防护	穿实验室工作服。
其他防护	采用防爆型照明、通风设施。禁止使用易产生火花的机械设备和工具。

事故响应

皮肤接触	脱去污染的衣着，用肥皂水和清水彻底冲洗皮肤。如有不适感，就医。
眼睛接触	提起眼睑，用流动清水或生理盐水冲洗。如有不适感，就医。
吸　　入	迅速脱离现场至空气新鲜处。保持呼吸道通畅，如呼吸困难，给输氧。如呼吸、心跳停止，立即进行心肺复苏术。就医。
食　　入	饮足量温水，催吐。就医。

应急处理

消防措施	燃烧产生一氧化碳。用雾状水、抗溶性泡沫、干粉、二氧化碳、砂土灭火。消防人员须佩戴空气呼吸器，穿全身防火防毒服，在上风向灭火。尽可能将容器从火场移至空旷处。喷水保持火场容器冷却，直至灭火结束。
泄漏处理	建议应急处理人员戴防尘口罩，穿防毒服，戴防化学品手套。尽可能切断泄漏源。用塑料布覆盖泄漏物，减少飞散。勿使水进入包装容器内。用洁净的铲子收集泄漏物，置于干燥、干净、盖子较松的容器内。将容器移离泄漏区。

安全存储

储存于阴凉、通风的库房。远离火种、热源。包装密封。应与氧化剂、碱类、食用化学品分开存放，切忌混储。

废物处置

建议用焚烧法处置。

中文名称:**1- 丁烯**　　英文名称:1-butylene

CAS 登记号:106-98-9　　UN 编号:1012

化学式:$CH_2{=}CHC_2H_5$　　相对分子质量:56.11

最高容许浓度 / 时量平均浓度	危险性类别	危险标识
未制定标准	易燃气体	 易燃气体

理化性质

闪点:-80℃(CC)	熔点:-185.3℃	沸点:-6.47℃
相对密度($d_{水}$=1):0.577(25℃)	相对蒸气密度($d_{空气}$=1):1.93	爆炸极限:1.6%~10.0%

预防措施

呼吸防护	一般不需要特殊防护。高浓度接触时,可佩戴过滤式防毒面具(半面罩)。
眼睛防护	戴化学安全防护眼镜。
手 防 护	戴乳胶手套。
身体防护	穿防静电工作服。
其他防护	采用防爆型照明、通风设施。禁止使用易产生火花的机械设备和工具。

事故响应

皮肤接触	冻伤时,将患处浸泡于38~42℃的温水中复温,不要涂擦。不要使用热水或辐射热。使用清洁、干燥的敷料包扎。就医。
眼睛接触	立即提起眼睑,用流动清水或生理盐水彻底冲洗。就医。
吸　　入	迅速脱离现场至空气新鲜处。保持呼吸道通畅。如呼吸困难,给输氧。如呼吸、心跳停止,立即进行心肺复苏术。就医。
食　　入	不会通过该途径接触。

应急处理

消防措施	燃烧产生一氧化碳。用雾状水、泡沫、干粉、二氧化碳灭火。切断气源。若不能切断气源,则不允许熄灭泄漏处的火焰。消防人员须佩戴空气呼吸器,穿全身防火防毒服,在上风向灭火。尽可能将容器从火场移至空旷处。
泄漏处理	建议应急处理人员戴正压自给式呼吸器,穿防静电服。液化气泄漏时,穿防静电、防寒服。作业时使用的所有设备应接地。若可能翻转容器,使之逸出气体而非液体。喷雾状水抑制蒸气或改变蒸气云流向,避免水流接触泄漏物。禁止用水直接冲击泄漏物或泄漏源。隔离泄漏区直至气体散尽。

安全存储

储存于阴凉、通风的易燃气体专用库房。远离火种、热源。库温不宜超过30℃。应与氧化剂、酸类分开存放,切忌混储。储区应备有泄漏应急处理设备。

废物处置

建议用焚烧法处置。

中文名称:**对苯二胺**　　英文名称:1,4-diaminobenzene

CAS 登记号:106-50-3　　RTECS 号:SS8050000

化学式:$C_6H_4(NH_2)_2$　　相对分子质量:108.14

最高容许浓度 / 时量平均浓度	危险性类别	危险标识
未制定标准	毒害品	 毒害品

理化性质

闪点:155℃	熔点:145~147℃	沸点:267℃
相对密度($d_{水}$=1):无资料	相对蒸气密度($d_{空气}$=1):3.7	爆炸极限:1.3%~9.8%

预防措施

呼吸防护	空气中粉尘浓度超标时,佩戴过滤式防尘呼吸器。紧急事态抢救或撤离时,应该佩戴空气呼吸器。
眼睛防护	戴化学安全防护眼镜。
手 防 护	戴橡胶手套。
身体防护	穿实验室工作服。
其他防护	在通风橱内进行化学反应。实验室禁止吸烟和饮食。

戴过滤式防尘呼吸器

戴化学安全防护眼镜

戴橡胶手套

穿实验室工作服

事故响应

皮肤接触	脱去污染的衣着,用肥皂水和清水彻底冲洗皮肤。如有不适感,就医。
眼睛接触	立即提起眼睑,用流动清水或生理盐水彻底冲洗,就医。
吸　　入	迅速脱离现场至空气新鲜处。保持呼吸道通畅。如呼吸困难,给输氧。如呼吸、心跳停止,立即进行心肺复苏术。就医。
食　　入	漱口,口服活性炭悬液。就医。

应急处理

消防措施	用雾状水、二氧化碳、砂土灭火。消防人员须佩戴空气呼吸器,穿全身防火防毒服,在上风向灭火。尽可能将容器从火场移至空旷处。喷水冷却火场容器,直至灭火结束。
泄漏处理	建议应急处理人员戴防尘口罩,穿防毒服,戴橡胶手套。尽可能切断泄漏源。用塑料布覆盖泄漏物,减少飞散。勿使水进入包装容器内。用洁净的铲子收集泄漏物,置于干燥、干净、盖子较松的容器内,将容器移离泄漏区。

安全存储

储存于阴凉、通风的库房。远离火种、热源。包装密封。应与氧化剂、酸类、食用化学品分开存放,切忌混储。配备相应品种和数量的消防器材。储区应备有合适的材料收容泄漏物。

废物处置

用控制焚烧法处置。焚烧炉排出的氮氧化物通过洗涤器除去。

中文名称：**对苯二酚**　　英文名称：hydroquinone

CAS 登记号：123-31-9　　RTECS 号：MX3500000

化学式：$C_6H_4(OH)_2$　　相对分子质量：110.11

时量平均浓度	危险性类别	危险标识
PC-TWA：1 mg/m^3	毒害品	 毒害品

理化性质

闪点：165℃（CC）　　熔点：170.5℃　　沸点：285℃

相对密度（$d_{水}$=1）：1.33　　相对蒸气密度（$d_{空气}$=1）：3.81　　爆炸极限：1.6%~15.3%

预防措施

呼吸防护	空气中粉尘浓度超标时，佩戴过滤式防尘呼吸器。紧急事态抢救或撤离时，应该佩戴空气呼吸器。
眼睛防护	戴化学安全防护眼镜。
手 防 护	戴橡胶手套。
身体防护	穿实验室工作服。
其他防护	在通风橱内进行化学反应。实验室禁止吸烟和饮食。

戴过滤式防尘呼吸器

戴化学安全防护眼镜

戴橡胶手套

穿实验室工作服

事故响应

皮肤接触	立即脱去污染的衣着，用大量流动清水彻底冲洗。冲洗后即用浸过 30%~50% 酒精的棉花反复擦拭（注意不能将患处浸泡于酒精溶液中），也可用浸过聚乙二醇 -300 或聚乙二醇和甲基化酒精混合液（2：1）的棉花擦拭创面，然后用水彻底清洗。就医。
眼睛接触	立即提起眼睑，用大量流动清水或生理盐水彻底冲洗 10~15 min。如有不适感，就医。
吸　　入	迅速脱离现场至空气新鲜处。保持呼吸道通畅。如呼吸困难，给输氧。如呼吸、心跳停止，立即进行心肺复苏术。就医。
食　　入	立即给饮植物油 15~30 mL。催吐。口服活性炭悬液，导泻。就医。

应急处理

消防措施	燃烧产生一氧化碳。用雾状水、抗溶性泡沫、干粉、二氧化碳、砂土灭火。消防人员须佩戴空气呼吸器，穿全身防火防毒服，在上风向灭火。尽可能将容器从火场移至空旷处。
泄漏处理	建议应急处理人员戴防尘口罩，穿防毒服，戴橡胶手套。勿使水进入包装容器内。用洁净的铲子收集泄漏物，置于干燥、干净、盖子较松的容器内，将容器移离泄漏区。

安全存储

储存于阴凉、通风的库房。远离火种、热源。包装要求密封，不可与空气接触。应与氧化剂、酸类、碱类、食用化学品分开存放，切忌混储。

废物处置

用焚烧法处置。把倒空的容器归还厂商或在规定场所掩埋。

中文名称：**对甲酚**	英文名称：4-methylphenol
CAS 登记号：106-44-5	RTECS 号：GO6475000
化学式：$CH_3C_6H_4OH$	相对分子质量：108.2

时量平均浓度	危险性类别	危险标识
PC-TWA：10 mg/m^3	毒害品	

理化性质

闪点：86℃（CC）	熔点：35.5℃	沸点：201.8℃
相对密度（$d_{水}$=1)：1.039	相对蒸气密度（$d_{空气}$=1)：3.72	爆炸极限：1.1%~7.6%

预防措施

呼吸防护	空气中粉尘浓度超标时，应该佩戴过滤式防尘呼吸器。可能接触其蒸气时，应该佩戴过滤式防毒面具（全面罩）。	
眼睛防护	戴化学安全防护眼镜。	
手 防 护	戴橡胶手套。	
身体防护	穿实验室工作服。	
其他防护	在通风橱内进行化学反应。实验室禁止吸烟和饮食。	

事故响应

皮肤接触	立即脱去污染的衣着，用大量流动清水彻底冲洗。冲洗后即用浸过 30%~50% 酒精的棉花反复擦拭（注意不能将患处浸泡于酒精溶液中），也可用浸过聚乙二醇 -300 或聚乙二醇和甲基化酒精混合液（2∶1）的棉花擦拭，然后用水彻底清洗。就医。
眼睛接触	立即提起眼睑，用大量流动清水或生理盐水彻底冲洗 10~15 min。如有不适感，就医。
吸 入	迅速脱离现场至空气新鲜处。保持呼吸道通畅。如呼吸困难，给输氧。如呼吸、心跳停止，立即进行心肺复苏术。就医。
食 入	立即给饮植物油 15~30 mL。禁止催吐。口服活性炭悬液，导泻。就医。

应急处理

消防措施	遇明火，高热可燃。用雾状水、泡沫、干粉、二氧化碳、砂土灭火。消防人员须佩戴空气呼吸器，穿全身防火防毒服，在上风向灭火。尽可能将容器从火场移至空旷处。喷水冷却火场容器，直至灭火结束。
泄漏处理	建议应急处理人员戴防尘口罩，穿防毒服，戴橡胶手套。勿使水进入包装容器内。用洁净的铲子收集泄漏物，置于干燥、干净、盖子较松的容器内，将容器移离泄漏区。

安全存储

储存于阴凉、通风的库房。远离火种、热源。包装要求密封，不可与空气接触。应与氧化剂、碱类、食用化学品分开存放，切忌混储。

废物处置

建议用焚烧法处置。

中文名称：**对氯苯酚**　　英文名称：4-chlorophenol

CAS 登记号：106-48-9　　UN 编号：2020

化学式：C_6H_4ClOH　　相对分子质量：128.56

最高容许浓度 / 时量平均浓度	危险性类别	危险标识
未制定标准	毒害品	 毒害品

理化性质		
闪点：121℃（CC）	熔点：43~45℃	沸点：220℃
相对密度（$d_{水}$=1）：1.31	相对蒸气密度（$d_{空气}$=1）：4.43	爆炸极限：1.75%~8.8%

预防措施		
呼吸防护	可能接触其粉尘时，应该佩戴过滤式防尘呼吸器。紧急事态抢救或撤离时，佩戴空气呼吸器。	
眼睛防护	戴化学安全防护眼镜。	
手 防 护	戴橡胶手套。	
身体防护	穿实验室工作服。	
其他防护	在通风橱内进行化学反应。实验室禁止吸烟和饮食。	

事故响应	
皮肤接触	立即脱去污染的衣着，用大量流动清水彻底冲洗。冲洗后即用浸过 30%~50% 酒精的棉花反复擦拭（注意不能将患处浸泡于酒精溶液中），也可用浸过聚乙二醇 -300 或聚乙二醇和甲基化酒精混合液（2∶1）的棉花擦拭，然后用水彻底清洗。就医。
眼睛接触	立即提起眼睑，用大量流动清水或生理盐水彻底冲洗 10~15 min。如有不适感，就医。
吸　　入	迅速脱离现场至空气新鲜处。保持呼吸道通畅。如呼吸困难，给输氧。如呼吸、心跳停止，立即进行心肺复苏术。就医。
食　　入	立即给饮植物油 15~30 mL。禁止催吐。口服活性炭悬液。就医。

应急处理	
消防措施	用雾状水、泡沫、二氧化碳、砂土灭火。消防人员须佩戴空气呼吸器，穿全身防火防毒服，在上风向灭火。尽可能将容器从火场移至空旷处。喷水冷却火场容器，直至灭火结束。
泄漏处理	建议应急处理人员戴防尘口罩，穿防毒服，戴橡胶手套。勿使水进入包装容器内。用洁净的铲子收集泄漏物，置于干燥、干净、盖子较松的容器内，将容器移离泄漏区。

安全存储

储存于阴凉、通风的库房。远离火种、热源。包装密封。应与氧化剂、酸类、食用化学品分开存放。配备相应品种和数量的消防器材。

废物处置

建议用焚烧法处置。与燃料混合后，再焚烧。焚烧炉排出的卤化氢通过酸洗涤器除去。

中文名称：**苊**　　英文名称：acenaphthene

CAS 登记号：83-32-9　　RTECS 号：AB1000000

化学式：$C_{12}H_{10}$　　相对分子质量：154.21

最高容许浓度 / 时量平均浓度	危险性类别	危险标识
未制定标准	易燃固体	 易燃固体

理化性质

闪点：120℃　　熔点：95℃　　沸点：279℃

相对密度（$d_{水}$=1）：1.024　　相对蒸气密度（$d_{空气}$=1）：5.32　　爆炸极限：0.8%~5.3%

预防措施

呼吸防护	空气中粉尘浓度超标时，应该佩戴过滤式防尘呼吸器。	 戴过滤式防尘呼吸器  戴化学安全防护眼镜  戴乳胶手套  穿实验室工作服
眼睛防护	戴化学安全防护眼镜。	
手 防 护	戴乳胶手套。	
身体防护	穿实验室工作服。	
其他防护	采用防爆型照明、通风设施。禁止使用易产生火花的机械设备和工具。	

事故响应

皮肤接触	脱去污染的衣着，用肥皂水和清水彻底冲洗皮肤。如有不适感，就医。
眼睛接触	提起眼睑，用流动清水或生理盐水冲洗。如有不适感，就医。
吸　　入	迅速脱离现场至空气新鲜处。保持呼吸道通畅。如呼吸困难，给输氧。如呼吸、心跳停止，立即进行心肺复苏术。就医。
食　　入	用水漱口。给饮牛奶或蛋清。就医。

应急处理

消防措施	遇明火、高热或与氧化剂接触，有引起燃烧爆炸的危险。受热分解产生有毒的烟气。燃烧产生一氧化碳。用雾状水、泡沫、干粉、二氧化碳、砂土灭火。消防人员须佩戴空气呼吸器，穿全身防火防毒服，在上风向灭火。喷水冷却容器，尽可能将容器从火场移至空旷处。
泄漏处理	隔离泄漏污染区，限制出入。消除所有点火源。建议应急处理人员戴防尘口罩，穿防毒服。禁止跨越或接触泄漏物。小量泄漏：用洁净的铲子收集泄漏物，置于干燥、干净、盖子较松的容器内，将容器移离泄漏区。大量泄漏：用水润湿，并筑堤坝。防止泄漏物进入水体、下水道、地下室或限制性空间。

安全存储

储存于阴凉、通风的库房。远离火种、热源。库温不超过35℃。包装密封。应与氧化剂分开存放，切忌混储。储区应备有合适的材料收容泄漏物。

废物处置

建议用焚烧法处置。处置前应参阅国家和地方有关法规。

中文名称:**蒽**	英文名称:anthracene
CAS 登记号:120-12-7	RTECS 号:CA9350000
化学式:$C_6H_4(CH)_2C_6H_4$	相对分子质量:178.24

最高容许浓度 / 时量平均浓度	危险性类别	危险标识
未制定标准	其他腐蚀品	 其他腐蚀品

理化性质

闪点:121℃ (CC)	熔点:217℃	沸点:345℃
相对密度($d_{水}$=1):1.24	相对蒸气密度($d_{空气}$=1):6.15	爆炸极限:0.6%~5.2%

预防措施

呼吸防护	空气中粉尘浓度超标时,建议佩戴过滤式防尘呼吸器。
眼睛防护	一般不需要特殊防护。特殊情况下,建议戴化学安全防护眼镜。
手 防 护	戴橡胶耐酸碱手套。
身体防护	穿实验室工作服。尽可能减少直接接触。
其他防护	在通风橱内进行化学反应。实验室禁止吸烟和饮食。

事故响应

皮肤接触	脱去污染的衣着,用肥皂水和清水彻底冲洗皮肤。如有不适感,就医。
眼睛接触	提起眼睑,用流动清水或生理盐水冲洗。如有不适感,就医。
吸　　入	迅速脱离现场至空气新鲜处。保持呼吸道通畅。如呼吸困难,给输氧。如呼吸、心跳停止,立即进行心肺复苏术。就医。
食　　入	漱口。就医。

应急处理

消防措施	遇明火、高热可燃。燃烧产生一氧化碳。用干粉、二氧化碳、砂土灭火。消防人员须佩戴空气呼吸器,穿全身防火防毒服,在上风向灭火。喷水冷却火场容器,直至灭火结束。
泄漏处理	隔离泄漏污染区,限制出入。消除所有点火源。建议应急处理人员戴橡胶手套,穿防腐蚀、防毒服,穿一般作业工作服。尽可能切断泄漏源。用塑料布覆盖泄漏物,减少飞散。勿使水进入包装容器内。用洁净的铲子收集泄漏物,置于干燥、干净、盖子较松的容器内,将容器移离泄漏区。

安全存储

储存于阴凉、通风的库房。远离火种、热源。库温不超过 30℃,相对湿度不超过 80%。包装密封。应与氧化剂分开存放,切忌混储。配备相应品种和数量的消防器材。储区应备有合适的材料收容泄漏物。

废物处置

建议用焚烧法处置。处置前应参阅国家和地方有关法规。

中文名称：**二苯胺**　　英文名称：diphenylamine

CAS 登记号：122-39-4　　RTECS 号：JJ7800000

化学式：$C_6H_5NHC_6H_5$　　相对分子质量：169.22

最高容许浓度 / 时量平均浓度	危险性类别	危险标识
无资料	无资料	

理化性质

闪点：153℃	熔点：52.85℃	沸点：302℃
相对密度（$d_{水}$=1）：1.16	相对蒸气密度（$d_{空气}$=1）：无资料	爆炸极限：无资料

预防措施

呼吸防护	可接触其粉尘时，建议佩戴自吸过滤式防尘口罩。
眼睛防护	戴化学安全防护眼镜。
手 防 护	戴橡胶手套。
身体防护	穿实验室工作服，长筒胶鞋。
其他防护	在通风橱内进行化学反应。实验室禁止吸烟和饮食。

事故响应

皮肤接触	脱去污染的衣着，用肥皂水和清水彻底冲洗皮肤。如有不适感，就医。
眼睛接触	提起眼睑，用流动清水或生理盐水冲洗。如有不适感，就医。
吸　　入	迅速脱离现场至空气新鲜处。保持呼吸道通畅。如呼吸困难，给输氧。如呼吸、心跳停止，立即进行心肺复苏术。就医。
食　　入	立即漱口，给饮足量温水，催吐。就医。

应急处理

消防措施	遇明火、高热可燃。粉体与空气可形成爆炸性混合物，当达到一定的浓度时，遇火星会发生爆炸。用二氧化碳、泡沫、干粉、砂土灭火。用水可引起沸溅。
泄漏处理	隔离泄漏污染区，周围设警告标志。切断火源。建议应急处理人员戴防毒面具，穿化学防护服。用砂土混合，逐渐倒入稀盐酸中（1 体积浓盐酸加 2 体积水稀释），放置 24 h，然后废弃。如大量泄漏，收集回收或无害处理后废弃。

安全存储

储存于阴凉、通风的库房。远离火种、热源。避免光照。包装必须密封完整。应与氧化剂、酸类分开存放，切忌混储。搬运时要轻装轻卸，防止包装及容器损坏。储区应备有泄漏应急处理设备和合适的收容材料。

废物处置

根据国家和地方有关法规的要求处置。或与制造商联系，确定处置方法。

中文名称：**二碘甲烷**　　英文名称：diiodomethane

CAS 登记号：75-11-6

化学式：CH_2I_2　　相对分子质量：267.83

最高容许浓度 / 时量平均浓度	危险性类别	危险标识
未制定标准	毒害品	

理化性质		
闪点：110℃	熔点：5~6℃	沸点：181℃（分解）
相对密度（$d_{水}$=1）：3.32	相对蒸气密度（$d_{空气}$=1）：9.25	爆炸极限：无资料

预防措施	
呼吸防护	一般不需要特殊防护。高浓度接触时，可佩戴过滤式防毒面具(半面罩)。
眼睛防护	必要时，戴化学安全防护眼镜。
手 防 护	戴乳胶手套。
身体防护	穿实验室工作服。
其他防护	在通风橱内进行化学反应。实验室禁止吸烟和饮食。

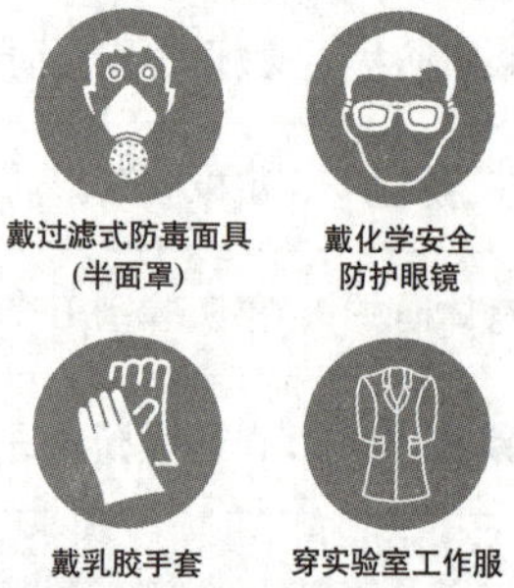

事故响应	
皮肤接触	脱去污染的衣着，用肥皂水和清水彻底冲洗皮肤。如有不适感，就医。
眼睛接触	提起眼睑，用流动清水或生理盐水冲洗。如有不适感，就医。
吸　　入	迅速脱离现场至空气新鲜处。保持呼吸道通畅。如呼吸困难，给输氧。如呼吸、心跳停止，立即进行心肺复苏术。就医。
食　　入	饮足量温水，催吐。就医。避免饮牛奶、油类、酒类。

应急处理	
消防措施	遇明火能燃烧。受热分解放出有毒的碘化物烟气。有害燃烧产物为一氧化碳和碘化氢。用雾状水、泡沫、二氧化碳、砂土灭火。消防人员须佩戴防毒面具，穿全身消防服，在上风向灭火。尽可能将容器从火场移至空旷处。喷水冷却火场容器。容器突然发出异常声音或出现异常现象，应立即撤离。
泄漏处理	消除所有点火源。建议应急处理人员戴正压自给式呼吸器，穿防毒服，戴防化学品手套。尽可能切断泄漏源。小量泄漏：用干燥的砂土或其他不燃材料吸收或覆盖，收集于容器中。大量泄漏：构筑围堤或挖坑收容。用泵转移至槽车或专用收集器内。

安全存储

储存于阴凉、通风的库房。远离火种、热源。保持容器密封。应与氧化剂、碱类、碱金属、食用化学品分开存放，切忌混储。配备相应品种和数量的消防器材。储区应备有泄漏应急处理设备和合适的收容材料。

废物处置

建议用焚烧法处置。焚烧炉排出的卤化氢通过酸洗涤器除去。

中文名称：**二丁胺**　　英文名称：dibutylamine

CAS 登记号：111-92-2　　RTECS 号：HR7780000

化学式：$(C_4H_9)_2NH$　　相对分子质量：129.24

最高容许浓度 / 时量平均浓度	危险性类别	危险标识
未制定标准	碱性腐蚀品	 碱性腐蚀品

理化性质

闪点：51.6℃（OC）	熔点：-62~-59℃	沸点：159~160℃
相对密度（$d_{水}$=1）：0.76	相对蒸气密度（$d_{空气}$=1）：4.46	爆炸极限：1.1%~10.0%

预防措施

呼吸防护	可能接触其蒸气时，佩戴过滤式防毒面具（全面罩）。紧急事态抢救或撤离时，建议佩戴空气呼吸器。
眼睛防护	呼吸防护中已做防护。
手 防 护	戴橡胶耐油手套。
身体防护	穿实验室工作服。
其他防护	采用防爆型照明、通风设施。禁止使用易产生火花的机械设备和工具。

戴过滤式防毒面具（全面罩）

戴橡胶耐油手套

穿实验室工作服

事故响应

皮肤接触	立即脱去污染的衣着，用大量流动清水冲洗 20~30 min。如有不适感，就医。
眼睛接触	立即提起眼睑，用大量流动清水或生理盐水彻底冲洗 10~15 min。如有不适感，就医。
吸　　入	迅速脱离现场至空气新鲜处。保持呼吸道通畅。如呼吸困难，给输氧。如呼吸、心跳停止，立即进行心肺复苏术。就医。
食　　入	用水漱口。禁止催吐。给饮牛奶或蛋清。就医。

应急处理

消防措施	用水、泡沫、干粉、二氧化碳、砂土灭火。消防人员须佩戴防毒面具，穿全身消防服，在上风向灭火。尽可能将容器从火场移至空旷处。喷水冷却火场容器，直至灭火结束。
泄漏处理	建议应急处理人员戴正压自给式呼吸器，穿防静电、防腐蚀、防毒服，戴橡胶耐油手套。小量泄漏：用砂土或其他不燃材料吸收。使用洁净的无火花工具收集吸收材料。大量泄漏：构筑围堤或挖坑收容。用抗溶性泡沫覆盖，减少蒸发。

安全存储

储存于阴凉、通风的库房。远离火种、热源。库温不宜超过 30℃。保持容器密封。应与氧化剂、酸类分开存放，切忌混储。

废物处置

建议用焚烧法处置。焚烧炉排出的氮氧化物通过洗涤器除去。

中文名称：**二环己胺**　　英文名称：dicyclohexylamine

CAS 登记号：101-83-7

化学式：$(C_6H_{11})_2NH$　　相对分子质量：181.32

最高容许浓度 / 时量平均浓度	危险性类别	危险标识
未制定标准	碱性腐蚀品	 碱性腐蚀品

理化性质

闪点：99℃（OC）　　熔点：-0.1℃　　沸点：256℃

相对密度（$d_{水}$=1）：0.91　　相对蒸气密度（$d_{空气}$=1）：6.27　　爆炸极限：0.6%~5.6%

预防措施

呼吸防护	可能接触其蒸气时，应该佩戴过滤式防毒面具（全面罩）或空气呼吸器。紧急事态抢救或撤离时，建议佩戴空气呼吸器。
眼睛防护	呼吸防护中已做防护。
手　防　护	戴橡胶耐酸碱手套。
身体防护	穿橡胶耐酸碱服。
其他防护	在通风橱内进行化学反应。实验室禁止吸烟和饮食。

戴过滤式防毒面具（全面罩）

戴空气呼吸器

戴橡胶耐酸碱手套

穿橡胶耐酸碱服

事故响应

皮肤接触	立即脱去污染的衣着，用大量流动清水冲洗 20~30 min。如有不适感，就医。
眼睛接触	立即提起眼睑，用大量流动清水或生理盐水彻底冲洗 10~15 min。如有不适感，就医。
吸　　入	迅速脱离现场至空气新鲜处。保持呼吸道通畅。如呼吸困难，给输氧。如呼吸、心跳停止，立即进行心肺复苏术。就医。
食　　入	用水漱口。禁止催吐。给饮牛奶或蛋清。就医。

应急处理

消防措施	用抗溶性泡沫、干粉、二氧化碳、砂土灭火。消防人员须佩戴空气呼吸器，穿全身防火防毒服，在上风向灭火。喷水冷却火场容器。尽可能将容器从火场移至空旷处。
泄漏处理	建议应急处理人员戴正压自给式呼吸器，穿防酸碱服，戴橡胶耐酸碱手套。小量泄漏：用干燥的砂土或其他不燃材料吸收或覆盖。大量泄漏：构筑围堤或挖坑收容。用耐腐蚀泵转移至槽车或专用收集器内。

安全存储

储存于阴凉、通风的库房。远离火种、热源。库温不宜超过 30℃。保持容器密封。应与氧化剂、酸类分开存放，切忌混储。配备相应品种和数量的消防器材。储区应备有泄漏应急处理设备和合适的收容材料。

废物处置

建议用焚烧法处置。焚烧炉排出的氮氧化物通过洗涤器除去。

中文名称：***N*,*N*-二甲基甲酰胺**　　英文名称：*N*,*N*-dimethylformamide

CAS 登记号：68-12-2　　RTECS 号：LQ2100000

化学式：$HCON(CH_3)_2$　　相对分子质量：73.09

时量平均浓度	危险性类别	危险标识
PC-TWA：20 mg/m^3	可燃液体	 可燃液体

理化性质		
闪点：58℃（OC）	熔点：-61℃	沸点：153℃
相对密度（$d_{水}$=1)：0.95	相对蒸气密度（$d_{空气}$=1)：2.51	爆炸极限：2.2%~15.2%

预防措施		
呼吸防护	空气中浓度超标时，佩戴过滤式防毒面具（半面罩）。	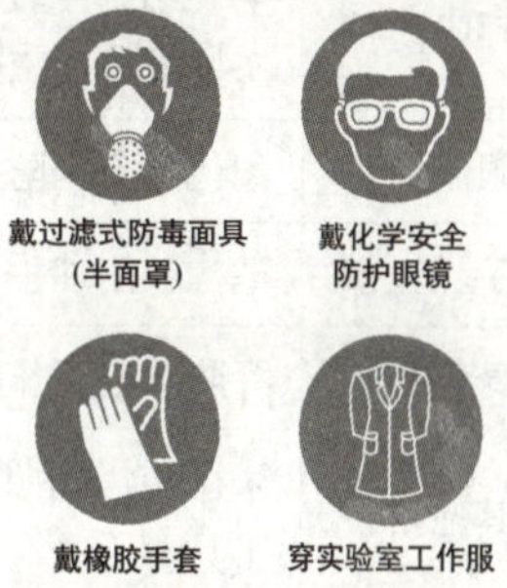
眼睛防护	戴化学安全防护眼镜。	
手 防 护	戴橡胶手套。	
身体防护	穿实验室工作服。	
其他防护	采用防爆型照明、通风设施。禁止使用易产生火花的机械设备和工具。	

事故响应	
皮肤接触	立即脱去污染的衣着，用大量流动清水冲洗 20~30 min。如有不适感，就医。
眼睛接触	立即提起眼睑，用大量流动清水或生理盐水彻底冲洗 10~15 min。如有不适感，就医。
吸　　入	迅速脱离现场至空气新鲜处。保持呼吸道通畅。如呼吸困难，给输氧。如呼吸、心跳停止，立即进行心肺复苏术。就医。
食　　入	饮足量温水，催吐。就医。

应急处理	
消防措施	有害燃烧产物为一氧化碳和氮氧化物。用雾状水、抗溶性泡沫、干粉、二氧化碳、砂土灭火。消防人员须佩戴防毒面具，穿全身消防服，在上风向灭火。尽可能将容器从火场移至空旷处。喷水冷却火场容器，直至灭火结束。容器突然发出异常声音或出现异常现象，应立即撤离。
泄漏处理	消除所有点火源。建议应急处理人员戴正压自给式呼吸器，穿防静电服，戴橡胶手套。尽可能切断泄漏源。小量泄漏：用砂土或其他不燃材料吸收。大量泄漏：构筑围堤或挖坑收容。用抗溶性泡沫覆盖，减少蒸发。

安全存储

储存于阴凉、通风的库房。远离火种、热源。库温不宜超过 37℃。保持容器密封。应与氧化剂、还原剂、卤素等分开存放，切忌混储。

废物处置

用焚烧法处置。与燃料混合后，再燃烧。焚烧炉排出的氮氧化物通过洗涤器除去。

中文名称:**二甲硫醚**　　英文名称:dimethyl sulfide

CAS 登记号:75-18-3　　RTECS 号:PV5075000

化学式:CH_3SCH_3　　相对分子质量:62.1

最高容许浓度 / 时量平均浓度	危险性类别	危险标识
未制定标准	高度易燃液体	

理化性质

闪点:<-17.7℃	熔点:-98.3℃	沸点:37.3℃
相对密度($d_{水}$=1):0.85	相对蒸气密度($d_{空气}$=1):2.14	爆炸极限:2.2%~19.7%

预防措施

呼吸防护	空气中浓度较高时,建议佩戴过滤式防毒面具(半面罩)。紧急事态抢救或撤离时,必须佩戴空气呼吸器。
眼睛防护	戴化学安全防护眼镜。
手　防　护	戴橡胶耐油手套。
身体防护	穿防静电工作服。
其他防护	采用防爆型照明、通风设施。禁止使用易产生火花的机械设备和工具。

事故响应

皮肤接触	脱去污染的衣着,用肥皂水和清水彻底冲洗皮肤。如有不适感,就医。
眼睛接触	提起眼睑,用流动清水或生理盐水冲洗。如有不适感,就医。
吸　　入	迅速脱离现场至空气新鲜处。保持呼吸道通畅。如呼吸困难,给输氧。如呼吸、心跳停止,立即进行心肺复苏术。就医。
食　　入	漱口,催吐。大量饮水。如有不适感,就医。

应急处理

消防措施	用泡沫、干粉、二氧化碳、砂土灭火。用水灭火无效。消防人员须佩戴防毒面具,穿全身消防服,在上风向灭火。尽可能将容器从火场移至空旷处。喷水冷却火场容器,直至灭火结束。容器突然发出异常声音或出现异常现象,应立即撤离。
泄漏处理	建议应急处理人员戴正压自给式呼吸器,穿防静电服,戴橡胶耐油手套。作业时所用的所有设备应接地。禁止接触或跨越泄漏物。小量泄漏:用砂土或其他不燃材料吸收。使用洁净的无火花工具收集吸收材料。大量泄漏:构筑围堤或挖坑收容。用泡沫覆盖,减少蒸发。用防爆泵转移至槽车或专用收集器内。

安全存储

储存于阴凉、通风的库房。远离火种、热源。库温不宜超过29℃。包装要求密封,不可与空气接触。应与氧化剂、碱类、氨分开存放,切忌混储。

废物处置

建议用焚烧法处置。焚烧炉排出的硫氧化物通过洗涤器除去。

中文名称:**二甲醚**	英文名称:methyl ether
CAS 登记号:115-10-6	RTECS 号:PM4780000
化学式:CH_3OCH_3	相对分子质量:46.08

最高容许浓度 / 时量平均浓度	危险性类别	危险标识
未制定标准	易燃气体	 易燃气体

理化性质

闪点:-41℃(CC)	熔点:-141.5℃	沸点:-24.8℃
相对密度($d_{水}$=1):0.61	相对蒸气密度($d_{空气}$=1):1.6	爆炸极限:3.4%~27%

预防措施

呼吸防护	空气中浓度超标时,建议佩戴过滤式防毒面具(半面罩)。
眼睛防护	戴化学安全防护眼镜。
手 防 护	戴乳胶手套。
身体防护	穿防静电工作服。
其他防护	采用防爆型照明、通风设施。禁止使用易产生火花的机械设备和工具。

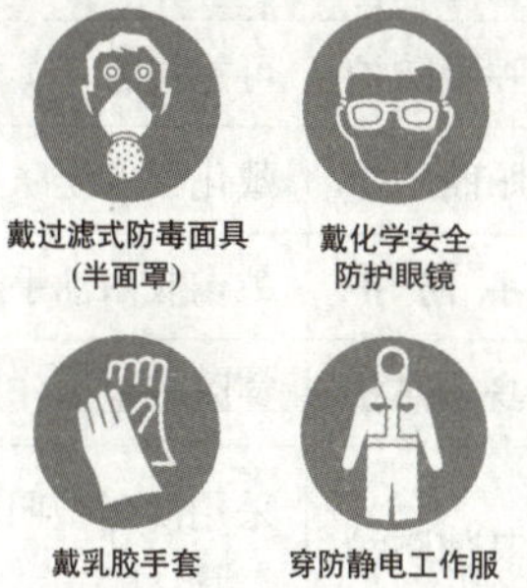

事故响应

皮肤接触	用大量流动清水冲洗。如果发生冻伤:将患部浸泡于保持在 38~42℃的温水中复温。不要涂擦。不要使用热水或辐射热。使用清洁、干燥的敷料包扎。就医。
眼睛接触	提起眼睑,用流动清水或生理盐水冲洗。如有不适感,就医。
吸　　入	迅速脱离现场至空气新鲜处。保持呼吸道通畅。如呼吸困难,给输氧。如呼吸、心跳停止,立即进行心肺复苏术。就医。
食　　入	不会通过该途径接触。

应急处理

消防措施	用雾状水、抗溶性泡沫、干粉、二氧化碳、砂土灭火。切断气源。若不能切断气源,则不允许熄灭泄漏处的火焰。消防人员须佩戴空气呼吸器,穿全身防火防毒服,在上风向灭火。喷水冷却火场容器。尽可能将容器从火场移至空旷处。
泄漏处理	建议应急处理人员戴正压自给式呼吸器,穿防静电服。作业时所用的所有设备应接地。禁止接触或跨越泄漏物。尽可能切断泄漏源。喷雾状水抑制蒸气或改变蒸气云流向,避免水流接触泄漏物。禁止用水直接冲击泄漏物或泄漏源。防止气体通过下水道、通风系统和限制性空间扩散。隔离泄漏区直至气体散尽。

安全存储

储存于阴凉、通风的易燃气体专用库房。远离火种、热源。库温不宜超过30℃。应与氧化剂、酸类、卤素分开存放,切忌混储。储区应备有泄漏应急处理设备。

废物处置

建议用焚烧法处置。处置前应参阅国家和地方有关法规。

中文名称:**二硫化碳**　　英文名称:carbon disulfide

CAS 登记号:75-15-0　　RTECS 号:FF6650000

化学式:CS_2　　相对分子质量:76.13

时量平均浓度	危险性类别	危险标识
PC-TWA:5 mg/m^3	高度易燃液体	 高度易燃液体

理化性质

闪点:-30℃(CC)	熔点:-111.5℃	沸点:46.3℃
相对密度($d_{水}$=1):1.26	相对蒸气密度($d_{空气}$=1):2.63	爆炸极限:1.3%~50.0%

预防措施

呼吸防护	可能接触其蒸气时,必须佩戴过滤式防毒面具(半面罩)。
眼睛防护	戴化学安全防护眼镜。
手 防 护	戴橡胶耐油手套。
身体防护	穿防静电工作服。
其他防护	采用防爆型照明、通风设施。禁止使用易产生火花的机械设备和工具。

戴过滤式防毒面具(半面罩)

戴化学安全防护眼镜

戴橡胶耐油手套

穿防静电工作服

事故响应

皮肤接触	立即脱去污染的衣着,用大量流动清水冲洗 20~30 min。如有不适感,就医。
眼睛接触	提起眼睑,用流动清水或生理盐水冲洗。如有不适感,就医。
吸　　入	迅速脱离现场至空气新鲜处。保持呼吸道通畅。如呼吸困难,给输氧。如呼吸、心跳停止,立即进行心肺复苏术。就医。
食　　入	不给任何饮品,是否催吐须遵医嘱。就医。

应急处理

消防措施	极易燃,有害燃烧产物为一氧化碳和二氧化硫。受热分解产生有毒的硫化物烟气。用雾状水、泡沫、干粉、二氧化碳、砂土灭火。用水灭火无效。消防人员须佩戴空气呼吸器,穿全身防火防毒服,在上风向灭火。喷水冷却火场容器。容器突然发出异常声音或出现异常现象,应立即撤离。
泄漏处理	建议应急处理人员戴正压自给式呼吸器,穿防毒、防静电服,戴橡胶耐油手套。尽可能切断泄漏源。防止泄漏物进入水体、下水道、地下室或限制性空间。小量泄漏:用砂土或其他不燃材料吸收。大量泄漏:构筑围堤或挖坑收容。

安全存储

在室温下易挥发,因此容器内可用水封盖表面。储存于阴凉、通风的库房。远离火种、热源。库温不宜超过 29℃。保持容器密封。应与氧化剂、胺类、碱金属、食用化学品分开存放,切忌混储。

废物处置

建议用焚烧法处理。焚烧炉排出的硫氧化物通过洗涤器除去。

中文名称：**1，2- 二氯苯**　　英文名称：1，2-dichlorobenzene

CAS 登记号：95-50-1　　RTECS 号：CZ4500000

化学式：$C_6H_4Cl_2$　　相对分子质量：147

时量平均浓度	危险性类别	危险标识
PC-TWA：50 mg/m^3	毒害品	 毒害品

理化性质

闪点：66℃（CC）；68℃（OC）	熔点：-17.5℃	沸点：180.4℃
相对密度（$d_{水}$=1）：1.30	相对蒸气密度（$d_{空气}$=1）：5.05	爆炸极限：2%~9.2%

预防措施

呼吸防护	可能接触其蒸气时，必须佩戴过滤式防毒面具（半面罩）。
眼睛防护	戴化学安全防护眼镜。
手 防 护	戴橡胶耐油手套。
身体防护	穿实验室工作服。
其他防护	在通风橱内进行化学反应。实验室禁止吸烟和饮食。

戴过滤式防毒面具（半面罩）

戴化学安全防护眼镜

戴橡胶耐油手套

穿实验室工作服

事故响应

皮肤接触	立即脱去污染的衣着，用肥皂水和清水彻底冲洗皮肤。如有不适感，就医。
眼睛接触	提起眼睑，用流动清水或生理盐水冲洗。如有不适感，就医。
吸　　入	迅速脱离现场至空气新鲜处。保持呼吸道通畅，如呼吸困难，给输氧。如呼吸、心跳停止，立即进行心肺复苏术。就医。
食　　入	饮足量温水。禁止催吐。就医。避免饮酒精。

应急处理

消防措施	可燃，有害燃烧产物为一氧化碳和氯化氢。受高热分解产生有毒的腐蚀性烟气。用雾状水、泡沫、二氧化碳、砂土灭火。消防人员须佩戴空气呼吸器，穿全身防火防毒服，在上风向灭火。喷水冷却火场容器。容器突然发出异常声音或出现异常现象，应立即撤离。
泄漏处理	建议应急处理人员戴正压自给式呼吸器，穿防毒服，戴橡胶耐油手套。尽可能切断泄漏源。防止泄漏物进入水体、下水道、地下室或限制性空间。小量泄漏：用干燥的砂土或其他不燃材料吸收或覆盖。大量泄漏：构筑围堤或挖坑收容。

安全存储

储存于阴凉、通风的库房。远离火种、热源。保持容器密封。应与氧化剂、铝、食用化学品分开存放，切忌混储。配备相应品种和数量的消防器材。

废物处置

用焚烧法处置。与燃料混合后，再焚烧。焚烧炉排出的卤化氢通过酸洗涤器除去。

中文名称:**2,3- 二氯苯酚**	英文名称:2,3-dichlorophenol
CAS 登记号:576-24-9	
化学式:$C_6H_3Cl_2OH$	相对分子质量:163

最高容许浓度 / 时量平均浓度	危险性类别	危险标识
无资料	毒害品	

理化性质

闪点:>100℃	熔点:57~59℃	沸点:206℃
相对密度($d_{水}$=1):无资料	相对蒸气密度($d_{空气}$=1):无资料	爆炸极限:无资料

预防措施

呼吸防护	可能接触其蒸气时,应该佩戴自吸过滤式防尘口罩。
眼睛防护	戴化学安全防护眼镜。
手 防 护	戴乳胶手套。
身体防护	穿实验室工作服。
其他防护	在通风橱内进行化学反应。实验室禁止吸烟和饮食。

事故响应

皮肤接触	立即脱去污染的衣着,用大量流动清水冲洗 20~30 min。如有不适感,就医。
眼睛接触	立即提起眼睑,用大量流动清水或生理盐水彻底冲洗 10~15 min。如有不适感,就医。
吸　　入	迅速脱离现场至空气新鲜处。保持呼吸道通畅。如呼吸困难,给输氧。如呼吸、心跳停止,立即进行心肺复苏术。就医。
食　　入	口服牛奶、豆浆或蛋清。就医。

应急处理

消防措施	遇明火、高热可燃。受高热分解放出有毒的气体。有害燃烧产物为一氧化碳、二氧化碳、氯化氢。用泡沫、二氧化碳、砂土、干粉灭火。尽可能将容器从火场移至空旷处。
泄漏处理	隔离泄漏污染区,周围设警告标志,建议应急处理人员戴防毒面具,穿化学防护服。用砂土、干燥石灰或苏打灰混合吸收,收集于密闭的容器中,运至废物处理场所。也可以用大量水冲洗,经稀释的洗水排入废水系统。如大量泄漏,收集回收或无害处理后废弃。

安全存储

储存于阴凉、通风的库房。远离火种、热源。专人保管。保持容器密封。防止阳光直射。应与氧化剂、酸类、食用化工原料分开存放。不能与食物、种子、饲料、各种日用品混装、混运。搬运时要轻装轻卸,防止包装及容器损坏。

废物处置

根据国家和地方有关法规的要求处置。或与制造商联系,确定处置方法。

中文名称:**二氯甲烷** 英文名称:dichloromethane

CAS 登记号:75-09-2 RTECS 号:PA8050000

化学式:CH_2Cl_2 相对分子质量:84.93

时量平均浓度	危险性类别	危险标识
PC-TWA:200 mg/m^3	毒害品	

理化性质

闪点:-4℃ 熔点:-95℃ 沸点:39.8℃

相对密度($d_{水}$=1):1.33 相对蒸气密度($d_{空气}$=1):2.93 爆炸极限:14%~22%

预防措施

呼吸防护	空气中浓度超标时,应该佩戴过滤式防毒面具(半面罩)。紧急事态抢救或撤离时,佩戴空气呼吸器。	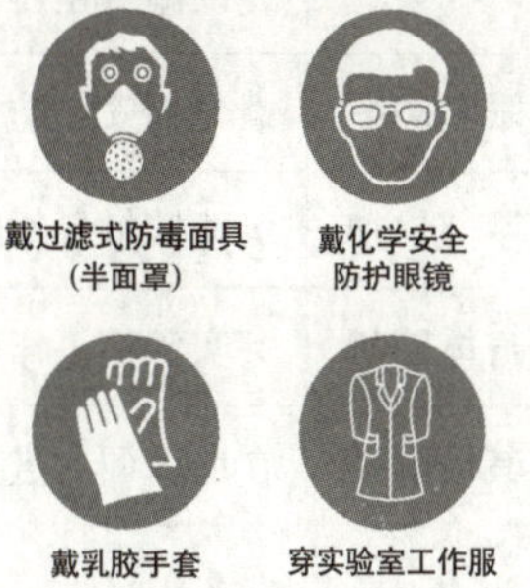
眼睛防护	必要时,戴化学安全防护眼镜。	
手 防 护	戴乳胶手套。	
身体防护	穿实验室工作服。	
其他防护	在通风橱内进行化学反应。实验室禁止吸烟和饮食。	

事故响应

皮肤接触	脱去污染的衣着,用肥皂水和清水彻底冲洗皮肤。如有不适感,就医。
眼睛接触	提起眼睑,用流动清水或生理盐水冲洗。如有不适感,就医。
吸 入	迅速脱离现场至空气新鲜处。保持呼吸道通畅。如呼吸困难,给输氧。如呼吸、心跳停止,立即进行心肺复苏术。就医。
食 入	用水漱口。禁止催吐。大量饮水。就医。

应急处理

消防措施	与明火或灼热的物体接触时能产生剧毒的光气。有害燃烧产物为一氧化碳、氯化氢、光气。用雾状水、泡沫、二氧化碳、砂土灭火。消防人员须佩戴空气呼吸器,穿全身防火防毒服,在上风向灭火。喷水冷却火场容器。容器突然发出异常声音或出现异常现象,应立即撤离。
泄漏处理	根据液体流动和蒸气扩散的影响区域划定警戒区,无关人员从侧风、上风向撤离至安全区。建议应急处理人员戴正压自给式呼吸器,穿防毒服,戴防化学品手套。尽可能切断泄漏源。小量泄漏:用砂土或其他不燃材料吸收。大量泄漏:构筑围堤或挖坑收容。用泡沫覆盖,减少蒸发。用砂土、惰性物质、蛭石吸收大量液体。用泵转移至槽车或专用收集器内。

安全存储

储存于阴凉、通风的库房。远离火种、热源。库温不超过32℃,相对湿度不超过80%。保持容器密封。应与碱金属、食用化学品分开存放,切忌混储。

废物处置

用焚烧法处置。与燃料混合后,再焚烧。焚烧炉排出的气体通过洗涤器除去。

中文名称:**二氧化氯**	英文名称:chlorine dioxide
CAS 登记号:10049-04-4	RTECS 号:F03000000
化学式:ClO_2	相对分子质量:67.45

最高容许浓度 / 时量平均浓度	危险性类别	危险标识
无资料	无资料	

理化性质

闪点:无意义	熔点:-59℃	沸点:9.9℃ (97.2kPa,爆炸)
相对密度($d_{水}$=1):3.09(11℃)	相对蒸气密度($d_{空气}$=1):2.3	爆炸极限:无意义

预防措施

呼吸防护	空气中浓度较高时,应该佩戴防毒面具。紧急事态抢救或撤离时,建议佩戴正压自给式呼吸器。
眼睛防护	戴化学安全防护眼镜。
手 防 护	可能接触毒物时,戴乳胶手套。
身体防护	穿实验室工作服。
其他防护	在通风橱内进行化学反应。实验室禁止吸烟和饮食。

事故响应

皮肤接触	立即脱去污染的衣着,用大量流动清水冲洗 20~30 min。如有不适感,就医。
眼睛接触	立即提起眼睑,用大量流动清水或生理盐水彻底冲洗 10~15 min。如有不适感,就医。
吸 入	迅速脱离现场至空气新鲜处。保持呼吸道通畅。如呼吸困难,给输氧。如呼吸、心跳停止,立即进行心肺复苏术。就医。
食 入	漱口,饮牛奶或蛋清。就医。

应急处理

消防措施	具有强氧化性。能与许多化学物质发生爆炸性反应。受热、震动、撞击、摩擦,相当敏感,极易分解发生爆炸。切断气源。喷水冷却容器,可能的话将容器从火场移至空旷处。
泄漏处理	迅速撤离泄漏污染区人员至上风处,并隔离直至气体散尽,应急处理人员戴正压自给式呼吸器,穿化学防护服。切断火源。勿使泄漏物与可燃物质(如木材、纸、油等)接触,切断气源,喷洒雾状水稀释,抽排(室内)或强力通风(室外)。漏气容器不能再用,且要经过技术处理以清除可能剩下的气体。

安全存储

储存于通风、低温的库房。远离火种、热源。包装要求密封,不可与空气接触。防止受潮。应与还原剂、易燃物、可燃物等分开存放。禁止撞击和震荡。

废物处置

根据国家和地方有关法规的要求处置。或与制造商联系,确定处置方法。

中文名称：**二氧化硒**　　英文名称：selenium dioxide

CAS 登记号：7446-08-4　　RTECS 号：VS8575000

化学式：SeO_2　　相对分子质量：110.96

最高容许浓度 / 时量平均浓度	危险性类别	危险标识
无资料	毒害品	 毒害品

理化性质

闪点：无意义	熔点：340~350℃	沸点：无资料
相对密度（$d_{水}$=1)：3.95	相对蒸气密度（$d_{空气}$=1)：无资料	爆炸极限：无意义

预防措施

呼吸防护	空气中浓度超标时，应该佩戴防毒面具。紧急事态抢救或撤离时，建议佩戴自给式呼吸器。	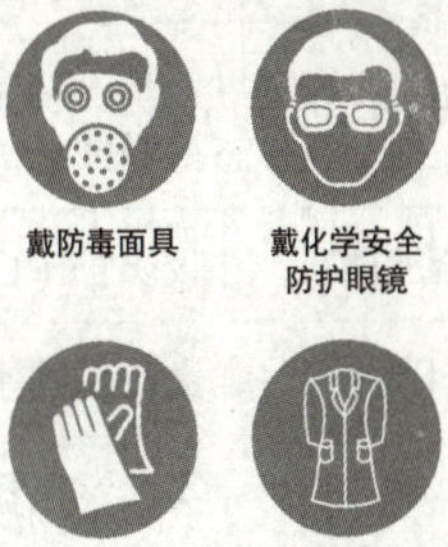 戴防毒面具　戴化学安全防护眼镜　戴乳胶手套　穿实验室工作服
眼睛防护	戴化学安全防护眼镜。	
手防护	戴乳胶手套。	
身体防护	穿实验室工作服。	
其他防护	在通风橱内进行化学反应。实验室禁止吸烟和饮食。	

事故响应

皮肤接触	立即脱去污染的衣着，用大量流动清水冲洗 20~30 min。如有不适感，就医。
眼睛接触	立即提起眼睑，用大量流动清水或生理盐水彻底冲洗 10~15 min。如有不适感，就医。
吸入	迅速脱离现场至空气新鲜处。保持呼吸道通畅。如呼吸困难，给输氧。如呼吸、心跳停止，立即进行心肺复苏术。就医。
食入	立即漱口，给饮大量温水，催吐。就医。

应急处理

消防措施	本品不燃。若遇高热，升华产生剧毒的气体。用砂土、火场周围可用的灭火介质灭火。尽可能将容器从火场移至空旷处。
泄漏处理	隔离泄漏污染区，周围设警告标志。建议应急处理人员戴防毒面具，穿化学防护服。不要直接接触泄漏物，避免扬尘。小心扫起，使其溶于水、酸或氧化成水溶液状态，再加硫化物发生沉淀反应，然后废弃。也可以用水泥、沥青或适当的热塑性材料固化处理再废弃。如大量泄漏，收集回收或无害处理后废弃。

安全存储

储存于阴凉、通风的库房。远离火种、热源。防止阳光直射。包装必须密封，切勿受潮。应与碱类、酸类、食用化工原料等分开存放。

废物处置

根据国家和地方有关法规的要求处置。或与厂商或制造商联系，确定处置方法。

中文名称:**二氯乙腈**　　英文名称:dichloroacetonitrile

CAS 登记号:3018-12-0

化学式:Cl_2CHCN　　相对分子质量:109.94

最高容许浓度 / 时量平均浓度	危险性类别	危险标识
未制定标准	毒害品	 毒害品

理化性质		
闪点:35.56℃	熔点:无资料	沸点:110~112℃
相对密度($d_{水}$=1):1.37	相对蒸气密度($d_{空气}$=1):3.8	爆炸极限:无资料

预防措施		
呼吸防护	可能接触其蒸气时,应该佩戴过滤式防毒面具(全面罩)。紧急事态抢救或撤离时,建议佩戴空气呼吸器。	 戴过滤式防毒面具(全面罩)  戴空气呼吸器  戴橡胶耐油手套  穿实验室工作服
眼睛防护	呼吸防护中已做防护。	
手 防 护	戴橡胶耐油手套。	
身体防护	穿实验室工作服。	
其他防护	在通风橱内进行化学反应。实验室禁止吸烟和饮食。	

事故响应	
皮肤接触	立即脱去污染的衣着,用流动清水或 5% 硫代硫酸钠溶液彻底冲洗。就医。
眼睛接触	提起眼睑,用流动清水或生理盐水冲洗。如有不适感,就医。
吸　　入	迅速脱离现场至空气新鲜处。保持呼吸道通畅。如呼吸困难,给输氧。如呼吸、心跳停止,立即进行人工呼吸(勿用口对口)和胸外心脏按压术。就医。
食　　入	如患者神志清醒,催吐,洗胃。就医。

应急处理	
消防措施	用干粉、二氧化碳、砂土灭火。禁止用水、泡沫、酸碱灭火剂灭火。消防人员须佩戴防毒面具,穿全身消防服,在上风向灭火。尽可能将容器从火场移至空旷处。喷水冷却火场容器,直至灭火结束。
泄漏处理	建议应急处理人员戴正压自给式呼吸器,穿防毒、防静电服,戴橡胶耐油手套。尽可能切断泄漏源。防止泄漏物进入水体、下水道、地下室或限制性空间。小量泄漏:用砂土或其他不燃材料吸收。大量泄漏:构筑围堤或挖坑收容。

安全存储

储存于阴凉、通风的库房。远离火种、热源。保持容器密封。应与氧化剂、还原剂、酸类、碱类、食用化学品分开存放,切忌混储。

废物处置

建议用焚烧法处置。与燃料混合后,再焚烧。焚烧炉排出的气体通过洗涤器除去。

中文名称:**二氧化铅**	英文名称:lead dioxide
CAS 登记号:1309-60-0	UN 编号:1872
化学式:PbO_2	相对分子质量:239.2

最高容许浓度 / 时量平均浓度	危险性类别	危险标识
PC-TWA:0.05 mg/m^3	氧化剂	 氧化剂

理化性质

闪点:无资料	熔点:290℃(分解)	沸点:无资料
相对密度($d_{水}$=1):9.38	相对蒸气密度($d_{空气}$=1):无资料	爆炸极限:无资料

预防措施

呼吸防护	空气中粉尘浓度超标时,建议佩戴自吸过滤式防尘口罩。
眼睛防护	戴化学安全防护眼镜。
手 防 护	戴保温防护手套。
身体防护	穿实验室工作服。
其他防护	在通风橱内进行化学反应。实验室禁止吸烟和饮食。

戴自吸过滤式防尘口罩

戴化学安全防护眼镜

戴保温防护手套

穿实验室工作服

事故响应

皮肤接触	脱去污染的衣着,用肥皂水和清水彻底冲洗皮肤。
眼睛接触	提起眼睑,用流动清水或生理盐水冲洗。就医。
吸 入	迅速脱离现场至空气新鲜处。保持呼吸道通畅。如呼吸困难,给输氧。如呼吸停止,立即进行人工呼吸。就医。
食 入	漱口,大量饮水。就医。

应急处理

消防措施	本品不燃,周围环境着火时,用雾状水灭火。可助长其他物质燃烧。在火焰中释放出刺激性或有毒烟雾(或气体)。
泄漏处理	建议应急处理人员戴适用于有毒颗粒物的 P3 过滤呼吸器。将泄漏物清扫进容器中。如果适当,首先润湿,防止扬尘。小心收集残余物,然后转移到安全场所。不要让该化学品进入环境。

安全存储

储存于阴凉、通风的库房。远离火种、热源。保持容器密封。应与可燃物质、有机物、硫、过氧化氢和磷分开存放,切忌混储。储区应备有泄漏应急处理设备和合适的收容材料。配备相应品种和数量的消防器材。

废物处置

根据国家和地方有关法规的要求处置。或与制造商联系,确定处置方法。

中文名称:**二氯乙醚**	英文名称:dichloroethyl ether
CAS 登记号:111-44-4	RTECS 号:KN0875000
化学式:$C_4H_8Cl_2O$	相对分子质量:143.02

最高容许浓度 / 时量平均浓度	危险性类别	危险标识
未制定标准	毒害品	

理化性质

闪点:55℃(CC)	熔点:-52℃	沸点:178.5℃
相对密度($d_{水}$=1):1.22(20℃)	相对蒸气密度($d_{空气}$=1):4.93	爆炸极限:无资料

预防措施

呼吸防护	可能接触其蒸气时,必须佩戴过滤式防毒面具(半面罩)。紧急事态抢救或撤离时,建议佩戴空气呼吸器。
眼睛防护	戴化学安全防护眼镜。
手 防 护	戴乳胶手套
身体防护	穿实验室工作服。
其他防护	采用防爆型照明、通风设施。禁止使用易产生火花的机械设备和工具。

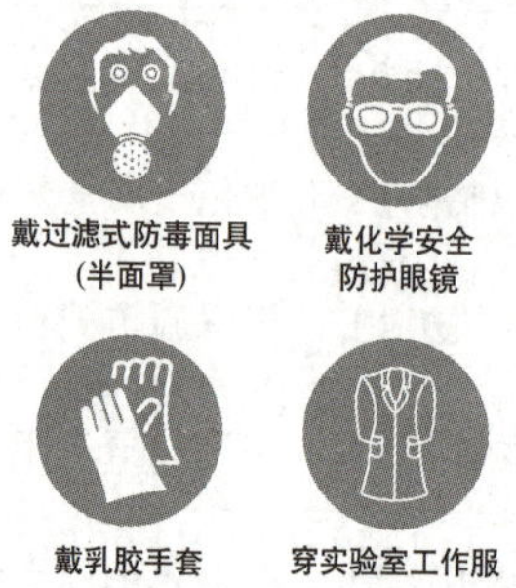

事故响应

皮肤接触	脱去污染的衣着,用肥皂水和清水彻底冲洗皮肤。如有不适感,就医。
眼睛接触	提起眼睑,用流动清水或生理盐水冲洗。如有不适感,就医。
吸　　入	迅速脱离现场至空气新鲜处。保持呼吸道通畅。如呼吸困难,给输氧。如呼吸、心跳停止,立即进行心肺复苏术。就医。
食　　入	饮足量温水,催吐。避免饮牛奶、油类、酒类。就医。

应急处理

消防措施	用二氧化碳、干粉、砂土灭火。不宜用水灭火。消防人员须佩戴防毒面具,穿全身消防服,在上风向灭火。尽可能将容器从火场移至空旷处。喷水冷却火场容器,直至灭火结束。容器突然发出异常声音或出现异常现象,应立即撤离。
泄漏处理	建议应急处理人员戴正压自给式呼吸器,穿防毒、防静电服,戴防化学品手套。尽可能切断泄漏源。防止泄漏物进入水体、下水道、地下室或限制性空间。小量泄漏:用干燥的砂土或其他不燃材料吸收或覆盖,收集于容器中。大量泄漏:构筑围堤或挖坑收容。用砂土、惰性物质或蛭石吸收大量液体。

安全存储

储存于阴凉、干燥、通风良好的库房。远离火种、热源。避免光照。包装必须密封。切勿受潮。应与氧化剂、酸类、食用化学品分开存放,切忌混储。

废物处置

用焚烧法处置。与燃料混合后,再焚烧。焚烧炉排出的卤化氢通过酸洗涤器除去。

中文名称：**1,4-二氧己环**　　英文名称：1,4-dioxane

CAS 登记号：123-91-1　　RTECS 号：JG8225000

化学式：$C_4H_8O_2$　　相对分子质量：88.12

时量平均浓度	危险性类别	危险标识
PC-TWA：70 mg/m^3	易燃液体	 易燃液体

理化性质

闪点：12℃（CC）；18.3℃（OC）　　熔点：11.8℃　　沸点：101.3℃

相对密度（$d_{水}$=1）：1.04　　相对蒸气密度（$d_{空气}$=1）：3.03　　爆炸极限：2.0%~22.2%

预防措施

呼吸防护	可能接触其蒸气时，佩戴过滤式防毒面具（半面罩）。
眼睛防护	戴化学安全防护眼镜。
手 防 护	戴橡胶耐油手套。
身体防护	穿防静电工作服。
其他防护	采用防爆型照明、通风设施。禁止使用易产生火花的机械设备和工具。

戴过滤式防毒面具（半面罩）

戴化学安全防护眼镜

戴橡胶耐油手套

穿防静电工作服

事故响应

皮肤接触	脱去污染的衣着，用肥皂水和清水彻底冲洗皮肤。如有不适感，就医。
眼睛接触	提起眼睑，用流动清水或生理盐水冲洗。如有不适感，就医。
吸　　入	迅速脱离现场至空气新鲜处。保持呼吸道通畅。如呼吸困难，给输氧。如呼吸、心跳停止，立即进行心肺复苏术。就医。
食　　入	漱口，禁饮含酒精饮料。如有不适感，就医。

应急处理

消防措施	易燃，有害燃烧产物为一氧化碳。用干粉、抗溶性泡沫、1211 灭火剂、砂土灭火。消防人员须佩戴防毒面具，穿全身消防服，在上风向灭火。尽可能将容器从火场移至空旷处。容器突然发出异常声音或出现异常现象，应立即撤离。
泄漏处理	消除所有点火源。建议应急处理人员戴正压自给式呼吸器，穿防静电服，戴橡胶耐油手套。小量泄漏：用砂土或其他不燃材料吸收。使用洁净的无火花工具收集吸收材料。大量泄漏：构筑围堤或挖坑收容。用砂土、惰性物质、蛭石吸收大量液体。用抗溶性泡沫覆盖，减少蒸发。

安全存储

通常商品加有稳定剂。储存于阴凉、通风的库房。远离火种、热源。库温不超过 37℃。包装要求密封，不可与空气接触。应与氧化剂、还原剂、卤素分开存放，切忌混储。不宜久存，以免变质。

废物处置

建议用焚烧法处置。

中文名称：**二正丙胺**　　英文名称：dipropylamine

CAS登记号：142-84-7

化学式：$(C_3H_7)_2NH$　　相对分子质量：101.22

最高容许浓度/时量平均浓度	危险性类别	危险标识
未制定标准	易燃液体	 易燃液体

理化性质

闪点：17℃　　熔点：-63℃　　沸点：109.3℃

相对密度($d_{水}$=1)：0.738　　相对蒸气密度($d_{空气}$=1)：3.49　　爆炸极限：无资料

预防措施

呼吸防护	可能接触其蒸气时，佩戴过滤式防毒面具（全面罩）。紧急事态抢救或撤离时，应该佩戴空气呼吸器。
眼睛防护	呼吸防护中已做防护。
手 防 护	戴橡胶耐油手套。
身体防护	穿实验室工作服。
其他防护	采用防爆型照明、通风设施。禁止使用易产生火花的机械设备和工具。

戴过滤式防毒面具（全面罩）

戴空气呼吸器

戴橡胶耐油手套

穿实验室工作服

事故响应

皮肤接触	立即脱去污染的衣着，用大量流动清水冲洗20~30 min。如有不适感，就医。
眼睛接触	立即提起眼睑，用大量流动清水或生理盐水彻底冲洗10~15 min。如有不适感，就医。
吸　　入	迅速脱离现场至空气新鲜处。保持呼吸道通畅。如呼吸困难，给输氧。如呼吸、心跳停止，立即进行心肺复苏术。就医。
食　　入	饮水。禁止催吐。如有不适感，就医。

应急处理

消防措施	用抗溶性泡沫、二氧化碳、干粉、砂土灭火。消防人员须佩戴空气呼吸器，穿全身防火防毒服，在上风向灭火。尽可能将容器从火场移至空旷处。喷水冷却火场容器，直至灭火结束。容器突然发出异常声音或出现异常现象，应立即撤离。
泄漏处理	建议应急处理人员戴正压自给式呼吸器，穿防静电、防腐蚀、防毒服，戴橡胶耐油手套。小量泄漏：用砂土或其他不燃材料吸收。使用洁净的无火花工具收集吸收材料。大量泄漏：构筑围堤或挖坑收容。用砂土、惰性物质、蛭石吸收大量液体。

安全存储

储存于阴凉、通风的库房。远离火种、热源。库温不宜超过37℃。保持容器密封。应与氧化剂、酸类等分开存放，切忌混储。

废物处置

建议用焚烧法处置。焚烧炉排出的氮氧化物通过洗涤器除去。

中文名称:**发烟硫酸**　　英文名称:oleum

CAS 登记号:8014-95-7　　RTECS 号:WS5605000

化学式:$H_2SO_4 \cdot SO_3$　　相对分子质量:178.14

时量平均浓度	危险性类别	危险标识
PC-TWA:1 mg/m^3	酸性腐蚀品	 酸性腐蚀品

理化性质		
闪点:无意义	熔点:-11℃	沸点:166.6℃
相对密度($d_{水}$=1):1.92	相对蒸气密度($d_{空气}$=1):无资料	爆炸极限:无意义

预防措施	
呼吸防护	可能接触其烟雾时,佩戴过滤式防毒面具(全面罩)或空气呼吸器。
眼睛防护	呼吸防护中已做防护。
手 防 护	戴橡胶耐酸碱手套。
身体防护	穿橡胶耐酸碱服。
其他防护	在通风橱内进行化学反应。实验室禁止吸烟和饮食。

戴过滤式防毒面具(全面罩)

戴空气呼吸器

戴橡胶耐酸碱手套

穿橡胶耐酸碱服

事故响应	
皮肤接触	立即脱去污染的衣着,用大量流动清水冲洗 20~30 min。如有不适感,就医。
眼睛接触	立即提起眼睑,用大量流动清水或生理盐水彻底冲洗 10~15 min。如有不适感,就医。
吸　　入	迅速脱离现场至空气新鲜处。保持呼吸道通畅。如呼吸困难,给输氧。如呼吸、心跳停止,立即进行心肺复苏术。就医。
食　　入	用水漱口,给饮牛奶或蛋清。就医。

应急处理	
消防措施	遇水大量放热,可发生沸溅。有强烈的腐蚀性和吸水性。用干粉、二氧化碳、砂土灭火。消防人员须佩戴空气呼吸器,穿全身防火防毒服,在上风向灭火。避免水流冲击物品,以免遇水会放出大量热量发生喷溅而灼伤皮肤。
泄漏处理	建议应急处理人员戴正压自给式呼吸器,穿防酸碱服,戴橡胶耐酸碱手套。小量泄漏:用干燥的砂土或其他不燃材料覆盖泄漏物。大量泄漏:构筑围堤或挖坑收容。用砂土、惰性物质、蛭石吸收大量液体。用石灰(CaO)、碎石灰石($CaCO_3$)或碳酸氢钠($NaHCO_3$)中和。

安全存储

储存于阴凉、通风的库房。保持容器密封。应与易(可)燃物、碱类、活性金属粉末、还原剂等分开存放,切忌混储。

废物处置

缓慢加入纯碱－硝石灰溶液,并不断搅拌,反应停止后,用大量水冲入废水系统。

中文名称：**氟硅酸**　　英文名称：fluosilicic acid

CAS 登记号：16961-83-4　　RTECS 号：VV8225000

化学式：H_2SiF_6　　相对分子质量：144.11

时量平均浓度	危险性类别	危险标识
PC-TWA：2 mg/m^3	酸性腐蚀品	 酸性腐蚀品

理化性质

闪点：无意义　　熔点：-20~-17℃　　沸点：105℃（分解）

相对密度（$d_{水}$=1）：1.2　　相对蒸气密度（$d_{空气}$=1）：无资料　　爆炸极限：无意义

预防措施

呼吸防护	可能接触其烟雾时，佩戴过滤式防毒面具（全面罩）或空气呼吸器。
眼睛防护	呼吸防护中已做防护。
手 防 护	戴橡胶耐酸碱手套。
身体防护	穿橡胶耐酸碱服。
其他防护	在通风橱内进行化学反应。实验室禁止吸烟和饮食。

戴过滤式防毒面具（全面罩）

戴空气呼吸器

戴橡胶耐酸碱手套

穿橡胶耐酸碱服

事故响应

皮肤接触	立即脱去污染的衣着，用大量流动清水冲洗 20~30 min。如有不适感，就医。
眼睛接触	立即提起眼睑，用大量流动清水或生理盐水彻底冲洗 10~15 min。如有不适感，就医。
吸 入	迅速脱离现场至空气新鲜处。保持呼吸道通畅。如呼吸困难，给输氧。如呼吸、心跳停止，立即进行心肺复苏术。就医。
食 入	用水漱口。禁止催吐。给饮牛奶或蛋清。口服葡萄糖酸钙或 0.15% 石灰水。就医。

应急处理

消防措施	受热分解，放出有毒的氟化氢气体。具有较强的腐蚀性。用干粉、泡沫、二氧化碳、砂土灭火。消防人员须佩戴空气呼吸器，穿全身耐酸碱消防服灭火。
泄漏处理	建议应急处理人员戴正压自给式呼吸器，穿防腐蚀、防毒服，戴橡胶耐酸碱手套。尽可能切断泄漏源。小量泄漏：用干燥的砂土或其他不燃材料吸收或覆盖，收集于容器中。大量泄漏：构筑围堤或挖坑收容。用石灰（CaO）、碎石灰石（$CaCO_3$）或苏打灰（Na_2CO_3）中和。

安全存储

储存于阴凉、通风的库房。远离火种、热源。库温不超过 30℃，相对湿度不超过 80%。保持容器密封。应与易（可）燃物、碱类分开存放，切忌混储。

废物处置

根据国家和地方有关法规的要求处置。或与制造商联系，确定处置方法。

中文名称:**氟硅酸钾**　　英文名称:potassium fluorosilicate

CAS 登记号:16871-90-2

化学式:K_2SiF_6　　相对分子质量:220.29

时量平均浓度	危险性类别	危险标识
PC-TWA:2.5 mg/m^3	毒害品	

理化性质

闪点:无资料	熔点:分解	沸点:无资料
相对密度($d_{水}$=1):2.27	相对蒸气密度($d_{空气}$=1):无资料	爆炸极限:无资料

预防措施

呼吸防护	佩戴自吸过滤式防尘口罩。紧急事态抢救或撤离时,应该佩戴防毒面具。
眼睛防护	戴化学安全防护眼镜。
手 防 护	戴乳胶手套。
身体防护	穿实验室工作服。
其他防护	在通风橱内进行化学反应。实验室禁止吸烟和饮食。

事故响应

皮肤接触	立即脱去污染的衣着,用大量流动清水冲洗 20~30 min。如有不适感,就医。
眼睛接触	立即提起眼睑,用大量流动清水或生理盐水彻底冲洗 10~15 min。如有不适感,就医。
吸　　入	迅速脱离现场至空气新鲜处。保持呼吸道通畅。如呼吸困难,给输氧。如呼吸、心跳停止,立即进行心肺复苏术。就医。
食　　入	口服牛奶、豆浆或蛋清。就医。

应急处理

消防措施	与酸反应,放出有毒的腐蚀性烟气。受高热分解,放出有毒的烟气。有害燃烧产物为氟化钾、四氟化硅、氧化钾。用水灭火。
泄漏处理	隔离泄漏污染区,周围设警告标志。建议应急处理人员戴防毒面具,穿化学防护服。小心扫起,倒至空旷地方深埋。被污染地面用肥皂或洗涤剂刷洗,经稀释的污水排入废水系统。如大量泄漏,收集回收或无害处理后废弃。

安全存储

储存于阴凉、通风的库房。远离火种、热源。专人保管。保持容器密封。应与酸类、食用化学品等分开存放,切忌混储。搬运时要轻装轻卸,防止包装及容器损坏。分装和搬运作业要注意个人防护。

废物处置

根据国家和地方有关法规的要求处置。或与制造商联系,确定处置方法。

中文名称：**氟化铵**　　英文名称：ammonium fluoride

CAS 登记号：12125-01-8

化学式：NH_4F　　相对分子质量：37.04

最高容许浓度 / 时量平均浓度	危险性类别	危险标识
无资料	毒害品	 毒害品

理化性质

闪点：无资料　　熔点：无资料　　沸点：无资料

相对密度（$d_{水}$=1）：1.01　　相对蒸气密度（$d_{空气}$=1）：无资料　　爆炸极限：无资料

预防措施

呼吸防护	可能接触其粉尘时，建议佩戴自吸过滤式防尘口罩。
眼睛防护	戴化学安全防护眼镜。
手 防 护	戴乳胶手套。
身体防护	穿实验室工作服。
其他防护	在通风橱内进行化学反应。实验室禁止吸烟和饮食。

戴自吸过滤式防尘口罩

戴化学安全防护眼镜

戴乳胶手套

穿实验室工作服

事故响应

皮肤接触	立即脱去污染的衣着，用大量流动清水冲洗 20~30 min。如有不适感，就医。
眼睛接触	立即提起眼睑，用大量流动清水或生理盐水彻底冲洗 10~15 min。如有不适感，就医。
吸　　入	迅速脱离现场至空气新鲜处。保持呼吸道通畅。如呼吸困难，给输氧。如呼吸、心跳停止，立即进行心肺复苏术。就医。
食　　入	口服牛奶、豆浆或蛋清。就医。

应急处理

消防措施	遇酸分解，放出腐蚀性的氟化氢气体。遇碱放出有刺激性的氨。受高热分解产生有毒的腐蚀性烟气。用泡沫、二氧化碳、水、砂土灭火。
泄漏处理	隔离泄漏污染区，周围设警告标志，建议应急处理人员戴自给式呼吸器，穿工作服。不要直接接触泄漏物，小心扫起，倒至空旷地方深埋。用水刷洗泄漏污染区，经稀释的污水排入废水系统。如大量泄漏，收集回收或无害处理后废弃。

安全存储

储存于阴凉、通风的库房。远离火种、热源。专人保管。保持容器密封。应与碱类、酸类、食用化工原料、潮湿物品等分开存放。搬运时要轻装轻卸，防止包装及容器损坏。雨天不宜运输。

废物处置

根据国家和地方有关法规的要求处置。或与制造商联系，确定处置方法。

中文名称:**氟化钾**　　英文名称:potassium fluoride

CAS 登记号:7789-23-3

化学式:KF　　相对分子质量:58.10

时量平均浓度	危险性类别	危险标识
PC-TWA:2 mg/m^3	毒害品	 毒害品

理化性质

闪点:无意义	熔点:858℃	沸点:1 505℃
相对密度($d_{水}$=1):2.48	相对蒸气密度($d_{空气}$=1):无资料	爆炸极限:无意义

预防措施

呼吸防护	可能接触其粉尘时,须佩戴过滤式防尘呼吸器。紧急事态抢救或撤离时,应该佩戴空气呼吸器。
眼睛防护	戴化学安全防护眼镜。
手 防 护	戴橡胶手套。
身体防护	穿实验室工作服。
其他防护	在通风橱内进行化学反应。实验室禁止吸烟和饮食。

事故响应

皮肤接触	立即脱去污染的衣着,用大量流动清水冲洗 20~30 min。如有不适感,就医。
眼睛接触	立即提起眼睑,用大量流动清水或生理盐水彻底冲洗 10~15 min。如有不适感,就医。
吸　　入	迅速脱离现场至空气新鲜处。保持呼吸道通畅。如呼吸困难,给输氧。如呼吸、心跳停止,立即进行心肺复苏术。就医。
食　　入	用水漱口,给饮牛奶或蛋清。可口服葡萄糖酸钙或 0.15% 石灰水。就医。

应急处理

消防措施	用水、二氧化碳和砂土灭火。消防人员须佩戴空气呼吸器,穿全身防火防毒服,在上风向灭火。尽可能将容器从火场移至空旷处。喷水冷却火场容器,直至灭火结束。
泄漏处理	建议应急处理人员戴防尘口罩,穿防酸碱服,戴防化学品手套。尽可能切断泄漏源。用塑料布覆盖泄漏物,减少飞散。勿使水进入包装容器内。用洁净的铲子收集泄漏物,置于干燥、干净、盖子较松的容器内,将容器移离泄漏区。

安全存储

储存于阴凉、通风的库房。包装密封。应与酸类分开存放,切忌混储。储区应备有合适的材料收容泄漏物。

废物处置

根据国家和地方有关法规的要求处置。或与制造商联系,确定处置方法。

中文名称：**氟化钠**　　英文名称：sodium fluoride

CAS 登记号：7681-49-4　　UN 编号：1690

化学式：NaF　　相对分子质量：41.99

时量平均浓度	危险性类别	危险标识
PC-TWA：2 mg/m^3	毒害品	 毒害品

理化性质

闪点：无意义	熔点：986.9~996℃	沸点：1 695~1 700℃
相对密度（$d_{水}$=1)：2.56~2.79	相对蒸气密度（$d_{空气}$=1)：无资料	爆炸极限：无意义

预防措施

呼吸防护	可能接触其粉尘时，应该佩戴过滤式防尘呼吸器。
眼睛防护	戴化学安全防护眼镜。
手 防 护	戴橡胶手套。
身体防护	穿实验室工作服。
其他防护	在通风橱内进行化学反应。实验室禁止吸烟和饮食。

事故响应

皮肤接触	脱去污染的衣着，用肥皂水和清水彻底冲洗皮肤。如有不适感，就医。
眼睛接触	提起眼睑，用流动清水或生理盐水冲洗。如有不适感，就医。
吸　　入	迅速脱离现场至空气新鲜处。保持呼吸道通畅。如呼吸困难，给输氧。如呼吸、心跳停止，立即进行心肺复苏术。就医。
食　　入	饮足量温水，催吐。3% 氯化钙溶液或 0.15% 石灰水洗胃。给饮牛奶或蛋清。就医。

应急处理

消防措施	用大量水灭火。用雾状水驱散烟雾与刺激性气体。消防人员须佩戴防毒面具，穿全身消防服，在上风向灭火。尽可能将容器从火场移至空旷处。喷水保持火场容器冷却，直至灭火结束。
泄漏处理	隔离泄漏污染区，限制出入。建议应急处理人员戴防尘口罩，穿防毒服，戴乳胶手套。尽可能切断泄漏源。用塑料布覆盖泄漏物，减少飞散。勿使水进入包装容器内。用洁净的铲子收集泄漏物，置于干燥、干净、盖子较松的容器内，将容器移离泄漏区。

安全存储

储存于阴凉、干燥、通风良好的库房。库温不宜超过 35℃，相对湿度不超过 80%。包装密封。应与酸类、食用化学品分开存放，切忌混储。

废物处置

根据国家和地方有关法规的要求处置。或与制造商联系，确定处置方法。

中文名称:**氟化氢**	英文名称:hydrogen fluoride
CAS 登记号:7664-39-3	RTECS 号:MW7875000
化学式:HF	相对分子质量:20

最高容许浓度	危险性类别	危险标识
MAC:2 mg/m^3	酸性腐蚀气体	 酸性腐蚀气体

理化性质

闪点:无意义	熔点:-83.3℃	沸点:19.4℃
相对密度($d_{水}$=1):0.988	相对蒸气密度($d_{空气}$=1):0.7	爆炸极限:无意义

预防措施

呼吸防护	可能接触其烟雾时,佩戴过滤式防毒面具(全面罩)或空气呼吸器。	 戴过滤式防毒面具(全面罩)  戴空气呼吸器  戴橡胶耐酸碱手套  穿橡胶耐酸碱服
眼睛防护	呼吸防护中已做防护。	
手 防 护	戴橡胶耐酸碱手套。	
身体防护	穿橡胶耐酸碱服。	
其他防护	在通风橱内进行化学反应。实验室禁止吸烟和饮食。	

事故响应

皮肤接触	立即脱去污染的衣着,用氯化钙溶液和大量流动清水冲洗 20~30 min。如有不适感,就医。
眼睛接触	立即提起眼睑,用大量流动清水或生理盐水彻底冲洗 10~15 min。如有不适感,就医。
吸　　入	迅速脱离现场至空气新鲜处。保持呼吸道通畅。如呼吸困难,给输氧。如呼吸、心跳停止,立即进行心肺复苏术。就医。
食　　入	用水漱口,禁止催吐。给饮牛奶或蛋清。可口服乳酸钙、葡萄糖酸钙或 0.15% 石灰水。就医。

应急处理

消防措施	用雾状水、泡沫灭火。消防人员须佩戴空气呼吸器,穿全身防火防毒服,在上风向灭火。尽可能将容器从火场移至空旷处。喷水保持火场容器冷却,直至灭火结束。
泄漏处理	建议应急处理人员戴正压自给式呼吸器,穿防腐蚀、防毒服,戴橡胶耐酸碱手套。高浓度泄漏区,喷氨水或其他稀碱液中和。用砂土、惰性物质、蛭石吸收大量液体。用石灰(CaO)、碎石灰石($CaCO_3$)或碳酸氢钠($NaHCO_3$)中和。

安全存储

储存于阴凉、通风的库房。远离火种、热源。库温不宜超过30℃,相对湿度不超过80%。应与碱类、活性金属粉末、玻璃制品分开存放,切忌混储。禁止使用玻璃和金属容器。

废物处置

用过量石灰水中和,析出的沉淀填埋处理或回收利用,上清液稀释后排入废水系统。

中文名称：**氟化铷**　　英文名称：rubidium fluoride

CAS 登记号：13446-74-7

化学式：RbF　　相对分子质量：104.47

时量平均浓度	危险性类别	危险标识
PC-TWA：2 mg/m^3	毒害品	

理化性质		
闪点：无意义	熔点：775℃	沸点：1 410℃
相对密度（$d_{水}$=1）：3.56	相对蒸气密度（$d_{空气}$=1）：无资料	爆炸极限：无意义

预防措施		
呼吸防护	可能接触其粉尘时，佩戴过滤式防尘呼吸器。紧急事态抢救或撤离时，应该佩戴空气呼吸器。	
眼睛防护	戴化学安全防护眼镜。	
手 防 护	戴橡胶手套。	
身体防护	穿实验室工作服。	
其他防护	在通风橱内进行化学反应。实验室禁止吸烟和饮食。	

事故响应	
皮肤接触	脱去污染的衣着，用肥皂水和清水彻底冲洗皮肤。如有不适感，就医。
眼睛接触	提起眼睑，用流动清水或生理盐水冲洗。如有不适感，就医。
吸　　入	迅速脱离现场至空气新鲜处。保持呼吸道通畅。如呼吸困难，给输氧。如呼吸、心跳停止，立即进行心肺复苏术。就医。
食　　入	饮足量温水，催吐。洗胃。给饮牛奶或蛋清。就医。

应急处理	
消防措施	用大量水灭火。用雾状水驱散烟雾与刺激性气体。消防人员须佩戴防毒面具，穿全身消防服，在上风向灭火。尽可能将容器从火场移至空旷处。喷水保持火场容器冷却，直至灭火结束。
泄漏处理	建议应急处理人员戴防尘口罩，穿防毒服，戴乳胶手套。尽可能切断泄漏源。用塑料布覆盖泄漏物，减少飞散。勿使水进入包装容器内。用洁净的铲子收集泄漏物，置于干燥、干净、盖子较松的容器内，将容器移离泄漏区。

安全存储

储存于阴凉、通风的库房。包装密封。应与酸类、食用化学品分开存放，切忌混储。储区应备有合适的材料收容泄漏物。

废物处置

根据国家和地方有关法规的要求处置。或与制造商联系，确定处置方法。

中文名称：**高碘酸**	英文名称：periodic acid
CAS 登记号：10450-60-9	
化学式：H_5IO_6	相对分子质量：227.94

最高容许浓度 / 时量平均浓度	危险性类别	危险标识
未制定标准	氧化剂	 氧化剂

理化性质

闪点：无意义	熔点：122℃	沸点：140℃（分解）
相对密度（$d_{水}$=1）：无资料	相对蒸气密度（$d_{空气}$=1）：7.9	爆炸极限：无意义

预防措施

呼吸防护	空气中粉尘浓度超标时，建议佩戴过滤式防毒面具（半面罩）。紧急事态抢救或撤离时，佩戴空气呼吸器。
眼睛防护	戴化学安全防护眼镜。
手 防 护	戴橡胶手套。
身体防护	穿实验室工作服。
其他防护	在通风橱内进行化学反应。实验室禁止吸烟和饮食。

戴过滤式防毒面具（半面罩）

戴化学安全防护眼镜

戴橡胶手套

穿实验室工作服

事故响应

皮肤接触	立即脱去污染的衣着，用大量流动清水冲洗 20~30 min。如有不适感，就医。
眼睛接触	立即提起眼睑，用大量流动清水或生理盐水彻底冲洗 10~15 min。如有不适感，就医。
吸 入	迅速脱离现场至空气新鲜处。保持呼吸道通畅。如呼吸困难，给输氧。如呼吸、心跳停止，立即进行心肺复苏术。就医。
食 入	饮水，禁止催吐。如有不适感，就医。

应急处理

消防措施	本品不燃，根据着火原因选择适当灭火剂灭火。消防人员须佩戴空气呼吸器，穿全身耐酸碱消防服灭火。喷水冷却容器，可能的话将容器从火场移至空旷处。禁止用砂土压盖。
泄漏处理	隔离泄漏污染区，限制出入。建议应急处理人员戴防尘口罩，穿防腐蚀、防毒服，戴橡胶手套。尽可能切断泄漏源。勿使水进入包装容器内。用洁净的铲子收集泄漏物，置于干燥、干净、盖子较松的容器内，将容器移离泄漏区。

安全存储

储存于阴凉、通风的库房。远离火种、热源。库温不超过 30℃，相对湿度不超过 80%。避免光照。包装密封。应与还原剂、活性金属粉末、碱类等分开存放，切忌混储。储区应备有合适的材料收容泄漏物。

废物处置

中和、稀释后，排入废水系统。

中文名称:**高碘酸钾**　　英文名称:potassium periodate

CAS 登记号:7790-21-8

化学式:KIO_4　　相对分子质量:230.01

最高容许浓度 / 时量平均浓度	危险性类别	危险标识
未制定标准	氧化剂	 氧化剂

理化性质

闪点:无意义	熔点:582℃(爆炸)	沸点:无资料
相对密度($d_{水}$=1):3.62	相对蒸气密度($d_{空气}$=1):无资料	爆炸极限:无意义

预防措施

呼吸防护	空气中粉尘浓度超标时,应该佩戴过滤式防尘呼吸器。紧急事态抢救或撤离时,佩戴空气呼吸器。	 戴过滤式防尘呼吸器  戴化学安全防护眼镜  戴橡胶手套  穿实验室工作服
眼睛防护	戴化学安全防护眼镜。	
手 防 护	戴橡胶手套。	
身体防护	穿实验室工作服。	
其他防护	在通风橱内进行化学反应。实验室禁止吸烟和饮食。	

事故响应

皮肤接触	立即脱去污染的衣着,用大量流动清水冲洗 20~30 min。如有不适感,就医。
眼睛接触	立即提起眼睑,用大量流动清水或生理盐水彻底冲洗 10~15 min。如有不适感,就医。
吸　　入	迅速脱离现场至空气新鲜处。保持呼吸道通畅。如呼吸困难,给输氧。如呼吸、心跳停止,立即进行心肺复苏术。就医。
食　　入	用水漱口。给饮牛奶或蛋清。就医。

应急处理

消防措施	本品不燃,根据着火原因选择适当灭火剂灭火。消防人员须佩戴防毒面具,在安全距离以外,在上风向灭火。喷水冷却容器,尽可能将容器从火场移至空旷处。禁止用砂土压盖。
泄漏处理	隔离泄漏污染区,限制出入。建议应急处理人员戴防尘口罩,穿防毒服,戴橡胶手套。尽可能切断泄漏源。勿使水进入包装容器内。用洁净的铲子收集泄漏物,置于干燥、干净、盖子较松的容器内,将容器移离泄漏区。

安全存储

储存于阴凉、通风的库房。远离火种、热源。库温不超过 30℃,相对湿度不超过 80%。避免光照。包装密封。应与易(可)燃物、还原剂等分开存放,切忌混储。储区应备有合适的材料收容泄漏物。

废物处置

用安全掩埋法处置。

中文名称：**高氯酸**　　英文名称：perchloric acid

CAS 登记号：7601-90-3　　UN 编号：1873

化学式：$HClO_4$　　相对分子质量：100.46

最高容许浓度 / 时量平均浓度	危险性类别	危险标识
未制定标准	氧化剂；酸性腐蚀品；易制爆	 氧化剂　酸性腐蚀品　易制爆

理化性质

闪点：无意义　　熔点：−122℃　　沸点：19℃（1.46 kPa）

相对密度（$d_{水}$=1）：1.768（22℃）　　相对蒸气密度（$d_{空气}$=1）：无资料　　爆炸极限：无意义

危险特性：与可燃物混合或急剧加热爆炸

预防措施

呼吸防护	可能接触其蒸气时，建议佩戴抗冲击面罩或空气呼吸器。
眼睛防护	呼吸防护中已做防护。
手 防 护	戴橡胶手套。
身体防护	穿实验室工作服。
其他防护	在通风橱内进行化学反应。实验室禁止吸烟和饮食。

戴抗冲击面罩　戴空气呼吸器

戴橡胶手套　穿实验室工作服

事故响应

皮肤接触	立即脱去污染的衣着，用大量流动清水冲洗 20~30 min。如有不适感，就医。
眼睛接触	立即提起眼睑，用大量流动清水或生理盐水彻底冲洗 10~15 min。如有不适感，就医。
吸　　入	迅速脱离现场至空气新鲜处。保持呼吸道通畅。如呼吸困难，给输氧。如呼吸、心跳停止，立即进行心肺复苏术。就医。
食　　入	漱口，禁止催吐。给饮牛奶或蛋清。如有不适感，就医。

应急处理

消防措施	本品不燃，根据着火原因选择适当灭火剂灭火。消防人员须佩戴空气呼吸器，穿全身耐酸碱消防服灭火。喷水冷却容器，尽可能将容器从火场移至空旷处。禁止用砂土压盖。
泄漏处理	建议应急处理人员戴正压自给式呼吸器，穿防腐蚀、防毒服，戴橡胶手套。勿使泄漏物与可燃物质接触。穿上适当的防护服前严禁接触破裂的容器和泄漏物。小量泄漏：用大量水冲洗，洗水稀释后排入废水系统。大量泄漏：用石灰（CaO）、碎石灰石（$CaCO_3$）或苏打灰（Na_2CO_3）中和。在专家指导下消除。

安全存储

储存于阴凉、通风的库房。远离火种、热源。库温不宜超过30℃，相对湿度不超过80%。保持容器密封。应与酸类、碱类、胺类等分开存放，切忌混储。

废物处置

用安全掩埋法处置。

中文名称:**高氯酸锂**　　英文名称:lithium perchlorate

CAS 登记号:7791-03-9

化学式:$LiClO_4$　　相对分子质量:106.4

最高容许浓度 / 时量平均浓度	危险性类别	危险标识
未制定标准	氧化剂;易制爆	

理化性质

闪点:无意义　　熔点:236℃　　沸点:430℃(分解)

相对密度($d_{水}$=1):2.43　　相对蒸气密度($d_{空气}$=1):无资料　　爆炸极限:无意义

危险特性:与可燃物混合或急剧加热爆炸

预防措施

呼吸防护	可能接触其粉尘时,建议佩戴抗冲击面罩。	
眼睛防护	呼吸防护中已做防护。	
手 防 护	戴橡胶手套。	
身体防护	穿实验室工作服。	
其他防护	在通风橱内进行化学反应。实验室禁止吸烟和饮食。	

事故响应

皮肤接触	脱去污染的衣着,用肥皂水和清水彻底冲洗皮肤。如有不适感,就医。
眼睛接触	提起眼睑,用流动清水或生理盐水冲洗。如有不适感,就医。
吸　　入	迅速脱离现场至空气新鲜处。保持呼吸道通畅。如呼吸困难,给输氧。如呼吸、心跳停止,立即进行心肺复苏术。就医。
食　　入	饮大量温水,催吐。就医。

应急处理

消防措施	本品不燃,根据着火原因选择适当灭火剂灭火。消防人员须佩戴空气呼吸器,穿全身防火防毒服,在上风向灭火。尽可能将容器从火场移至空旷处。喷水冷却火场容器,直至灭火结束。在火场中与可燃物混合会爆炸。
泄漏处理	建议应急处理人员戴防尘口罩,穿防毒服,戴橡胶手套。勿使泄漏物与可燃物质(如木材、纸、油等)接触。小量泄漏:用洁净的铲子收集泄漏物,置于干燥、干净、盖子较松的容器内,将容器移离泄漏区。大量泄漏:泄漏物回收后,用水冲洗泄漏区。

安全存储

储存于阴凉、通风的库房。远离火种、热源。库温不宜超过30℃,相对湿度不超过80%。包装必须密封,切勿受潮。应与易(可)燃物质、活性金属粉末等分开存放,切忌混储。储区应备有合适的材料收容泄漏物。

废物处置

用安全掩埋法处置。

中文名称：**高氯酸铅**　　英文名称：lead perchlorate

CAS登记号：13637-76-8

化学式：$Pb(ClO_4)_2$　　相对分子质量：406.10

时量平均浓度	危险性类别	危险标识
PC-TWA：0.05 mg/m³	氧化剂	 氧化剂

理化性质

闪点：无意义	熔点：100℃（分解）	沸点：无资料
相对密度（$d_{水}$=1）：2.6	相对蒸气密度（$d_{空气}$=1）：无资料	爆炸极限：无意义

预防措施

呼吸防护	可能接触其粉尘时，建议佩戴过滤式防尘呼吸器。
眼睛防护	戴化学安全防护眼镜。
手防护	戴橡胶手套。
身体防护	穿实验室工作服。
其他防护	在通风橱内进行化学反应。实验室禁止吸烟和饮食。

事故响应

皮肤接触	脱去污染的衣着，用肥皂水和清水彻底冲洗皮肤。如有不适感，就医。
眼睛接触	立即提起眼睑，用大量流动清水或生理盐水彻底冲洗10~15 min。如有不适感，就医。
吸入	迅速脱离现场至空气新鲜处。保持呼吸道通畅。如呼吸困难，给输氧。如呼吸、心跳停止，立即进行心肺复苏术。就医。
食入	饮足量温水，催吐。就医。

应急处理

消防措施	本品不燃，根据着火原因选择适当灭火剂灭火。消防人员须佩戴空气呼吸器，穿全身防火防毒服，在上风向灭火。尽可能将容器从火场移至空旷处。喷水冷却火场容器，直至灭火结束。在火场中与可燃物混合会爆炸，消防人员须在有防爆掩蔽处操作。禁止用砂土压盖。
泄漏处理	隔离泄漏污染区，限制出入。建议应急处理人员戴防尘口罩，穿防毒服，戴橡胶手套。勿使泄漏物与可燃物质（如木材、纸、油等）接触。用洁净的铲子收集泄漏物，置于干燥、干净、盖子较松的容器内，将容器移离泄漏区。

安全存储

储存于阴凉、通风的库房。远离火种、热源。库温不宜超过30℃。包装必须密封，切勿受潮。应与易（可）燃物、还原剂、食用化学品分开存放，切忌混储。

废物处置

根据国家和地方有关法规的要求处置。或与制造商联系，确定处置方法。

中文名称:**高锰酸钾**　　　英文名称:potassium permanganate

CAS 登记号:7722-64-7

化学式:$KMnO_4$　　　相对分子质量:158.04

时量平均浓度	危险性类别	危险标识
PC-TWA:0.15 mg/m^3	氧化剂;易制毒;易制爆	 氧化剂　易制毒　易制爆

理化性质

闪点:无意义　　熔点:240℃ (分解)　　沸点:无资料

相对密度($d_{水}$=1):2.7　　相对蒸气密度($d_{空气}$=1):无资料　　爆炸极限:无意义

危险特性:与可燃物混合爆炸

预防措施

呼吸防护	可能接触其粉尘时,建议佩戴抗冲击面罩。	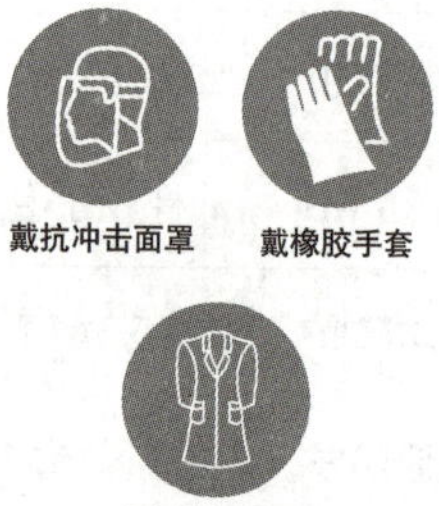 戴抗冲击面罩　戴橡胶手套　穿实验室工作服
眼睛防护	呼吸防护中已做防护。	
手 防 护	戴橡胶手套。	
身体防护	穿实验室工作服。	
其他防护	在通风橱内进行化学反应。实验室禁止吸烟和饮食。	

事故响应

皮肤接触	立即脱去污染的衣着,用大量流动清水冲洗 20~30 min。如有不适感,就医。
眼睛接触	立即提起眼睑,用大量流动清水或生理盐水彻底冲洗 10~15 min。如有不适感,就医。
吸　　入	迅速脱离现场至空气新鲜处。保持呼吸道通畅。如呼吸困难,给输氧。如呼吸、心跳停止,立即进行心肺复苏术。就医。
食　　入	用水漱口。给饮牛奶或蛋清。如有不适感,就医。

应急处理

消防措施	本品不燃,根据着火原因选择适当灭火剂灭火。消防人员须佩戴空气呼吸器,穿全身防火防毒服,在上风向灭火。喷水冷却容器,尽可能将容器从火场移至空旷处。
泄漏处理	建议应急处理人员戴防尘口罩,穿防毒服,戴橡胶手套。勿使泄漏物与可燃物质接触。穿上适当的防护服前严禁接触破裂的容器和泄漏物。尽可能切断泄漏源。用洁净的铲子收集泄漏物,置于干燥、干净、盖子较松的容器内,将容器移离泄漏区。

安全存储

储存于阴凉、干燥、通风良好的库房。远离火种、热源。库温不宜超过 30℃,相对湿度不超过 80%。包装密封。应与还原剂、活性金属粉末、酸类等分开存放,切忌混储。储区应备有合适的材料收容泄漏物。

废物处置

用安全掩埋法处置。

中文名称:**铬酸钠**　　英文名称:disodium chromate

CAS 登记号:7775-11-3　　UN 编号:3288

化学式:Na_2CrO_4　　相对分子质量:161.98

时量平均浓度	危险性类别	危险标识
PC-TWA:0.05 mg/m^3	毒害品	 毒害品

理化性质

闪点:无资料　　熔点:792℃　　沸点:无资料

相对密度($d_{水}$=1):2.723(25℃)　　相对蒸气密度($d_{空气}$=1):无资料　　爆炸极限:无资料

预防措施

呼吸防护	可能接触其蒸气时,必须佩戴防毒面具。紧急事态抢救或撤离时,佩戴自给式呼吸器。	 戴防毒面具  戴化学安全防护眼镜
眼睛防护	戴化学安全防护眼镜。	
手 防 护	戴橡胶手套。	 戴橡胶手套  穿实验室工作服
身体防护	穿实验室工作服。	
其他防护	在通风橱内进行化学反应。实验室禁止吸烟和饮食。	

事故响应

皮肤接触	用肥皂水及清水彻底冲洗。若有灼伤,按酸灼伤处理。就医。
眼睛接触	立即提起眼睑,用大量流动清水或生理盐水彻底冲洗 10~15 min。如有不适感,就医。
吸　　入	迅速脱离现场至空气新鲜处。保持呼吸道通畅。如呼吸困难,给输氧。如呼吸、心跳停止,立即进行心肺复苏术。就医。
食　　入	口服牛奶、豆浆或蛋清。就医。

应急处理

消防措施	强氧化剂。接触有机物有引起燃烧危险。受高热分解,放出有毒的烟气。本品不燃,根据着火原因选择适当灭火剂灭火。
泄漏处理	隔离泄漏污染区,周围设警告标志,建议应急处理人员戴自给式呼吸器,穿化学防护服。用砂土吸收,铲入提桶,倒至空旷地方深埋。用水刷洗泄漏污染区,经稀释的污水排入废水系统。如大量泄漏,收集回收或无害处理后废弃。

安全存储

储存于阴凉、通风的库房。远离火种、热源。专人保管。保持容器密封。应与还原剂、易燃物、可燃物等分开存放,切忌混储。搬运时要轻装轻卸,防止包装及容器损坏。分装和搬运作业要注意个人防护。

废物处置

根据国家和地方有关法规的要求处置。或与制造商联系,确定处置方法。

中文名称：**光气**　　英文名称：carbonyl chloride

CAS 登记号：75–44–5

化学式：$COCl_2$　　相对分子质量：98.92

最高容许浓度	危险性类别	危险标识
MAC：0.5 mg/m^3	剧毒气体	 剧毒气体

理化性质

闪点：无意义	熔点：−127.9~−118℃	沸点：8.2℃
相对密度（$d_{水}$=1）：1.4	相对蒸气密度（$d_{空气}$=1）：3.4	爆炸极限：无意义

预防措施

呼吸防护	空气中浓度超标时，应该佩戴自给式呼吸器或过滤式防毒面具（全面罩）。
眼睛防护	呼吸防护中已做防护。
手 防 护	戴橡胶手套。
身体防护	穿实验室工作服。
其他防护	在通风橱内进行化学反应。实验室禁止吸烟和饮食。

戴过滤式防毒面具（全面罩）

戴自给式呼吸器

戴橡胶手套

穿实验室工作服

事故响应

皮肤接触	立即脱去污染的衣着，用大量流动清水彻底冲洗至少 15 min。
眼睛接触	提起眼睑，用流动清水或生理盐水冲洗 5~10 min。如有不适感，就医。
吸　　入	迅速脱离现场至空气新鲜处。保持呼吸道通畅。如呼吸困难，给输氧。如呼吸、心跳停止，立即进行心肺复苏术。就医。
食　　入	不会通过该途径接触。

应急处理

消防措施	本品不燃，根据着火原因选择适当灭火剂灭火。切断气源。喷水冷却容器，尽可能将容器从火场移至空旷处。消防人员须佩戴空气呼吸器，穿全身防火防毒服，在上风向灭火。万一有光气漏逸，微量时，用水蒸气冲散，较大时，可用液氨喷雾冲洗。
泄漏处理	建议应急处理人员穿内置正压自给式呼吸器的全封闭防化服。高浓度泄漏区，喷氨水或其他稀碱液中和。构筑围堤或挖坑收容液体泄漏物。用石灰（CaO）、碎石灰石（$CaCO_3$）或碳酸氢钠（$NaHCO_3$）中和。用水慢慢稀释。

安全存储

用特殊规定的容器盛装、储存，并配稀碱、稀氨喷淋吸收装置。储存于阴凉、通风的有毒气体专用库房。实行“双人收发、双人保管”制度。远离火种、热源。库温不超过 30℃。应与醇类、碱类、食用化学品分开存放，切忌混储。

废物处置

用焚烧法处置。与燃料混合后，再焚烧。焚烧炉排出的卤化氢通过酸洗涤器除去。

中文名称:汞	英文名称:mercury
CAS 登记号:7439-97-6	UN 编号:2809
化学式:Hg	相对分子质量:200.59

时量平均浓度	危险性类别	危险标识
PC-TWA:0.025 mg/m^3	毒害品	 毒害品

理化性质

闪点:无意义	熔点:-38.9℃	沸点:356.9℃
相对密度($d_{水}$=1):13.55	相对蒸气密度($d_{空气}$=1):7.0	爆炸极限:无意义

预防措施

呼吸防护	可能接触其蒸气时,建议佩戴自给式呼吸器。	 戴自给式呼吸器  戴乳胶手套  穿实验室工作服
眼睛防护	呼吸防护中已做防护。	
手 防 护	戴乳胶手套。	
身体防护	穿实验室工作服。	
其他防护	在通风橱内进行化学反应。实验室禁止吸烟和饮食。	

事故响应

皮肤接触	立即脱去污染的衣着,用大量流动清水冲洗 20~30 min。如有不适感,就医。
眼睛接触	立即提起眼睑,用大量流动清水或生理盐水彻底冲洗 10~15 min。如有不适感,就医。
吸　　入	迅速脱离现场至空气新鲜处。保持呼吸道通畅。如呼吸困难,给输氧。如呼吸、心跳停止,立即进行心肺复苏术。就医。
食　　入	立即漱口,给饮牛奶或蛋清。就医。

应急处理

消防措施	常温下有蒸气挥发,高温下能迅速挥发。与氯酸盐、硝酸盐、热硫酸等混合可发生爆炸。本品不燃,根据着火原因选择适当灭火剂灭火。
泄漏处理	疏散泄漏污染区人员至安全区,禁止无关人员进入污染区,建议应急处理人员戴自给式呼吸器,穿化学防护服。不要直接接触泄漏物,在确保安全情况下堵漏。收集转移回收。无法收集的可用多硫化钙或过量的硫磺处理。

安全存储

储存于阴凉、通风的库房。远离火种、热源。防止阳光直射。保持容器密封。应与易(可)燃物、酸类等分开存放。搬运时要轻装轻卸,防止包装及容器损坏。

废物处置

根据国家和地方有关法规的要求处置。或与制造商联系,确定处置方法。

中文名称:**过硫酸铵**　　英文名称:ammonium persulfate

CAS 登记号:7727-54-0　　UN 编号:1444

化学式:$(NH_4)_2S_2O_8$　　相对分子质量:228.22

最高容许浓度/时量平均浓度	危险性类别	危险标识
未制定标准	氧化剂	 氧化剂

理化性质

闪点:无意义	熔点:120℃(分解)	沸点:(分解)
相对密度($d_{水}$=1):1.98	相对蒸气密度($d_{空气}$=1):7.9	爆炸极限:无意义

预防措施

呼吸防护	可能接触其粉尘时,应该佩戴过滤式防尘呼吸器。高浓度环境中,建议佩戴空气呼吸器。
眼睛防护	戴化学安全防护眼镜。
手 防 护	戴橡胶手套。
身体防护	穿实验室工作服。
其他防护	在通风橱内进行化学反应。实验室禁止吸烟和饮食。

戴过滤式防尘呼吸器

戴化学安全防护眼镜

戴橡胶手套

穿实验室工作服

事故响应

皮肤接触	立即脱去污染的衣着,用大量流动清水冲洗 20~30 min。如有不适感,就医。
眼睛接触	立即提起眼睑,用大量流动清水或生理盐水彻底冲洗 10~15 min。如有不适感,就医。
吸　　入	迅速脱离现场至空气新鲜处。保持呼吸道通畅。如呼吸困难,给输氧。如呼吸、心跳停止,立即进行心肺复苏术。就医。
食　　入	大量饮水,给饮牛奶或蛋清。就医。

应急处理

消防措施	本品不燃,根据着火原因选择适当灭火剂灭火。消防人员须佩戴空气呼吸器,穿全身防火防毒服,在上风向灭火。尽可能将容器从火场移至空旷处。喷水保持火场容器冷却,直至灭火结束。在火场中与可燃物混合会爆炸,消防人员须在有防爆掩蔽处操作。禁止用砂土压盖。
泄漏处理	建议应急处理人员戴防尘口罩,穿防毒服,戴橡胶手套。勿使泄漏物与可燃物质(如木材、纸、油等)接触。小量泄漏:用洁净的铲子收集泄漏物,置于干燥、干净、盖子较松的容器内,将容器移离泄漏区。大量泄漏:泄漏物回收后,用水冲洗泄漏区。

安全存储

储存于阴凉、干燥、通风良好的库房。远离火种、热源。库温不宜超过 30℃。包装必须密封,防止受潮。应与还原剂、活性金属粉末等分开存放,切忌混储。

废物处置

根据国家和地方有关法规的要求处置。或与制造商联系,确定处置方法。

中文名称:**过硫酸钾**　　英文名称:potassium persulfate

CAS 登记号:7727-21-1　　UN 编号:1492

化学式:$K_2S_2O_8$　　相对分子质量:272.34

最高容许浓度 / 时量平均浓度	危险性类别	危险标识
未制定标准	氧化剂	 氧化剂

理化性质

闪点:无意义	熔点:100℃(分解)	沸点:无资料
相对密度($d_{水}$=1):2.48	相对蒸气密度($d_{空气}$=1):无资料	爆炸极限:无意义

预防措施

呼吸防护	可能接触其粉尘时,应该佩戴过滤式防尘呼吸器。高浓度环境中,建议佩戴空气呼吸器。
眼睛防护	戴化学安全防护眼镜。
手　防　护	戴橡胶手套。
身体防护	穿实验室工作服。
其他防护	在通风橱内进行化学反应。实验室禁止吸烟和饮食。

事故响应

皮肤接触	脱去污染的衣着,用肥皂水和清水彻底冲洗皮肤。如有不适感,就医。
眼睛接触	提起眼睑,用流动清水或生理盐水冲洗。如有不适感,就医。
吸　　入	迅速脱离现场至新鲜空气处。保持呼吸道通畅。如呼吸困难,给输氧。如呼吸、心跳停止,立即进行心肺复苏术。就医。
食　　入	给饮水。如有不适感,就医。

应急处理

消防措施	本品不燃,根据着火原因选择适当灭火剂灭火。消防人员须佩戴空气呼吸器,穿全身防火防毒服灭火。喷水冷却容器,尽可能将容器从火场移至空旷处。禁止用砂土压盖。
泄漏处理	建议应急处理人员戴防尘口罩,穿防毒服,戴橡胶手套。勿使泄漏物与可燃物质(如木材、纸、油等)接触。穿上适当的防护服前严禁接触破裂的容器和泄漏物。尽可能切断泄漏源。用洁净的铲子收集泄漏物,置于干燥、干净、盖子较松的容器内,将容器移离泄漏区。

安全存储

储存于阴凉、干燥、通风良好的库房。远离火种、热源。库温不宜超过 30℃,相对湿度不超过 80%。包装密封。应与还原剂、活性金属粉末、碱类、醇类等分开存放,切忌混储。储区应备有合适的材料收容泄漏物。

废物处置

根据国家和地方有关法规的要求处置。或与制造商联系,确定处置方法。

中文名称:**过硫酸钠**	英文名称:sodium persulfate
CAS 登记号:7775-27-1	RTECS 号:SE0525000
化学式:$Na_2S_2O_8$	相对分子质量:238.10

最高容许浓度/时量平均浓度	危险性类别	危险标识
未制定标准	氧化剂	

理化性质

闪点:无意义	熔点:分解	沸点:无资料
相对密度($d_{水}$=1):2.4	相对蒸气密度($d_{空气}$=1):无资料	爆炸极限:无意义

预防措施

呼吸防护	可能接触其粉尘时,应佩戴过滤式防尘呼吸器。高浓度环境时,建议佩戴空气呼吸器。
眼睛防护	戴化学安全防护眼镜。
手 防 护	戴橡胶手套。
身体防护	穿实验室工作服。
其他防护	在通风橱内进行化学反应。实验室禁止吸烟和饮食。

事故响应

皮肤接触	脱去污染的衣着,用肥皂水和清水彻底冲洗皮肤。如有不适感,就医。
眼睛接触	提起眼睑,用流动清水或生理盐水冲洗。如有不适感,就医。
吸　　入	迅速脱离现场至空气新鲜处。保持呼吸道通畅。如呼吸困难,给输氧。如呼吸、心跳停止,立即进行心肺复苏术。就医。
食　　入	给饮水。如有不适感,就医。

应急处理

消防措施	本品不燃,根据着火原因选择适当灭火剂灭火。消防人员须佩戴空气呼吸器,穿全身防火防毒服,在上风向灭火。喷水冷却容器,尽可能将容器从火场移至空旷处。消防人员须在有防爆掩蔽处操作。禁止用砂土压盖。
泄漏处理	建议应急处理人员戴防尘口罩,穿防毒服,戴橡胶手套。勿使泄漏物与可燃物质(如木材、纸、油等)接触。穿上适当的防护服前严禁接触破裂的容器和泄漏物。尽可能切断泄漏源。

安全存储

储存于阴凉、干燥、通风良好的库房。远离火种、热源。库温不宜超过 30℃,相对湿度不超过 80%。包装密封。应与还原剂、活性金属粉末、碱类、醇类等分开存放,切忌混储。储区应备有合适的材料收容泄漏物。

废物处置

根据国家和地方有关法规的要求处置。或与制造商联系,确定处置方法。

中文名称:**过硼酸钠** 英文名称:sodium perborate tetrahydrate

CAS 登记号:10486-00-7 RTECS 号:SC7350000

化学式:$NaBO_3 \cdot 4H_2O$ 相对分子质量:153.9

最高容许浓度 / 时量平均浓度	危险性类别	危险标识
未制定标准	氧化剂	 氧化剂

理化性质

闪点:无资料 熔点:60℃ 沸点:130~150℃

相对密度($d_{水}$=1):无资料 相对蒸气密度($d_{空气}$=1):无资料 爆炸极限:无资料

预防措施

呼吸防护	高浓度环境中,建议佩戴自给式呼吸器。	 戴自给式呼吸器  戴橡胶手套  穿实验室工作服
眼睛防护	呼吸防护中已做防护。	
手 防 护	戴橡胶手套。	
身体防护	穿实验室工作服。	
其他防护	在通风橱内进行化学反应。实验室禁止吸烟和饮食。	

事故响应

皮肤接触	立即脱去污染的衣着,用大量流动清水冲洗 20~30 min。如有不适感,就医。
眼睛接触	立即提起眼睑,用大量流动清水或生理盐水彻底冲洗 10~15 min。如有不适感,就医。
吸　　入	迅速脱离现场至空气新鲜处。保持呼吸道通畅。如呼吸困难,给输氧。如呼吸、心跳停止,立即进行心肺复苏术。就医。
食　　入	口服牛奶、豆浆或蛋清,就医。

应急处理

消防措施	弱氧化剂。加热时可能发生爆炸。遇潮气逐渐分解。与易燃物、有机物接触易着火燃烧。用雾状水灭火。
泄漏处理	隔离泄漏污染区,周围设警告标志。建议应急处理人员戴防毒面具,穿化学防护服。小心扫起,慢慢倒入大量水中,对污染地带进行通风。如大量泄漏,收集回收或无害处理后废弃。

安全存储

储存于阴凉、干燥、通风良好的不燃库房。远离火种、热源。库温不宜超过 30℃。保持容器密封。防止受潮。防止阳光曝晒。应与酸类、还原剂、易(可)燃物等分开存放。搬运时要轻装轻卸,防止包装及容器损坏。

废物处置

根据国家和地方有关法规的要求处置。或与制造商联系,确定处置方法。

中文名称:**过氧化氢**	英文名称:hydrogen peroxide
CAS 登记号:7722-84-1	UN 编号:2015
化学式:H_2O_2	相对分子质量:34.02

时量平均浓度	危险性类别	危险标识
PC-TWA:1.5 mg/m^3	氧化剂;易制爆	

理化性质

闪点:无意义	熔点:-0.4℃	沸点:150.2℃
相对密度($d_{水}$=1):1.46(无水)	相对蒸气密度($d_{空气}$=1):1	爆炸极限:无意义
危险特性:与可燃物混合爆炸		

预防措施

呼吸防护	可能接触其蒸气时,应该佩戴抗冲击面罩。	
眼睛防护	呼吸防护中已做防护。	
手 防 护	戴橡胶手套。	
身体防护	穿实验室工作服。	
其他防护	在通风橱内进行化学反应。实验室禁止吸烟和饮食。	

事故响应

皮肤接触	立即脱去污染的衣着,用大量流动清水冲洗 20~30 min。如有不适感,就医。
眼睛接触	立即提起眼睑,用大量流动清水或生理盐水彻底冲洗 10~15 min。如有不适感,就医。
吸　　入	迅速脱离现场至空气新鲜处。保持呼吸道通畅。如呼吸困难,给输氧。如呼吸、心跳停止,立即进行心肺复苏术。就医。
食　　入	饮水,口服牛奶、豆浆、生蛋清,亦可服用氢氧化铝凝胶、思密达等药物保护消化道黏膜。禁止催吐。如有不适感,就医。

应急处理

消防措施	本品不燃,根据着火原因选择适当灭火剂灭火。消防人员须佩戴防毒面具,在安全距离以外,在上风向灭火。喷水冷却容器,尽可能将容器从火场移至空旷处。禁止用砂土压盖。
泄漏处理	建议应急处理人员戴正压自给式呼吸器,穿防腐蚀、防毒服,戴氯丁橡胶手套。远离易(可)燃物(如木材、纸、油等)。尽可能切断泄漏源。小量泄漏:用砂土、蛭石或其他惰性材料吸收。也可以用大量水冲洗,洗液稀释后排入废水系统。大量泄漏:构筑围堤或挖坑收容。

安全存储

储存于阴凉、干燥、通风良好的库房。远离火种、热源。库温不宜超过30℃,相对湿度不超过80%。保持容器密封。应与易(可)燃物、还原剂、活性金属粉末等分开存放,切忌混储。储区应备有泄漏应急处理设备和合适的收容材料。

废物处置

经水稀释后,发生分解放出氧气,待充分分解后,把废液排入废水系统。

中文名称:**过氧乙酸**　　英文名称:peroxyacetic acid

CAS 登记号:79-21-0　　RTECS 号:SD8750000

化学式:CH_3COOOH　　相对分子质量:76.06

最高容许浓度 / 时量平均浓度	危险性类别	危险标识
未制定标准	有机过氧化物;易制爆	

理化性质

闪点:40.5℃(OC)　　熔点:0.1℃　　沸点:105℃

相对密度($d_{水}$=1):1.15(20℃)　　相对蒸气密度($d_{空气}$=1):2.6　　爆炸极限:无资料

危险特性:受撞击、摩擦、遇明火或其他点火源极易爆炸

预防措施

呼吸防护	可能接触其蒸气时,应该佩戴抗冲击面罩。	
眼睛防护	呼吸系统中已做防护。	
手 防 护	戴橡胶手套。	
身体防护	穿实验室工作服。	
其他防护	采用防爆型照明、通风设施。禁止使用易产生火花的机械设备和工具。	

事故响应

皮肤接触	立即脱去污染的衣着,用大量流动清水冲洗 20~30 min。如有不适感,就医。
眼睛接触	立即提起眼睑,用大量流动清水或生理盐水彻底冲洗 10~15 min。如有不适感,就医。
吸　　入	迅速脱离现场至空气新鲜处。保持呼吸道通畅。如呼吸困难,给输氧。如呼吸、心跳停止,立即进行心肺复苏术。就医。
食　　入	饮水,给饮牛奶、豆浆、蛋清。禁止催吐。如有不适感,就医。

应急处理

消防措施	有害燃烧产物为一氧化碳。用水、雾状水、抗溶性泡沫、二氧化碳灭火。消防人员须佩戴空气呼吸器,穿全身耐酸碱消防服灭火。喷水冷却容器。禁止用砂土压盖。
泄漏处理	建议应急处理人员戴正压自给式呼吸器,穿防静电、防腐蚀、防毒服,戴橡胶手套。勿使泄漏物与易(可)燃物(如木材、纸、油等)接触。尽可能切断泄漏源。小量泄漏:用惰性、湿润的不燃材料吸收泄漏物。大量泄漏:构筑围堤或挖坑收容。

安全存储

储存于有冷藏装置、通风良好、散热良好的不燃库房内。远离火种、热源。库温不宜超过 30℃,相对湿度不超过 80%。避免光照。保持容器密封。应与还原剂、金属盐类、碱类分开存放,切忌混储。禁止震动、撞击和摩擦。

废物处置

建议用控制焚烧法处置。

中文名称：**环丙烷**　　英文名称：cyclopropane

CAS 登记号：75-19-4

化学式：C_3H_6　　相对分子质量：42.09

最高容许浓度 / 时量平均浓度	危险性类别	危险标识
未制定标准	易燃气体	 易燃气体

理化性质

闪点：-94℃　　熔点：-127.4℃　　沸点：-32.8℃

相对密度（$d_{水}$=1）：1.879（0℃）　　相对蒸气密度（$d_{空气}$=1）：1.88　　爆炸极限：2.4%~10.3%

预防措施

呼吸防护	一般不需要特殊防护。高浓度接触时，可佩戴过滤式防毒面具（半面罩）。	
眼睛防护	必要时，戴化学安全防护眼镜。	
手 防 护	戴乳胶手套。	
身体防护	穿防静电工作服。	
其他防护	采用防爆型照明、通风设施。禁止使用易产生火花的机械设备和工具。	

事故响应

皮肤接触	冻伤时：将患处浸泡于 38~42℃的温水中复温。不要涂擦。不要使用热水或辐射热。使用清洁、干燥的敷料包扎。如有不适感，就医。
眼睛接触	提起眼睑，用流动清水或生理盐水冲洗 10~15 min。如有不适感，就医。
吸　　入	迅速脱离现场至空气新鲜处。保持呼吸道通畅。如呼吸困难，给输氧。如呼吸、心跳停止，立即进行心肺复苏术。就医。
食　　入	不会通过该途径接触。

应急处理

消防措施	用雾状水、泡沫、干粉、二氧化碳灭火。切断气源。若不能切断气源，则不允许熄灭泄漏处的火焰。消防人员须佩戴空气呼吸器，穿全身防火防毒服，在上风向灭火。尽可能将容器从火场移至空旷处。喷水冷却火场容器，直至灭火结束。
泄漏处理	建议应急处理人员戴正压自给式呼吸器，穿防静电服。液化气泄漏时，穿防静电、防寒服。若可能翻转容器，使之逸出气体而非液体。喷雾状水抑制蒸气或改变蒸气云流向，避免水流接触泄漏物。禁止用水直接冲洗泄漏物或泄漏源。

安全存储

储存于阴凉、通风的易燃气体专用库房。远离火种、热源。库温不宜超过 30℃。应与氧化剂、卤素分开存放，切忌混储。

废物处置

用焚烧法处置。

中文名称:**环己胺**　　英文名称:cyclohexylamine

CAS 登记号:108-91-8　　RTECS 号:GX0700000

化学式:$C_6H_{13}N$　　相对分子质量:99.17

时量平均浓度	危险性类别	危险标识
PC-TWA:10 mg/m^3	碱性腐蚀品	 碱性腐蚀品

理化性质		
闪点:26℃ (CC)	熔点:-17.7℃	沸点:134.5℃
相对密度($d_{水}$=1):0.86	相对蒸气密度($d_{空气}$=1):3.42	爆炸极限:1.5%~9.4%

预防措施	
呼吸防护	空气中浓度超标时,佩戴过滤式防毒面具(半面罩)。
眼睛防护	戴化学安全防护眼镜。
手 防 护	戴橡胶耐油手套。
身体防护	穿实验室工作服。
其他防护	采用防爆型照明、通风设施。禁止使用易产生火花的机械设备和工具。

戴过滤式防毒面具(半面罩)　戴化学安全防护眼镜

戴橡胶耐油手套　穿实验室工作服

事故响应	
皮肤接触	立即脱去污染的衣着,用大量流动清水冲洗 20~30 min。如有不适感,就医。
眼睛接触	立即提起眼睑,用大量流动清水或生理盐水彻底冲洗 10~15 min。如有不适感,就医。
吸　　入	迅速脱离现场至空气新鲜处。保持呼吸道通畅。如呼吸困难,给输氧。如呼吸、心跳停止,立即进行心肺复苏术。就医。
食　　入	漱口,大量饮水。禁止催吐。如有不适感,就医。

应急处理	
消防措施	有害燃烧产物为一氧化碳和氮氧化物。用水、抗溶性泡沫、干粉、二氧化碳、砂土灭火。消防人员须佩戴防毒面具,穿全身消防服,在上风向灭火。喷水冷却容器。
泄漏处理	建议应急处理人员戴正压自给式呼吸器,穿防静电、防腐蚀、防毒服,戴橡胶耐油手套。作业时使用的所有设备应接地。尽可能切断泄漏源。小量泄漏:用砂土或其他不燃材料吸收。大量泄漏:构筑围堤或挖坑收容。

安全存储

储存于阴凉、通风的库房。远离火种、热源。库温不宜超过30℃。保持容器密封。应与酸类、食用化学品分开存放,切忌混储。储区应备有泄漏应急处理设备和合适的收容材料。

废物处置

用焚烧法处置。焚烧炉排出的氮氧化物通过洗涤器除去。

中文名称:**环己酮**　　英文名称:cyclohexanone

CAS 登记号:108-94-1　　UN 编号:1915

化学式:$C_6H_{10}O$　　相对分子质量:98.16

时量平均浓度	危险性类别	危险标识
PC-TWA:50 mg/m^3	可燃液体	 可燃液体

理化性质

闪点:44℃(CC)	熔点:-32.1℃	沸点:136.9~155.6℃
相对密度($d_{水}$=1):0.95	相对蒸气密度($d_{空气}$=1):3.4	爆炸极限:1.1%~9.4%

预防措施

呼吸防护	可能接触其蒸气时,应该佩戴过滤式防毒面具(半面罩)。
眼睛防护	戴化学安全防护眼镜。
手 防 护	戴橡胶耐油手套。
身体防护	穿防静电工作服。
其他防护	采用防爆型照明、通风设施。禁止使用易产生火花的机械设备和工具。

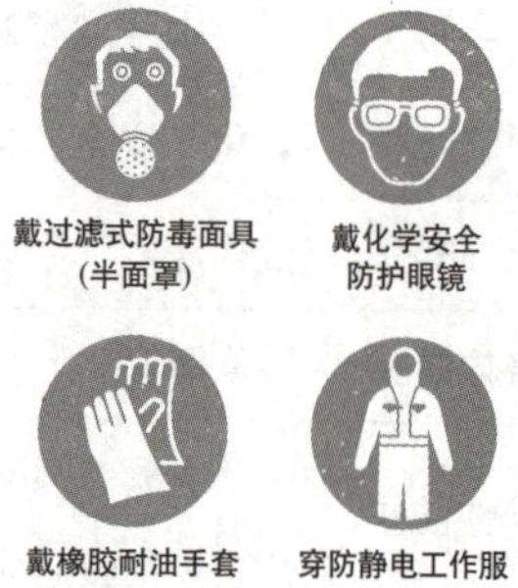

事故响应

皮肤接触	脱去污染的衣着,用肥皂水和清水彻底冲洗皮肤。如有不适感,就医。
眼睛接触	立即提起眼睑,用大量流动清水或生理盐水彻底冲洗 10~15 min。如有不适感,就医。
吸　　入	迅速脱离现场至空气新鲜处。保持呼吸道通畅。如呼吸困难,给输氧。如呼吸、心跳停止,立即进行心肺复苏术。就医。
食　　入	漱口,大量饮水。如有不适感,就医。

应急处理

消防措施	有害燃烧产物为一氧化碳。用泡沫、干粉、二氧化碳、砂土灭火。消防人员须佩戴空气呼吸器,穿全身防火防毒服,在上风向灭火。喷水冷却容器,可能的话将容器移至空旷处。
泄漏处理	建议应急处理人员戴正压自给式呼吸器,穿防静电、防毒服,戴橡胶耐油手套。作业时使用的所有设备应接地。尽可能切断泄漏源。小量泄漏:用砂土或其他不燃材料吸收。大量泄漏:构筑围堤或挖坑收容。用抗溶性泡沫覆盖,减少蒸发。

安全存储

储存于阴凉、通风的库房。远离火种、热源。库温不宜超过37℃。保持容器密封。应与氧化剂、还原剂分开存放,切忌混储。储区应备有泄漏应急处理设备和合适的收容材料。

废物处置

建议焚烧处理法。

中文名称：**环己烷**	英文名称：cyclohexane
CAS 登记号：110-82-7	RTECS 号：GU6300000
化学式：C_6H_{12}	相对分子质量：84.18

时量平均浓度	危险性类别	危险标识
PC-TWA：250 mg/m^3	高度易燃液体	 高度易燃液体

理化性质

闪点：-18℃（CC）	熔点：6.47℃	沸点：80.7℃
相对密度（$d_{水}$=1）：0.78	相对蒸气密度（$d_{空气}$=1）：2.90	爆炸极限：1.3%~8.4%

预防措施

呼吸防护	一般不需要特殊防护。高浓度接触时，可佩戴过滤式防毒面具（半面罩）。
眼睛防护	空气中浓度超标时，戴化学安全防护眼镜。
手 防 护	戴橡胶耐油手套。
身体防护	穿防静电工作服。
其他防护	采用防爆型照明、通风设施。禁止使用易产生火花的机械设备和工具。

事故响应

皮肤接触	脱去污染的衣着，用肥皂水和清水彻底冲洗皮肤。就医。
眼睛接触	提起眼睑，用流动清水或生理盐水冲洗。如有不适感，就医。
吸　　入	迅速脱离现场至空气新鲜处。保持呼吸道通畅。如呼吸困难，给输氧。如呼吸、心跳停止，立即进行心肺复苏术。就医。
食　　入	漱口，禁止催吐。口服活性炭悬液。如有不适感，就医。

应急处理

消防措施	极易燃。有害燃烧产物为一氧化碳。用泡沫、干粉、二氧化碳、砂土灭火。消防人员须佩戴空气呼吸器，穿全身防火防毒服，在上风向灭火。喷水冷却容器，可能的话将容器从火场移至空旷处。用水灭火无效。
泄漏处理	消除所有点火源。建议应急处理人员戴正压自给式呼吸器，穿防静电服，戴橡胶耐油手套。作业时使用的所有设备应接地。尽可能切断泄漏源。小量泄漏：用砂土或其他不燃材料吸收。大量泄漏：构筑围堤或挖坑收容。用泡沫覆盖，减少蒸发。

安全存储

储存于阴凉、通风的库房。远离火种、热源。库温不宜超过29℃。保持容器密封。应与氧化剂分开存放，切忌混储。

废物处置

用焚烧法处置。

中文名称:**环己烯**	英文名称:cyclohexene
CAS 登记号:110-83-8	RTECS 号:GW2500000
化学式:C_6H_{10}	相对分子质量:82.14

最高容许浓度 / 时量平均浓度	危险性类别	危险标识
未制定标准	易燃液体	 易燃液体

理化性质

闪点:-11.7℃	熔点:-104℃	沸点:83.0℃
相对密度($d_{水}$=1):0.81	相对蒸气密度($d_{空气}$=1):2.8	爆炸极限:1.0%~5.0%

预防措施

呼吸防护	空气中浓度超标时,应该佩戴过滤式防毒面具(半面罩)。
眼睛防护	戴化学安全防护眼镜。
手 防 护	戴橡胶耐油手套。
身体防护	穿防静电工作服。
其他防护	采用防爆型照明、通风设施。禁止使用易产生火花的机械设备和工具。

戴过滤式防毒面具(半面罩)

戴化学安全防护眼镜

戴橡胶耐油手套

穿防静电工作服

事故响应

皮肤接触	脱去污染的衣着,用肥皂水和清水彻底冲洗皮肤。就医。
眼睛接触	提起眼睑,用流动清水或生理盐水冲洗。如有不适感,就医。
吸　　入	迅速脱离现场至空气新鲜处。保持呼吸道通畅。如呼吸困难,给输氧。如呼吸、心跳停止,立即进行心肺复苏术。就医。
食　　入	漱口,禁止催吐。如有不适感,就医。

应急处理

消防措施	易燃,有害燃烧产物为一氧化碳。用泡沫、干粉、二氧化碳、砂土灭火。消防人员须佩戴空气呼吸器,穿全身防火防毒服,在上风向灭火。喷水冷却容器,可能的话将容器从火场移至空旷处。用水灭火无效。
泄漏处理	消除所有点火源。建议应急处理人员戴正压自给式呼吸器,穿防静电服,戴橡胶耐油手套。作业时使用的所有设备应接地。禁止接触或跨越泄漏物。尽可能切断泄漏源。小量泄漏:用砂土或其他不燃材料吸收。大量泄漏:构筑围堤或挖坑收容。用泡沫覆盖,减少蒸发。

安全存储

储存于阴凉、通风的库房。远离火种、热源。库温不宜超过37℃。包装要求密封,不可与空气接触。应与氧化剂、酸类分开存放,切忌混储。不宜大量储存或久存。

废物处置

建议用焚烧法处置。

中文名称：**环氧溴丙烷**　　英文名称：epibromohydrin

CAS 登记号：3132-64-7

化学式：C_3H_5BrO　　相对分子质量：136.99

最高容许浓度 / 时量平均浓度	危险性类别	危险标识
未制定标准	毒害品	 毒害品

理化性质

闪点：56℃	熔点：-40℃	沸点：134~136℃
相对密度（$d_{水}$=1）：1.60	相对蒸气密度（$d_{空气}$=1）：无资料	爆炸极限：无资料

预防措施

呼吸防护	可能接触其蒸气时，必须佩戴过滤式防毒面具（全面罩）。紧急事态抢救或撤离时，建议佩戴空气呼吸器。
眼睛防护	呼吸防护中已做防护。
手 防 护	戴橡胶手套。
身体防护	穿实验室工作服。
其他防护	采用防爆型照明、通风设施。禁止使用易产生火花的机械设备和工具。

戴过滤式防毒面具（全面罩）

戴空气呼吸器

戴橡胶手套

穿实验室工作服

事故响应

皮肤接触	脱去污染的衣着，用肥皂水和清水彻底冲洗皮肤。如有不适感，就医。
眼睛接触	提起眼睑，用流动清水或生理盐水冲洗。如有不适感，就医。
吸　　入	迅速脱离现场至空气新鲜处。保持呼吸道通畅。如呼吸困难，给输氧。如呼吸、心跳停止，立即进行心肺复苏术。就医。
食　　入	饮足量温水，催吐。就医。

应急处理

消防措施	用泡沫、干粉、二氧化碳、砂土灭火。消防人员须佩戴防毒面具，穿全身消防服，在上风向灭火。喷水冷却容器，可能的话将容器移至空旷处。容器突然发出异常声音或出现异常现象，应立即撤离。
泄漏处理	建议应急处理人员戴正压自给式呼吸器，穿防静电、防毒服，戴橡胶手套。作业时使用的所有设备应接地。尽可能切断泄漏源。小量泄漏：用砂土或其他不燃材料吸收。大量泄漏：构筑围堤或挖坑收容。用抗溶性泡沫覆盖，减少蒸发。

安全存储

储存于阴凉、通风的库房。远离火种、热源。包装要求密封，不可与空气接触。应与氧化剂、食用化学品分开存放，切忌混储。

废物处置

建议用焚烧法处置。焚烧炉排出的卤化氢通过酸洗涤器除去。

中文名称:**黄磷**	英文名称:phosphorus
CAS 登记号:12185-10-3	RTECS 号:TH3500000
化学式:P_4	相对分子质量:123.88

时量平均浓度	危险性类别	危险标识
PC-TWA:0.05 mg/m^3	剧毒固体	 剧毒固体

理化性质

闪点:无意义	熔点:44.1℃	沸点:280.5℃
相对密度($d_{水}$=1):1.88	相对蒸气密度($d_{空气}$=1):4.42	爆炸极限:无意义

预防措施

呼吸防护	可能接触毒物时,应该佩戴过滤式防毒面具(全面罩)。
眼睛防护	呼吸防护中已做防护。
手 防 护	戴橡胶手套。
身体防护	穿实验室工作服。
其他防护	采用防爆型照明、通风设施。禁止使用易产生火花的机械设备和工具。

戴过滤式防毒面具(全面罩)

戴橡胶手套

穿实验室工作服

事故响应

皮肤接触	脱去污染的衣着,立即用大量流动清水冲洗。继之涂抹 2%~3% 硝酸银溶液灭磷火。也可用 1% 硫酸铜溶液冲洗。就医。禁止用油性敷料。
眼睛接触	提起眼睑,用流动清水或生理盐水彻底清洗 10~15 min。就医。
吸　　入	迅速脱离现场至空气新鲜处。保持呼吸道通畅。如呼吸困难,给输氧。如呼吸、心跳停止,立即进行心肺复苏术。就医。
食　　入	立即饮 0.2% 硫酸铜溶液后用手指刺激咽部催吐,可重复几次,直至吐出物无大蒜味为止。此后,每 10~15 min 口服 0.2% 硫酸铜溶液 10 mL,连服 3 次。再口服 25% 硫酸镁溶液或硫酸钠溶液导泻。禁止饮用植物油和牛奶。就医。

应急处理

消防措施	有害燃烧产物为氧化磷。用雾状水灭火。消防人员须佩戴空气呼吸器,穿全身耐酸碱消防服灭火。尽可能将容器从火场移至空旷处。喷水保持火场容器冷却,直至灭火结束。
泄漏处理	建议应急处理人员戴防尘口罩,穿防静电、防腐蚀、防毒服,戴橡胶手套。小量泄漏:用水、沙或泥土覆盖,收入金属容器并保存于水中。大量泄漏:构筑围堤或挖坑收容。

安全存储

应保存在水中,且必须浸没在水下,隔绝空气。储存于阴凉、通风良好的专用库房。实行“双人收发、双人保管”制度。远离火种、热源。库温应保持在 1℃以上。应与氧化剂、酸类、卤素、食用化学品分开存放,切忌混储。

废物处置

用控制焚烧法处置。

中文名称:**己二腈**　　英文名称:hexanedinitrile

CAS 登记号:111-69-3

化学式:$NC(CH_2)_4CN$　　相对分子质量:108.16

最高容许浓度 / 时量平均浓度	危险性类别	危险标识
未制定标准	毒害品	

理化性质

闪点:93℃ (OC)	熔点:1~3℃	沸点:295℃
相对密度($d_{水}$=1):0.96	相对蒸气密度($d_{空气}$=1):3.73	爆炸极限:1.7%~5.0%

预防措施

呼吸防护	可能接触毒物时,须佩戴过滤式防毒面具(半面罩)。紧急事态抢救或撤离时,建议佩戴空气呼吸器。
眼睛防护	戴化学安全防护眼镜。
手 防 护	戴橡胶耐油手套。
身体防护	穿实验室工作服。
其他防护	在通风橱内进行化学反应。实验室禁止吸烟和饮食。

事故响应

皮肤接触	立即脱去污染的衣着,用流动清水或 5% 硫代硫酸钠溶液彻底冲洗。就医。
眼睛接触	提起眼睑,用流动清水或生理盐水冲洗。如有不适感,就医。
吸　　入	迅速脱离现场至空气新鲜处。保持呼吸道通畅。如呼吸困难,给输氧。如呼吸、心跳停止,立即进行人工呼吸(勿用口对口)和胸外心脏按压术。就医。
食　　入	如患者神志清醒,催吐,洗胃。就医。

应急处理

消防措施	用雾状水、泡沫、干粉、二氧化碳、砂土灭火。消防人员须佩戴空气呼吸器,穿全身防火防毒服,在上风向灭火。尽可能将容器从火场移至空旷处。喷水冷却火场容器,直至灭火结束。容器突然发出异常声音或出现异常现象,应立即撤离。
泄漏处理	建议应急处理人员戴正压自给式呼吸器,穿防毒服,戴橡胶耐油手套。尽可能切断泄漏源。防止泄漏物进入水体、下水道、地下室或限制性空间。小量泄漏:用干燥的砂土或其他不燃材料吸收覆盖,收集于容器中。大量泄漏:构筑围堤或挖坑收容。

安全存储

储存于阴凉、通风的库房。远离火种、热源。保持容器密封。应与氧化剂、还原剂、酸类、碱类、食用化学品分开存放,切忌混储。

废物处置

建议用焚烧法处置。焚烧炉排出的氮氧化物通过洗涤器除去。

中文名称:**钾**	英文名称:potassium
CAS 登记号:7440-09-7	RTECS 号:TS6460000
化学式:K	相对分子质量:39.098

最高容许浓度 / 时量平均浓度	危险性类别	危险标识
未制定标准	遇湿易燃固体;易制爆	 遇湿易燃固体　易制爆

理化性质

闪点:无资料	熔点:63.2℃	沸点:765.5℃
相对密度($d_{水}$=1):0.86(20℃)	相对蒸气密度($d_{空气}$=1):无资料	爆炸极限:无资料
危险特性:遇水可爆炸,比钠活泼		

预防措施

呼吸防护	建议佩戴抗冲击面罩。
眼睛防护	呼吸防护中已做防护。
手 防 护	戴橡胶手套。
身体防护	穿实验室工作服。
其他防护	采用防爆型照明、通风设施。禁止使用易产生火花的机械设备和工具。

戴抗冲击面罩　戴橡胶手套

穿实验室工作服

事故响应

皮肤接触	立即脱去污染的衣着,用大量流动清水冲洗 20~30 min。就医。
眼睛接触	立即提起眼睑,用大量流动清水或生理盐水彻底冲洗 10~15 min。如有不适感,就医。
吸　　入	迅速脱离现场至空气新鲜处。保持呼吸道通畅。如呼吸困难,给输氧。如呼吸、心跳停止,立即进行心肺复苏术。就医。
食　　入	用水漱口,给饮牛奶或蛋清。就医。

应急处理

消防措施	用干燥氯化钠粉末、碳酸钠干粉、碳酸钙干粉、干砂灭火。消防人员须佩戴空气呼吸器,穿全身防火防毒服,在上风向灭火。不可用水、卤代烃(如 1211 灭火剂)、碳酸氢钠、碳酸氢钾作为灭火剂。石墨干粉对钾亦不适用。
泄漏处理	严禁用水处理。建议应急处理人员戴正压自给式呼吸器,穿防静电、防腐蚀、防毒服。保持泄漏物干燥。用干燥的砂土或其他不燃材料覆盖泄漏物,然后用塑料布覆盖,减少飞散,避免雨淋。收入金属容器并保存在煤油或液体石蜡中。

安全存储

浸于煤油中。储存于阴凉、干燥、通风良好的专用库房。远离火种、热源。库温不超过 32℃,相对湿度不超过 75%。包装要求密封,不可与空气接触。应与氧化剂、酸类、卤素等分开存放,切忌混储。

废物处置

根据国家和地方有关法规的要求处置。或与制造商联系,确定处置方法。

中文名称：**甲苯**　　英文名称：methylbenzene

CAS 登记号：108-88-3　　RTECS 号：XS5250000

化学式：$C_6H_5CH_3$　　相对分子质量：92.15

时量平均浓度	危险性类别	危险标识
PC-TWA：50 mg/m^3	易燃液体	 易燃液体

理化性质		
闪点：4℃（CC）；16℃（OC）	熔点：-94.9℃	沸点：110.6℃
相对密度（$d_{水}$=1）：0.87	相对蒸气密度（$d_{空气}$=1）：3.14	爆炸极限：1.1%~7.1%

预防措施	
呼吸防护	空气中浓度超标时，佩戴过滤式防毒面具（半面罩）。
眼睛防护	戴化学安全防护眼镜。
手 防 护	戴橡胶耐油手套。
身体防护	穿实验室工作服。
其他防护	采用防爆型照明、通风设施。禁止使用易产生火花的机械设备和工具。

戴过滤式防毒面具（半面罩）

戴化学安全防护眼镜

戴橡胶耐油手套

穿实验室工作服

事故响应	
皮肤接触	脱去污染的衣着，用肥皂水和清水彻底冲洗皮肤。就医。
眼睛接触	提起眼睑，用流动清水或生理盐水冲洗。如有不适感，就医。
吸　　入	迅速脱离现场至空气新鲜处。保持呼吸道通畅。如呼吸困难，给输氧。如呼吸、心跳停止，立即进行心肺复苏术。就医。
食　　入	饮水，禁止催吐。如有不适感，就医。

应急处理	
消防措施	其蒸气与空气可形成爆炸性混合物，遇明火能引起燃烧爆炸。有害燃烧产物为一氧化碳，用泡沫、干粉、二氧化碳、砂土灭火。消防人员必须佩戴空气呼吸器，穿全身防火防毒服，在上风向灭火。喷水冷却容器，尽可能将容器移至空旷处。容器突然发出异常声音或出现异常现象，应立即撤离。
泄漏处理	消除所有点火源。建议应急处理人员戴正压自给式呼吸器，穿防静电、防毒服，戴橡胶耐油手套。作业时使用的所有设备应接地。禁止接触或跨越泄漏物。尽可能切断泄漏源。小量泄漏：用砂土或其他不燃材料吸收。使用洁净的无火花工具收集吸收材料。大量泄漏：构筑围堤或挖坑收容。用泡沫覆盖。

安全存储

储存于阴凉、通风的库房。远离火种、热源。库温不宜超过37℃。保持容器密封。应与氧化剂分开存放，切忌混储。

废物处置

用焚烧法处置。

中文名称:**甲醇**	英文名称:methanol
CAS 登记号:67-56-1	RTECS 号:PC1400000
化学式:CH_3OH	相对分子质量:32.0

时量平均浓度	危险性类别	危险标识
PC-TWA:25 mg/m^3	易燃液体	 易燃液体

理化性质

闪点:12℃(CC);12.2℃(OC)	熔点:-97.8℃	沸点:64.7℃
相对密度($d_{水}$=1):0.79	相对蒸气密度($d_{空气}$=1):1.1	爆炸极限:6%~36.5%

预防措施

呼吸防护	可能接触其蒸气时,应该佩戴过滤式防毒面具(半面罩)。紧急事抢救或撤离时,建议佩戴空气呼吸器。
眼睛防护	戴化学安全防护眼镜。
手 防 护	戴橡胶手套。
身体防护	穿防静电工作服。
其他防护	采用防爆型照明、通风设施。禁止使用易产生火花的机械设备和工具。

戴过滤式防毒面具(半面罩)

戴化学安全防护眼镜

戴橡胶手套

穿防静电工作服

事故响应

皮肤接触	脱去污染的衣着,用肥皂水或大量清水彻底冲洗皮肤。就医。
眼睛接触	提起眼睑,用流动清水或生理盐水冲洗。如有不适感,就医。
吸 入	迅速脱离现场至空气新鲜处。保持呼吸道通畅。如呼吸困难,给输氧。如呼吸、心跳停止,立即进行心肺复苏术。就医。
食 入	催吐。2% 碳酸氢钠溶液洗胃,硫酸镁导泄。就医。

应急处理

消防措施	有害燃烧产物为一氧化碳。用抗溶性泡沫、干粉、二氧化碳、砂土灭火。消防人员必须佩戴防毒面具,穿全身消防服,在上风向灭火。喷水冷却容器,尽可能将容器从火场移至空旷处。容器突然发出异常声音或出现异常现象,应立即撤离。
泄漏处理	消除所有点火源。建议应急处理人员戴正压自给式呼吸器,穿防静电、防毒服,戴橡胶手套。作业时使用的所有设备应接地。禁止接触或跨越泄漏物。尽可能切断泄漏源。小量泄漏:用砂土或其他不燃材料吸收。使用洁净的无火花工具收集吸收材料。大量泄漏:构筑围堤或挖坑收容。

安全存储

储存于阴凉、通风良好的专用库房内。远离火种、热源。库温不宜超过37℃。保持容器密封。应与氧化剂、酸类、碱金属等分开存放,切忌混储。储区应备有泄漏应急处理设备和合适的收容材料。

废物处置

用焚烧法处置。

中文名称：**甲基磺酸**　　英文名称：methanesulfonic acid

CAS 登记号：75-75-2

化学式：CH_4SO_3　　相对分子质量：96.1

最高容许浓度 / 时量平均浓度	危险性类别	危险标识
未制定标准	酸性腐蚀品	 酸性腐蚀品

理化性质		
闪点：>110℃	熔点：20℃	沸点：167℃（1.33 kPa）
相对密度（$d_{水}$=1)：1.48	相对蒸气密度（$d_{空气}$=1)：3.3	爆炸极限：无资料

预防措施	
呼吸防护	高浓度环境中，建议佩戴自给式呼吸器。
眼睛防护	呼吸防护中已做防护。
手 防 护	戴橡胶手套。
身体防护	穿实验室工作服。
其他防护	在通风橱内进行化学反应。实验室禁止吸烟和饮食。

戴自给式呼吸器

戴橡胶手套

穿实验室工作服

事故响应	
皮肤接触	立即脱去污染的衣着，用大量流动清水冲洗 20~30 min。如有不适感，就医。
眼睛接触	立即提起眼睑，用大量流动清水或生理盐水彻底冲洗 10~15 min。如有不适感，就医。
吸　　入	迅速脱离现场至空气新鲜处。保持呼吸道通畅。如呼吸困难，给输氧。如呼吸、心跳停止，立即进行心肺复苏术。就医。
食　　入	立即漱口，给饮牛奶或蛋清。就医。

应急处理	
消防措施	遇明火、高热可燃。受高热分解产生有毒的硫化物烟气。用雾状水、泡沫、二氧化碳、砂土灭火。
泄漏处理	建议应急处理人员戴防毒面具，穿化学防护服。不要直接接触泄漏物，在确保安全情况下堵漏。用沙土、干燥石灰或苏打灰混合，然后收集运至废物处理场所处置。如大量泄漏，利用围堤收容，然后收集、转移、回收或无害处理后废弃。

安全存储

储存于阴凉、通风的库房。远离火种、热源。保持容器密封。应与氧化剂、碱类分开存放。搬运时要轻装轻卸，防止包装及容器损坏。

废物处置

根据国家和地方有关法规的要求处置。或与厂商或制造商联系，确定处置方法。

中文名称：**甲基环己烷**	英文名称：methylcyclohexane
CAS 登记号：108-87-2	UN 编号：2296
化学式：$C_6H_{11}CH_3$	相对分子质量：98.19

最高容许浓度 / 时量平均浓度	危险性类别	危险标识
未制定标准	易燃液体	 易燃液体

理化性质

闪点：-4℃（CC）；-3.5℃（OC）	熔点：-126.7℃	沸点：100.9℃
相对密度（$d_{水}$=1）：0.77	相对蒸气密度（$d_{空气}$=1）：3.4	爆炸极限：1.2%~6.7%

预防措施

呼吸防护	空气中浓度超标时，佩戴过滤式防毒面具（半面罩）。
眼睛防护	一般不需要特殊防护。高浓度接触时，可戴化学安全防护眼镜。
手 防 护	戴橡胶耐油手套。
身体防护	穿防静电工作服。
其他防护	采用防爆型照明、通风设施。禁止使用易产生火花的机械设备和工具。

戴过滤式防毒面具（半面罩）

戴化学安全防护眼镜

戴橡胶耐油手套

穿防静电工作服

事故响应

皮肤接触	立即脱去污染的衣着，用肥皂水和清水彻底冲洗皮肤。就医。
眼睛接触	提起眼睑，用流动清水或生理盐水冲洗。如有不适感，就医。
吸 入	迅速脱离现场至空气新鲜处。保持呼吸道通畅。如呼吸困难，给输氧。如呼吸、心跳停止，立即进行心肺复苏术。就医。
食 入	饮水，禁止催吐。如有不适感，就医。

应急处理

消防措施	有害燃烧产物为一氧化碳。用泡沫、干粉、二氧化碳、砂土灭火。用水灭火无效。消防人员必须佩戴空气呼吸器，穿全身防火防毒服，在上风向灭火。尽可能将容器从火场移至空旷处。容器突然发出异常声音或出现异常现象，应立即撤离。
泄漏处理	消除所有点火源。建议应急处理人员戴正压自给式呼吸器，穿防静电服，戴橡胶耐油手套。作业时使用的所有设备应接地。禁止接触或跨越泄漏物。尽可能切断泄漏源。小量泄漏：用砂土或其他不燃材料吸收。使用洁净的无火花工具收集吸收材料。大量泄漏：构筑围堤或挖坑收容。用泡沫覆盖，减少蒸发。

安全存储

储存于阴凉、通风的库房。远离火种、热源。库温不宜超过37℃。保持容器密封。应与氧化剂分开存放，切忌混储。

废物处置

建议用焚烧法处置。

中文名称:**甲基肼**　　英文名称:methylhydrazine

CAS 登记号:60-34-4　　RTECS 号:MV5600000

化学式:CH_3NHNH_2　　相对分子质量:46.09

最高容许浓度	危险性类别	危险标识
MAC:0.08 mg/m^3	剧毒液体;易燃液体	 剧毒液体  易燃液体

理化性质

闪点:-8.3℃ (CC)	熔点:-52.4℃	沸点:87.5℃
相对密度($d_{水}$=1):0.874	相对蒸气密度($d_{空气}$=1):1.6	爆炸极限:2.5%~97%

预防措施

呼吸防护	正常工作情况下,佩戴过滤式防毒面具(半面罩)。紧急事态抢救或撤离时,佩戴空气呼吸器。	 戴过滤式防毒面具(半面罩)  戴化学安全防护眼镜  戴橡胶耐油手套  穿实验室工作服
眼睛防护	戴化学安全防护眼镜。	
手 防 护	戴橡胶耐油手套。	
身体防护	穿实验室工作服。	
其他防护	采用防爆型照明、通风设施。禁止使用易产生火花的机械设备和工具。	

事故响应

皮肤接触	立即脱去污染的衣着,用大量流动清水冲洗 20~30 min。如有不适感,就医。
眼睛接触	立即提起眼睑,用大量流动清水或生理盐水彻底冲洗 10~15 min。如有不适感,就医。
吸　　入	迅速脱离现场至空气新鲜处。保持呼吸道通畅。如呼吸困难,给输氧。如呼吸、心跳停止,立即进行心肺复苏术。就医。
食　　入	漱口,饮足量温水,禁止催吐。就医。

应急处理

消防措施	用抗溶性泡沫、干粉、二氧化碳、砂土灭火。消防人员须佩戴空气呼吸器,穿全身防火防毒服,在上风向灭火。容器突然发出异常声音或出现异常现象,应立即撤离。遇大火,消防人员须在有防爆掩蔽处操作。
泄漏处理	建议应急处理人员戴正压自给式呼吸器,穿防静电、防腐蚀、防毒服,戴橡胶耐油手套。小量泄漏:用砂土或其他不燃材料吸收。大量泄漏:构筑围堤或挖坑收容。

安全存储

储存于阴凉、通风良好的专用库房。远离火种、热源。包装要求密封,不可与空气接触。应与氧化剂、过氧化物、食用化学品分开存放,切忌混储。

废物处置

建议用焚烧法处置。焚烧炉排出的氮氧化氢通过洗涤器除去。

中文名称：**4-甲基-2-戊酮**　英文名称：4-methyl-2-pentanone

CAS 登记号：108-10-1　UN 编号：1245

化学式：$CH_3COCH_2CH(CH_3)_2$　相对分子质量：100.18

最高容许浓度 / 时量平均浓度	危险性类别	危险标识
未制定标准	易燃液体	 易燃液体

理化性质

闪点：14℃（CC）　熔点：-85℃　沸点：115.8℃

相对密度（$d_{水}$=1）：0.80（25℃）　相对蒸气密度（$d_{空气}$=1）：3.5　爆炸极限：1.4%~7.5%

预防措施

呼吸防护	空气中浓度超标时，佩戴过滤式防毒面具（半面罩）。
眼睛防护	可能接触其蒸气时，戴化学安全防护眼镜。
手 防 护	戴橡胶耐油手套。
身体防护	穿防静电工作服。
其他防护	采用防爆型照明、通风设施。禁止使用易产生火花的机械设备和工具。

戴过滤式防毒面具（半面罩）

戴化学安全防护眼镜

戴橡胶耐油手套

穿防静电工作服

事故响应

皮肤接触	脱去污染的衣着，用肥皂水和清水彻底冲洗皮肤。如有不适感，就医。
眼睛接触	提起眼睑，用流动清水或生理盐水冲洗。如有不适感，就医。
吸　　入	迅速脱离现场至空气新鲜处。保持呼吸道通畅。如呼吸困难，给输氧。如呼吸、心跳停止，立即进行心肺复苏术。就医。
食　　入	漱口，禁止催吐。就医。

应急处理

消防措施	用泡沫、干粉、二氧化碳、砂土灭火。消防人员须佩戴防毒面具、穿全身消防服，在上风向灭火。尽可能将容器从火场移至空旷处。喷水冷却火场容器，直至灭火结束。容器突然发出异常声音或出现异常现象，应立即撤离。
泄漏处理	消除所有点火源。建议应急处理人员戴正压自给式呼吸器，穿防静电服，戴橡胶耐油手套。小量泄漏：用砂土或其他不燃材料吸收。使用洁净的无火花工具收集吸收材料。大量泄漏：构筑围堤或挖坑收容。用泡沫覆盖，减少蒸发。

安全存储

储存于阴凉、通风的库房。远离火种、热源。保持容器密封。应与氧化剂、还原剂、碱类分开存放，切忌混储。

废物处置

用焚烧法处置。

中文名称:**甲硫醇**　　英文名称:methyl mercaptan

UN 编号:74-93-1　　RTECS 号:PB4375000

化学式:CH_3SH　　相对分子质量:48.11

时量平均浓度	危险性类别	危险标识
PC-TWA:1 mg/m^3	易燃气体;有毒气体	 易燃气体  有毒气体

理化性质

闪点:<-17.78℃	熔点:-123.1℃	沸点:6℃
相对密度($d_{水}$=1):0.9	相对蒸气密度($d_{空气}$=1):1.66	爆炸极限:3.9%~21.8%

预防措施

呼吸防护	空气中浓度超标时,建议佩戴过滤式防毒面具(半面罩)。
眼睛防护	戴化学安全防护眼镜。
手 防 护	戴乳胶手套。
身体防护	穿防静电工作服。
其他防护	采用防爆型照明、通风设施。禁止使用易产生火花的机械设备和工具。

戴过滤式防毒面具(半面罩)

戴化学安全防护眼镜

戴乳胶手套

穿防静电工作服

事故响应

皮肤接触	用大量流动清水冲洗。冻伤时:将患处浸泡于38~42℃的温水中复温。不要涂擦。不要使用热水或辐射热。使用清洁、干燥的敷料包扎。如有不适感,就医。
眼睛接触	提起眼睑,用流动清水或生理盐水冲洗。如有不适感,就医。
吸　　入	迅速脱离现场至空气新鲜处。保持呼吸道通畅。如呼吸困难,给输氧。如呼吸、心跳停止,立即进行心肺复苏术。就医。
食　　入	不会通过该途径接触。

应急处理

消防措施	切断气源。若不能切断气源,则不允许熄灭泄漏处的火焰。用雾状水、泡沫、干粉、二氧化碳灭火。消防人员须佩戴空气呼吸器,穿全身防火防毒服,在上风向灭火。尽可能将容器从火场移至空旷处。喷水冷却火场容器。
泄漏处理	建议应急处理人员戴正压自给式呼吸器,穿防静电服。液化气泄漏时,穿防静电服。喷雾状水抑制蒸气或改变蒸气云流向,避免水流接触泄漏物。禁止用水直接冲洗泄漏物或泄漏源。隔离泄漏区直至气体散尽。

安全存储

储存于阴凉、通风的易燃气体专用库房。远离火种、热源。库温不宜超过30℃。应与氧化剂、酸类、卤素分开存放,切忌混储。

废物处置

建议用焚烧法处置。焚烧炉排出的硫氧化物通过洗涤器除去。

中文名称:**甲醛溶液**	英文名称:formaldehyde solution
CAS 登记号:50–00–0	UN 编号:2209
化学式:HCHO	相对分子质量:30.03

最高容许浓度	危险性类别	危险标识
MAC:0.5 mg/m^3	其他腐蚀品	 其他腐蚀品

理化性质

闪点:83℃(CC)(37% 水溶液)	熔点:–92℃	沸点:–20℃
相对密度($d_{水}$=1):0.84	相对蒸气密度($d_{空气}$=1):1.03	爆炸极限:7.0%~73.0%

预防措施

呼吸防护	可能接触其蒸气时,建议佩戴过滤式防毒面具(全面罩)。紧急事态抢救或撤离时,佩戴空气呼吸器。
眼睛防护	呼吸防护中已做防护。
手 防 护	戴橡胶手套。
身体防护	穿橡胶耐酸碱服。
其他防护	采用防爆型照明、通风设施。禁止使用易产生火花的机械设备和工具。

戴过滤式防毒面具(全面罩)

戴空气呼吸器

戴橡胶手套

穿橡胶耐酸碱服

事故响应

皮肤接触	立即脱去污染衣着,用大量流动清水冲洗 20~30 min。就医。
眼睛接触	立即提起眼睑,用大量流动清水或生理盐水彻底冲洗 10~15 min。如有不适感,就医。
吸　　入	迅速脱离现场至空气新鲜处。保持呼吸道通畅。如呼吸困难,给输氧。如呼吸、心跳停止,立即进行心肺复苏术。就医。
食　　入	口服牛奶、醋酸胺水溶液。催吐,用稀氨水溶液洗胃。就医。

应急处理

消防措施	有害燃烧产物为一氧化碳。用雾状水、抗溶性泡沫、干粉、二氧化碳、砂土灭火。消防人员须佩戴防毒面具,穿全身消防服灭火。喷水冷却容器,尽可能将容器从火场移至空旷处。容器突然发出异常声音或出现异常现象,应立即撤离。
泄漏处理	消除所有点火源。建议应急处理人员戴正压自给式呼吸器,穿防腐蚀、防毒服,戴橡胶手套。作业时使用的所有设备应接地。小量泄漏:用砂土或其他不燃材料吸收。使用洁净的无火花工具收集吸收材料。大量泄漏:构筑围堤或挖坑收容。

安全存储

储存于阴凉、通风的库房。远离火种、热源。包装要求密封,不可与空气接触。应与氧化剂、酸类、碱类分开存放,切忌混储。

废物处置

用焚烧法处置。

中文名称:**甲酸**	英文名称:formic acid
CAS 登记号:64-18-6	RTECS 号:LQ4900000
化学式:HCOOH	相对分子质量:46.03

时量平均浓度	危险性类别	危险标识
PC-TWA:10 mg/m^3	酸性腐蚀品	 酸性腐蚀品

理化性质

闪点:69℃(CC);68.9℃(OC)	熔点:8.4℃	沸点:100.8℃
相对密度($d_{水}$=1):1.23	相对蒸气密度($d_{空气}$=1):1.59	爆炸极限:12.0%~57.0%

预防措施

呼吸防护	可能接触其蒸气时,必须佩戴过滤式防毒面具(全面罩)或长管面具。紧急事态抢救或撤离时,建议佩戴空气呼吸器。
眼睛防护	呼吸系统中已做防护。
手 防 护	戴橡胶耐酸碱手套。
身体防护	穿橡胶耐酸碱服。
其他防护	在通风橱内进行化学反应。实验室禁止吸烟和饮食。

戴过滤式防毒面具(全面罩)

戴空气呼吸器

戴橡胶耐酸碱手套

穿橡胶耐酸碱服

事故响应

皮肤接触	立即脱去污染衣着,用大量流动清水冲洗 20~30 min。就医。
眼睛接触	立即提起眼睑,用大量流动清水或生理盐水彻底冲洗 10~15 min。如有不适感,就医。
吸 入	迅速脱离现场至空气新鲜处。保持呼吸道通畅。如呼吸困难,给输氧。如呼吸、心跳停止,立即进行心肺复苏术。就医。
食 入	用水漱口,给饮牛奶或蛋清。禁止催吐。就医。

应急处理

消防措施	可燃,有害燃烧产物为一氧化碳。用抗溶性泡沫、干粉、二氧化碳灭火。消防人员须佩戴空气呼吸器,穿全身耐酸碱消防服灭火。喷水冷却火场容器。容器突然发出异常声音或出现异常现象,应立即撤离。用水喷淋保护堵漏的人员。
泄漏处理	消除所有点火源。建议应急处理人员戴正压自给式呼吸器,穿防腐蚀、防毒服,戴橡胶耐酸碱手套。小量泄漏:用干燥的砂土或其他不燃材料吸收或覆盖,收集于容器中。大量泄漏:构筑围堤或挖坑收容。

安全存储

储存于阴凉、通风的库房。远离火种、热源。库温不超过32℃,相对湿度不超过85%。保持容器密封。应与氧化剂、碱类、活性金属粉末分开存放,切忌混储。

废物处置

用焚烧法处置。

中文名称:**甲酸乙酯**	英文名称:ethyl formate
CAS 登记号:109-94-4	RTECS 号:LQ8400000
化学式:$HCOOC_2H_5$	相对分子质量:74.09

最高容许浓度 / 时量平均浓度	危险性类别	危险标识
未制定标准	高度易燃液体	 高度易燃液体

理化性质

闪点:-20℃(CC)	熔点:-80℃	沸点:54.3℃
相对密度($d_{水}$=1):0.92	相对蒸气密度($d_{空气}$=1):2.55	爆炸极限:2.7%~16.5%

预防措施

呼吸防护	空气中浓度超标时,应该佩戴过滤式防毒面具(半面罩)。紧急事态抢救或撤离时,建议佩戴空气呼吸器。
眼睛防护	戴化学安全防护眼镜。
手 防 护	戴橡胶耐油手套。
身体防护	穿防静电工作服。
其他防护	采用防爆型照明、通风设施。禁止使用易产生火花的机械设备和工具。

戴过滤式防毒面具(半面罩)

戴化学安全防护眼镜

戴橡胶耐油手套

穿防静电工作服

事故响应

皮肤接触	脱去污染的衣着,用肥皂水和清水彻底冲洗皮肤。就医。
眼睛接触	提起眼睑,用流动清水或生理盐水冲洗。如有不适感,就医。
吸　　入	迅速脱离现场至空气新鲜处。保持呼吸道通畅。如呼吸困难,给输氧。如呼吸、心跳停止,立即进行心肺复苏术。就医。
食　　入	饮水,禁止催吐。如有不适感,就医。

应急处理

消防措施	极易燃,有害燃烧产物为一氧化碳。用泡沫、干粉、二氧化碳、砂土灭火。消防人员须佩戴防毒面具,穿全身消防服灭火。喷水冷却火场容器,直至灭火结束。容器突然发出异常声音或出现异常现象,应立即撤离。用水灭火无效。
泄漏处理	消除所有点火源。根据液体流动和蒸气扩散的影响区域划定警戒区,无关人员从侧风、上风向撤离至安全区。建议应急处理人员戴正压自给式呼吸器,穿防静电服,戴橡胶耐油手套。小量泄漏:用砂土或其他不燃材料吸收。使用洁净的无火花工具收集吸收材料。大量泄漏:构筑围堤或挖坑收容。用抗溶性泡沫覆盖,减少蒸发。

安全存储

储存于阴凉、干燥、通风良好的库房。远离火种、热源。库温不宜超过 29℃。保持容器密封。应与氧化剂、碱类分开存放,切忌混储。

废物处置

用焚烧法处置。

中文名称：**甲酸异丁酯**　　英文名称：isobutyl formate

CAS 登记号：542-55-2

化学式：$HCOOCH_2CH(CH_3)_2$　　相对分子质量：102.15

最高容许浓度 / 时量平均浓度	危险性类别	危险标识
未制定标准	易燃液体	 易燃液体

理化性质

闪点：4℃　　熔点：-95.8℃　　沸点：98.4℃

相对密度（$d_{水}$=1）：0.89　　相对蒸气密度（$d_{空气}$=1）：3.52　　爆炸极限：1.7%~8%

预防措施

呼吸防护	可能接触其蒸气时，应该佩戴过滤式防毒面具（全面罩）。紧急事态抢救或撤离时，建议佩戴空气呼吸器。
眼睛防护	呼吸防护中已做防护。
手 防 护	戴橡胶耐油手套。
身体防护	穿实验室工作服。
其他防护	采用防爆型照明、通风设施。禁止使用易产生火花的机械设备和工具。

戴过滤式防毒面具（全面罩）

戴空气呼吸器

戴橡胶耐油手套

穿实验室工作服

事故响应

皮肤接触	立即脱去污染的衣着，用大量流动清水冲洗 20~30 min。如有不适感，就医。
眼睛接触	立即提起眼睑，用大量流动清水或生理盐水彻底冲洗 10~15 min。如有不适感，就医。
吸　　入	迅速脱离现场至空气新鲜处。保持呼吸道通畅。如呼吸困难，给输氧。如呼吸、心跳停止，立即进行心肺复苏术。就医。
食　　入	饮水，禁止催吐。如有不适感，就医。

应急处理

消防措施	易燃，有害燃烧产物为一氧化碳。用泡沫、干粉、二氧化碳、砂土灭火。消防人员须佩戴空气呼吸器，穿全身防火防毒服灭火。喷水冷却火场容器，直至灭火结束。容器突然发出异常声音或出现异常现象，应立即撤离。
泄漏处理	消除所有点火源。建议应急处理人员戴正压自给式呼吸器，穿防毒、防静电服，戴橡胶耐油手套。小量泄漏：用砂土或其他不燃材料吸收。使用洁净的无火花工具收集吸收材料。大量泄漏：构筑围堤或挖坑收容。用抗溶性泡沫覆盖，减少蒸发。

安全存储

储存于阴凉、通风的库房。远离火种、热源。库温不宜超过 37℃。保持容器密封。应与氧化剂、酸类、碱类分开存放，切忌混储。

废物处置

建议用焚烧法处置。

中文名称：**甲烷**　　英文名称：methane

CAS 登记号：74-82-8　　RTECS 号：PA1490000

化学式：CH_4　　相对分子质量：16.05

最高容许浓度 / 时量平均浓度	危险性类别	危险标识
未制定标准	易燃气体	 易燃气体

理化性质

闪点：-218℃　　熔点：-182.6℃　　沸点：-161.4℃

相对密度（$d_{水}$=1）：0.42（-164℃）　　相对蒸气密度（$d_{空气}$=1）：0.6　　爆炸极限：5%~15%

预防措施

呼吸防护	一般不需要特殊防护。特殊情况下，建议佩戴过滤式防毒面具(半面罩)。
眼睛防护	一般不需要特殊防护。高浓度接触时，可戴化学安全防护眼镜。
手 防 护	戴乳胶手套。
身体防护	穿防静电工作服。
其他防护	采用防爆型照明、通风设施。禁止使用易产生火花的机械设备和工具。

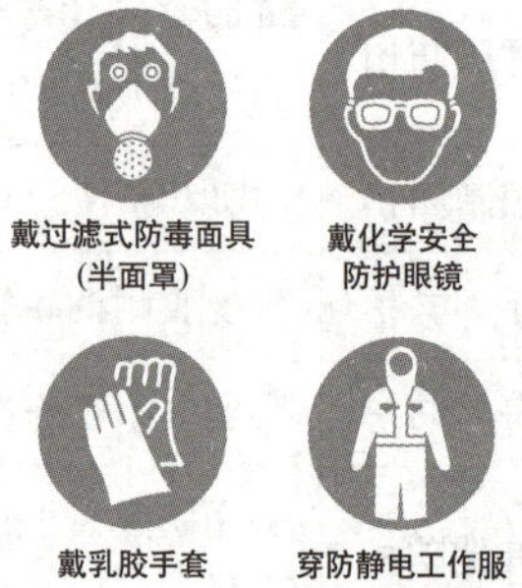

事故响应

皮肤接触	冻伤时：将患处浸泡于 38~42℃的温水中复温。不要涂擦。不要使用热水或辐射热。使用清洁、干燥的敷料包扎。就医。
眼睛接触	不会通过该途径接触。
吸　　入	迅速脱离现场至空气新鲜处。保持呼吸道通畅。如呼吸困难，给输氧。如呼吸、心跳停止，立即进行心肺复苏术。就医。
食　　入	不会通过该途径接触。

应急处理

消防措施	易燃，有害燃烧产物为一氧化碳。用雾状水、泡沫、干粉、二氧化碳灭火。切断气源。若不能切断气源，则不允许熄灭泄漏处的火焰。消防人员须佩戴空气呼吸器，穿全身防火防毒服灭火。喷水冷却火场容器，直至灭火结束。
泄漏处理	消除所有点火源。建议应急处理人员戴正压自给式呼吸器，穿防静电服。若可能翻转容器，使之逸出气体而非液体。禁止用水直接冲洗泄漏物或泄漏源。隔离泄漏区直至气体散尽。

安全存储

钢瓶装本品。储存于阴凉、通风的易燃气体专用库房。远离火种、热源。库温不宜超过 30℃。应与氧化剂等分开存放，切忌混储。

废物处置

建议用焚烧法处置。

中文名称：**间苯二胺**　　英文名称：1,3-diaminobenzene

CAS 登记号：108-45-2　　RTECS 号：SS7700000

化学式：$C_6H_4(NH_2)_2$　　相对分子质量：108.16

最高容许浓度 / 时量平均浓度	危险性类别	危险标识
未制定标准	毒害品	 毒害品

理化性质

闪点：138℃	熔点：63℃	沸点：282~287℃
相对密度（$d_{水}$=1）：0.73	相对蒸气密度（$d_{空气}$=1）：2.1	爆炸极限：2.0%~10.1%

预防措施

呼吸防护	空气中浓度超标时，建议佩戴过滤式防毒面具（半面罩）。紧急事态抢救或撤离时，必须佩戴空气呼吸器。	 戴过滤式防毒面具（半面罩）  戴化学安全防护眼镜  戴乳胶手套  穿防静电工作服
眼睛防护	一般不需要特殊防护。高浓度接触时，可戴化学安全防护眼镜。	
手 防 护	戴乳胶手套。	
身体防护	穿防静电工作服。	
其他防护	采用防爆型照明、通风设施。禁止使用易产生火花的机械设备和工具。	

事故响应

皮肤接触	脱去污染的衣着，用肥皂水和清水彻底冲洗皮肤。如有不适感，就医。
眼睛接触	提起眼睑，用流动清水或生理盐水冲洗。如有不适感，就医。
吸　　入	迅速脱离现场至空气新鲜处。保持呼吸道通畅。如呼吸困难，给输氧。如呼吸、心跳停止，立即进行心肺复苏术。就医。
食　　入	饮足量温水，催吐。就医。

应急处理

消防措施	燃烧分解，放出有毒烟气。消防人员须佩戴空气呼吸器，穿全身防火防毒服，在上风向灭火。尽可能将容器从火场移至空旷处。喷水保持火场容器冷却，直至灭火结束。
泄漏处理	建议应急处理人员戴防尘口罩，穿防毒服，戴橡胶手套。用塑料布覆盖泄漏物，减少飞散。勿使水进入包装容器内。用洁净的铲子收集泄漏物，置于干燥、干净、盖子较松的容器内。

安全存储

储存于阴凉、通风的库房。远离火种、热源。包装密封。应与氧化剂、酸类、食用化学品分开存放，切忌混储。配备相应品种和数量的消防器材。

废物处置

建议用焚烧法处置。焚烧炉排出的氮氧化物通过洗涤器除去。

中文名称：**间苯二酚**　　英文名称：resorcinol

CAS 登记号：108-46-3

化学式：$C_6H_4(OH)_2$　　相对分子质量：110.12

时量平均浓度	危险性类别	危险标识
PC-TWA：20 mg/m^3	毒害品	

理化性质

闪点：127℃	熔点：110.7℃	沸点：276.5℃
相对密度（$d_{水}$=1）：1.27	相对蒸气密度（$d_{空气}$=1）：3.79	爆炸极限：1.4%~9.8%

预防措施

呼吸防护	空气中粉尘浓度超标时，佩戴过滤式防尘呼吸器。紧急事态抢救或撤离时，应佩戴空气呼吸器。
眼睛防护	戴化学安全防护眼镜。
手 防 护	戴橡胶手套。
身体防护	穿实验室工作服。
其他防护	在通风橱内进行化学反应。实验室禁止吸烟和饮食。

事故响应

皮肤接触	立即脱去污染的衣着，用大量流动清水彻底冲洗。冲洗后即用浸过 30%~50% 酒精的棉花反复擦拭（注意不能将患处浸泡于酒精溶液中），也可用浸过聚乙二醇 -300 或聚乙二醇和甲基化酒精混合液（2∶1）的棉花擦拭，然后用水彻底清洗。就医。
眼睛接触	立即提起眼睑，用大量流动清水或生理盐水彻底冲洗 10~15 min。如有不适感，就医。
吸　　入	迅速脱离现场至空气新鲜处。保持呼吸道通畅。如呼吸困难，给输氧。如呼吸、心跳停止，立即进行心肺复苏术。就医。
食　　入	立即给饮植物油 15~30 mL。催吐。口服活性炭悬液，导泻。就医。

应急处理

消防措施	用雾状水、抗溶性泡沫、干粉、二氧化碳、砂土灭火。消防人员须佩戴空气呼吸器，穿全身防火防毒服灭火。
泄漏处理	建议应急处理人员戴防尘口罩，穿一般作业工作服，戴橡胶手套。用洁净的铲子收集泄漏物，置于干燥、干净、盖子较松的容器内，将容器移离泄漏区。

安全存储

储存于阴凉、通风的库房。远离火种、热源。库温不超过 35℃，相对湿度不超过 80%。包装要求密封，不可与空气接触。应与氧化剂、酸类、碱类、食用化学品分开存放，切忌混储。配备相应品种和数量的消防器材。

废物处置

用焚烧法处置。与碳酸氢钠、固体易燃物充分接触后，再焚烧。

中文名称：**间苯三酚**　　英文名称：phloroglucinol

CAS 登记号：108-73-6

化学式：$C_6H_3(OH)_3$　　相对分子质量：126.12

最高容许浓度 / 时量平均浓度	危险性类别	危险标识
未制定标准	毒害品	 毒害品

理化性质

闪点：无意义	熔点：218℃	沸点：升华
相对密度（$d_{水}$=1）：1.46	相对蒸气密度（$d_{空气}$=1）：4.3	爆炸极限：无资料

预防措施

呼吸防护	空气中粉尘浓度超标时，佩戴过滤式防尘呼吸器。紧急事态抢救或撤离时，应该佩戴空气呼吸器。
眼睛防护	戴化学安全防护眼镜。
手 防 护	戴橡胶手套。
身体防护	穿实验室工作服。
其他防护	在通风橱内进行化学反应。实验室禁止吸烟和饮食。

事故响应

皮肤接触	立即脱去污染的衣着，用大量流动清水彻底冲洗。就医。
眼睛接触	立即提起眼睑，用大量流动清水或生理盐水彻底冲洗。如有不适感，就医。
吸　　入	迅速脱离现场至空气新鲜处。保持呼吸道通畅。如呼吸困难，给输氧。如呼吸、心跳停止，立即进行心肺复苏术。就医。
食　　入	饮足量温水，催吐。就医。

应急处理

消防措施	用雾状水、泡沫、干粉、二氧化碳、砂土灭火。消防人员须佩戴空气呼吸器，穿全身防火防毒服灭火。尽可能将容器从火场移至空旷处。喷水冷却火场容器，直至灭火结束。
泄漏处理	隔离泄漏污染区，限制出入。建议应急处理人员戴防尘口罩，穿防毒服，戴橡胶手套。穿上适当的防护服前严禁接触破裂的容器和泄漏物。尽可能切断泄漏源。勿使水进入包装容器中。用洁净的铲子收集泄漏物，置于干燥、干净、盖子较松的容器内，将容器移离泄漏区。

安全存储

储存于阴凉、通风的库房。远离火种、热源。包装要求密封，不可与空气接触。应与氧化剂、酸类、食用化学品分开存放，切忌混储。配备相应品种和数量的消防器材。

废物处置

建议用焚烧法处置。

中文名称:**间甲酚**	英文名称:m-cresol
CAS 登记号:108-39-4	RTECS 号:GO6125000
化学式:$CH_3C_6H_4OH$	相对分子质量:108.15

时量平均浓度	危险性类别	危险标识
PC-TWA:10 mg/m^3	毒害品	 毒害品

理化性质

闪点:86℃(CC)	熔点:12℃	沸点:202.8℃
相对密度($d_{水}$=1):1.03	相对蒸气密度($d_{空气}$=1):3.72	爆炸极限:1.1%~7.6%

预防措施

呼吸防护	空气中粉尘浓度超标时,应该佩戴过滤式防尘呼吸器。可能接触其蒸气时,应该佩戴过滤式防毒面具(全面罩)。
眼睛防护	戴化学安全防护眼镜。
手 防 护	戴橡胶手套。
身体防护	穿实验室工作服。
其他防护	在通风橱内进行化学反应。实验室禁止吸烟和饮食。

戴过滤式防尘呼吸器

戴化学安全防护眼镜

戴橡胶手套

穿实验室工作服

事故响应

皮肤接触	立即脱去污染的衣着,用大量流动清水彻底冲洗。冲洗后即用浸过 30%~50% 酒精的棉花反复擦拭(注意不能将患处浸泡于酒精溶液中),也可用浸过聚乙二醇 -300 或聚乙二醇和甲基化酒精混合液(2∶1)的棉花擦拭,然后用水彻底清洗。就医。
眼睛接触	立即提起眼睑,用大量流动清水或生理盐水彻底冲洗 10~15 min。如有不适感,就医。
吸 入	迅速脱离现场至空气新鲜处。保持呼吸道通畅。如呼吸困难,给输氧。如呼吸、心跳停止,立即进行心肺复苏术。就医。
食 入	立即给饮植物油 15~30 mL。口服活性炭悬液,导泻。就医。

应急处理

消防措施	用雾状水、泡沫、干粉、二氧化碳、砂土灭火。消防人员须佩戴空气呼吸器,穿全身防火防毒服灭火。
泄漏处理	建议应急处理人员戴正压自给式呼吸器,穿防腐蚀、防毒服,戴橡胶手套。小量泄漏:用干燥的砂土或其他不燃材料吸收或覆盖,收集于容器中。大量泄漏:构筑围堤或挖坑收容。

安全存储

储存于阴凉、通风的库房。远离火种、热源。库温不超过 32℃,相对湿度不超过 80%。包装要求密封,不可与空气接触。应与氧化剂、碱类、食用化学品分开存放,切忌混储。配备相应品种和数量的消防器材。

废物处置

用焚烧法处置。

中文名称:**间硝基苯胺**	英文名称:3-nitroaniline
CAS 登记号:99-09-2	RTECS 号:BY6825000
化学式:$NO_2C_6H_4NH_2$	相对分子质量:138.14

最高容许浓度 / 时量平均浓度	危险性类别	危险标识
未制定标准	毒害品	 毒害品

理化性质

闪点:199.2℃	熔点:112~114℃	沸点:306℃(分解)
相对密度($d_{水}$=1):1.42	相对蒸气密度($d_{空气}$=1):无资料	爆炸极限:无资料

预防措施

呼吸防护	空气中粉尘浓度超标时,佩戴过滤式防尘呼吸器。紧急事态抢救或撤离时,应该佩戴空气呼吸器。
眼睛防护	戴化学安全防护眼镜。
手 防 护	戴橡胶手套。
身体防护	穿实验室工作服。
其他防护	在通风橱内进行化学反应。实验室禁止吸烟和饮食。

事故响应

皮肤接触	脱去污染的衣着,用肥皂水和清水彻底冲洗皮肤。如有不适感,就医。
眼睛接触	提起眼睑,用流动清水或生理盐水冲洗。如有不适感,就医。
吸 入	迅速脱离现场至空气新鲜处。保持呼吸道通畅。如呼吸困难,给输氧。如呼吸、心跳停止,立即进行心肺复苏术。就医。
食 入	饮足量温水,催吐。就医。

应急处理

消防措施	用泡沫、干粉、二氧化碳灭火。消防人员须佩戴空气呼吸器,穿全身防火防毒服,在上风向灭火。尽可能将容器从火场移至空旷处。喷水冷却火场容器,直至灭火结束。
泄漏处理	隔离泄漏污染区,限制出入。消除所有点火源。建议应急处理人员戴防尘口罩,穿防毒服,戴橡胶手套。穿上适当的防护服前严禁接触破裂的容器和泄漏物。尽可能切断泄漏源。用塑料布覆盖泄漏物,减少飞散。勿使水进入包装容器中。用洁净的铲子收集泄漏物,置于干燥、干净、盖子较松的容器内,将容器移离泄漏区。

安全存储

储存于阴凉、通风的库房。远离火种、热源。包装密封。应与氧化剂、还原剂、酸类、食用化学品分开存放,切忌混储。配备相应品种和数量的消防器材。储区应备有合适的材料收容泄漏物。

废物处置

建议用焚烧法处置。焚烧炉排出的氮氧化物通过洗涤器除去。

中文名称:**间硝基苯酚**	英文名称:*m*-nitrophenol
CAS 登记号:554-84-7	
化学式:$NO_2C_6H_4OH$	相对分子质量:139.12

最高容许浓度 / 时量平均浓度	危险性类别	危险标识
未制定标准	毒害品	 毒害品

理化性质

闪点:无意义	熔点:96~97℃	沸点:194℃ (9.33 KPa)
相对密度($d_{水}$=1):1.49(20℃)	相对蒸气密度($d_{空气}$=1):无资料	爆炸极限:无资料

预防措施

呼吸防护	空气中粉尘浓度超标时,佩戴过滤式防尘呼吸器。紧急事态抢救或撤离时,应该佩戴空气呼吸器。
眼睛防护	戴化学安全防护眼镜。
手 防 护	戴橡胶手套。
身体防护	穿实验室工作服。
其他防护	采用防爆型照明、通风设施。禁止使用易产生火花的机械设备和工具。

事故响应

皮肤接触	立即脱去污染的衣着,用大量流动清水彻底冲洗。冲洗后即用浸过 30%~50% 酒精的棉花反复擦拭(注意不能将患处浸泡于酒精溶液中),也可用浸过聚乙二醇 -300 或聚乙二醇和甲基化酒精混合液(2∶1)的棉花擦拭,然后用水彻底清洗。就医。
眼睛接触	立即提起眼睑,用大量流动清水或生理盐水彻底冲洗 10~15 min。如有不适感,就医。
吸　　入	迅速脱离现场至空气新鲜处。保持呼吸道通畅。如呼吸困难,给输氧。如呼吸、心跳停止,立即进行心肺复苏术。就医。
食　　入	立即给饮植物油 15~30 mL。催吐。口服活性炭悬液,导泻。就医。

应急处理

消防措施	用泡沫、雾状水、二氧化碳、砂土灭火。消防人员须佩戴空气呼吸器,穿全身防火防毒服,在上风向灭火。尽可能将容器从火场移至空旷处。喷水冷却火场容器,直至灭火结束。
泄漏处理	建议应急处理人员戴防尘口罩,穿防毒服,戴橡胶手套。尽可能切断泄漏源。用洁净的铲子收集泄漏物,置于干燥、干净、盖子较松的容器内,将容器移离泄漏区。

安全存储

储存于阴凉、通风的库房。远离火种、热源。包装密封。应与氧化剂、还原剂、碱类、食用化学品分开存放,切忌混储。

废物处置

用控制焚烧法处置。焚烧炉排出的氮氧化物通过洗涤器除去。

中文名称：**酒石酸锑钾**　　英文名称：antimony potassium

CAS 登记号：28300-74-5

化学式：$C_8H_4K_2O_{12}Sb_2 \cdot 3H_2O$　　相对分子质量：667.86

最高容许浓度 / 时量平均浓度	危险性类别	危险标识
无资料	毒害品	 毒害品

理化性质

闪点：无资料　　熔点：323~325℃　　沸点：无资料

相对密度（$d_{水}=1$）：无资料　　相对蒸气密度（$d_{空气}=1$）：无资料　　爆炸极限：无资料

预防措施

呼吸防护	可能接触其粉尘时，应该佩戴自吸过滤式防尘口罩。紧急事态抢救或撤离时，建议佩戴自给式呼吸器。
眼睛防护	戴化学安全防护眼镜。
手 防 护	戴乳胶手套。
身体防护	穿实验室工作服。
其他防护	在通风橱内进行化学反应。实验室禁止吸烟和饮食。

事故响应

皮肤接触	脱去污染的衣着，用肥皂水和清水彻底冲洗皮肤。如有不适感，就医。
眼睛接触	提起眼睑，用流动清水或生理盐水冲洗。如有不适感，就医。
吸　　入	迅速脱离现场至空气新鲜处。保持呼吸道通畅。如呼吸困难，给输氧。如呼吸、心跳停止，立即进行心肺复苏术。就医。
食　　入	饮足量温水，催吐。洗胃。就医。

应急处理

消防措施	与酸类反应，放出有腐蚀性、刺激性的氢氟酸，能腐蚀玻璃。用大量水灭火。用雾状水驱散烟雾与刺激性气体。
泄漏处理	建议应急处理人员戴防尘面具（全面罩），穿防毒服。不要直接接触泄漏物。小量泄漏：避免扬尘，用洁净的铲子收集于干燥、洁净、有盖的容器中。大量泄漏：用塑料布、帆布覆盖，然后收集回收或运至废物处理场所处置。

安全存储

储存于阴凉、干燥、通风良好的库房。库温不超过 30℃，相对湿度不超过 80%。包装密封。应与酸类、食用化学品分开存放，切忌混储。储区应备有合适的材料收容泄漏物。

废物处置

根据国家和地方有关法规的要求处置。或与制造商联系，确定处置方法。

中文名称:**糠醛**	英文名称:furfural
CAS 登记号:98-01-1	UN 编号:1199
化学式:$C_5H_4O_2$	相对分子质量:96.09

时量平均浓度	危险性类别	危险标识
PC-TWA:5 mg/m^3	可燃液体;毒害品	 可燃液体  毒害品

理化性质

闪点:60℃(CC)	熔点:-36.5℃	沸点:161.8℃
相对密度($d_{水}$=1):1.16	相对蒸气密度($d_{空气}$=1):3.31	爆炸极限:2.1%~19.3%

预防措施

呼吸防护	可能接触其蒸气时,应该佩戴过滤式防毒面具(半面罩)。
眼睛防护	戴化学安全防护眼镜。
手 防 护	戴橡胶耐油手套。
身体防护	穿防静电工作服。
其他防护	采用防爆型照明、通风设施。禁止使用易产生火花的机械设备和工具。

戴过滤式防毒面具(半面罩)

戴化学安全防护眼镜

戴橡胶耐油手套

穿防静电工作服

事故响应

皮肤接触	立即脱去污染的衣着,用肥皂水和清水彻底冲洗皮肤。如有不适感,就医。
眼睛接触	立即提起眼睑,用大量流动清水或生理盐水彻底冲洗 10~15 min。如有不适感,就医。
吸 入	迅速脱离现场至空气新鲜处。保持呼吸道通畅。如呼吸困难,给输氧。如呼吸、心跳停止,立即进行心肺复苏术。就医。
食 入	漱口,大量饮水。如有不适感,就医。

应急处理

消防措施	用雾状水、泡沫、干粉、二氧化碳、砂土灭火。消防人员须佩戴空气呼吸器,穿全身防火防毒服,在上风向灭火。尽可能将容器从火场移至空旷处。喷水冷却火场容器,直至灭火结束。容器突然发出异常声音或出现异常现象,应立即撤离。
泄漏处理	建议应急处理人员戴正压自给式呼吸器,穿防静电、防腐蚀、防毒服,戴橡胶耐油手套。小量泄漏:用砂土或其他不燃材料吸收。使用洁净的无火花工具收集吸收材料。大量泄漏:构筑围堤或挖坑收容。用砂土、惰性物质或蛭石吸收大量液体。

安全存储

储存于阴凉、通风的库房。远离火种、热源。库温不宜超过 37℃。避光保存。包装要求密封,不可与空气接触。应与氧化剂、碱类、食用化学品分开存放,切忌混储。不宜大量储存或久存。

废物处置

用焚烧法处置。

中文名称:锂	英文名称:lithium
CAS 登记号:7439-93-2	RTECS 号:OJ5540000
化学式:Li	相对分子质量:6.94

最高容许浓度 / 时量平均浓度	危险性类别	危险标识
未制定标准	遇湿易燃固体;易制爆	 遇湿易燃固体 易制爆

理化性质

闪点:无意义	熔点:180.54℃	沸点:1 317~1 342℃
相对密度($d_{水}$=1):0.534(20℃)	相对蒸气密度($d_{空气}$=1):无资料	爆炸极限:无资料

危险特性:遇水可爆炸,不如钠活泼

预防措施

呼吸防护	一般不需要特殊防护。特殊情况下,建议佩戴抗冲击面罩。	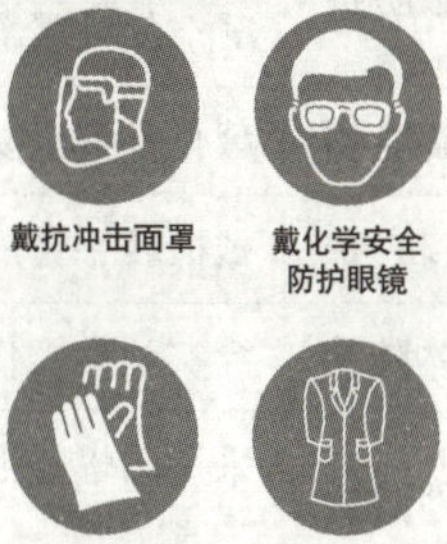 戴抗冲击面罩 戴化学安全防护眼镜 戴橡胶手套 穿实验室工作服
眼睛防护	戴化学安全防护眼镜。	
手 防 护	戴橡胶手套。	
身体防护	穿实验室工作服。	
其他防护	采用防爆型照明、通风设施。禁止使用易产生火花的机械设备和工具。	

事故响应

皮肤接触	立即脱去污染的衣着,用大量流动清水冲洗 20~30 min。如有不适感,就医。
眼睛接触	立即提起眼睑,用大量流动清水或生理盐水彻底冲洗 10~15 min。如有不适感,就医。
吸 入	迅速脱离现场至空气新鲜处。保持呼吸道通畅。如呼吸困难,给输氧。如呼吸、心跳停止,立即进行心肺复苏术。就医。
食 入	用水漱口。就医。

应急处理

消防措施	化学反应活性很高。用干燥石墨粉和干砂闷熄火苗,隔绝空气。消防人员须佩戴空气呼吸器,穿全身防火防毒服,在上风向灭火。尽可能将容器从火场移至空旷处。禁止使用水、泡沫或卤化物灭火剂。用二氧化碳和干粉灭火无效。
泄漏处理	严禁用水处理。消除所有点火源。建议应急处理人员戴防尘口罩,穿防静电、防腐蚀、防毒服,戴橡胶手套。禁止接触或跨越泄漏物。尽可能切断泄漏源。用干燥的砂土或其他不燃材料覆盖泄漏物,用塑料布覆盖,减少飞散,避免雨淋。

安全存储

储存于液体石蜡中,注意包装完整密封。储存于阴凉、干燥、通风良好的专用库房内。远离火种、热源。库温不超过 32℃,相对湿度不超过 75%。应与酸类、卤素等分开存放,切忌混储。储区应备有合适的材料收容泄漏物。

废物处置

用无水正丁醇破坏。

中文名称:**连二亚硫酸钠**	英文名称:sodium hydrosulfite
CAS 登记号:7775-14-6	UN 编号:1384
化学式:$Na_2S_2O_4$	相对分子质量:174.10

最高容许浓度/时量平均浓度	危险性类别	危险标识
未制定标准	自燃物品	 自燃物品

理化性质

闪点:无意义	熔点:52~55℃(分解)	沸点:130℃(分解)
相对密度($d_{水}$=1):2.1~2.2	相对蒸气密度($d_{空气}$=1):无资料	爆炸极限:无资料

预防措施

呼吸防护	可能接触其粉尘时,应该佩戴自吸过滤式防尘口罩。必要时,佩戴空气呼吸器。	
眼睛防护	戴化学安全防护眼镜。	
手 防 护	戴橡胶手套。	
身体防护	穿实验室工作服。	
其他防护	采用防爆型照明、通风设施。禁止使用易产生火花的机械设备和工具。	

事故响应

皮肤接触	脱去污染的衣着,用肥皂水和清水彻底冲洗皮肤。如有不适感,就医。
眼睛接触	提起眼睑,用流动清水或生理盐水冲洗。如有不适感,就医。
吸　　入	迅速脱离现场至空气新鲜处。保持呼吸道通畅。如呼吸困难,给输氧。如呼吸、心跳停止,立即进行心肺复苏术。就医。
食　　入	漱口,催吐。就医。

应急处理

消防措施	用干粉、二氧化碳、砂土灭火。消防人员须佩戴防毒面具,穿全身消防服,在上风向灭火。尽可能将容器从火场移至空旷处。喷水冷却火场容器,直至灭火结束。禁止用水、泡沫或酸碱灭火剂灭火。
泄漏处理	严禁用水处理。隔离泄漏污染区,限制出入。消除所有点火源。建议应急处理人员戴防尘口罩,穿防静电、防毒服,戴乳胶手套。禁止接触或跨越泄漏物。保持泄漏物干燥。用干燥的砂土或其他不燃材料覆盖泄漏物,然后用塑料布覆盖,减少飞散,避免雨淋。用洁净的无火花工具收集泄漏物,置于一盖子较松的塑料容器中,待处置。

安全存储

储存于阴凉、通风的库房。包装要求密封,不可与空气接触。应与氧化剂、酸类、易(可)燃物分开存放,切忌混储。储区应备有合适的材料收容泄漏物。

废物处置

根据国家和地方有关法规的要求处置。或与制造商联系,确定处置方法。

中文名称:**磷化铝**　　英文名称:aluminium phosphide

CAS 登记号:20859-73-8　　RTECS 号:BD1400000

化学式:AlP　　相对分子质量:57.95

最高容许浓度 / 时量平均浓度	危险性类别	危险标识
未制定标准	遇湿易燃物品	 遇湿易燃物品

理化性质

闪点:无资料	熔点:2 550℃	沸点:升华
相对密度($d_{水}$=1):2.85(15℃)	相对蒸气密度($d_{空气}$=1):4.1	爆炸极限:无资料

预防措施

呼吸防护	作业时,应该佩戴过滤式防尘呼吸器。空气中浓度较高时,建议佩戴空气呼吸器。	 戴过滤式防尘呼吸器  戴化学安全防护眼镜
眼睛防护	戴化学安全防护眼镜。	
手　防　护	戴橡胶手套。	 戴橡胶手套  穿实验室工作服
身体防护	穿实验室工作服。	
其他防护	在通风橱内进行化学反应。实验室禁止吸烟和饮食。	

事故响应

皮肤接触	脱去污染的衣着,用肥皂水和清水彻底冲洗皮肤。如有不适感,就医。
眼睛接触	提起眼睑,用流动清水或生理盐水冲洗。如有不适感,就医。
吸　　入	迅速脱离现场至空气新鲜处。保持呼吸道通畅。如呼吸困难,给输氧。如呼吸、心跳停止,立即进行心肺复苏术。就医。
食　　入	催吐。就医。

应急处理

消防措施	用干粉或干燥砂土灭火。消防人员须穿全身防火防毒服,在上风向灭火。尽可能将容器从火场移至空旷处。喷水冷却火场容器,直至灭火结束。禁止用水、泡沫或酸碱灭火剂灭火。
泄漏处理	严禁用水处理。隔离泄漏污染区,限制出入。消除所有点火源。建议应急处理人员戴防尘口罩,穿防静电服,戴乳胶手套。禁止接触或跨越泄漏物。尽可能切断泄漏源。保持泄漏物干燥。小量泄漏:用干燥的砂土或其他不燃材料覆盖泄漏物,然后用塑料布覆盖,减少飞散,避免雨淋。粉末泄漏:用塑料布或帆布覆盖泄漏物,减少飞散,保持干燥。在专家指导下清除。

安全存储

储存于阴凉、干燥、通风良好的专用库房。远离火种、热源。库温不宜超过 32℃,相对湿度不超过 75%。包装要求密封,不可与空气接触。应与氧化剂、酸类、食用化学品等分开存放,切忌混储。储区应备有合适的材料收容泄漏物。

废物处置

根据国家和地方有关法规的要求处置。或与制造商联系,确定处置方法。

中文名称:**磷化氢**	英文名称:hydrogen phosphide
CAS 登记号:7803-51-2	RTECS 号:SY7525000
化学式:PH_3	相对分子质量:34.00

最高容许浓度	危险性类别	危险标识
MAC:0.3 mg/m^3	剧毒气体	 剧毒气体

理化性质

闪点:-88℃	熔点:-133℃	沸点:-87.7℃
相对密度($d_{水}$=1):0.8	相对蒸气密度($d_{空气}$=1):1.17	爆炸极限:1.8%~98%

预防措施

呼吸防护	正常工作情况下,佩戴过滤式防毒面具(半面罩)。紧急事态抢救或撤离时,建议佩戴空气呼吸器。
眼睛防护	戴化学安全防护眼镜。
手 防 护	戴橡胶手套。
身体防护	穿实验室工作服。
其他防护	采用防爆型照明、通风设施。禁止使用易产生火花的机械设备和工具。

戴过滤式防毒面具(半面罩)

戴化学安全防护眼镜

戴橡胶手套

穿实验室工作服

事故响应

皮肤接触	冻伤时,将患处浸泡于38~42℃的温水中复温,不要涂擦。不要使用热水或辐射热。使用清洁、干燥的敷料包扎。就医。
眼睛接触	提起眼睑,用流动清水或生理盐水冲洗。如有不适感,就医。
吸 入	迅速脱离现场至空气新鲜处。保持呼吸道通畅。如呼吸困难,给输氧。如呼吸、心跳停止,立即进行心肺复苏术。就医。
食 入	不会通过该途径接触。

应急处理

消防措施	用雾状水、泡沫、干粉、二氧化碳灭火。切断气源。若不能切断气源,则不允许熄灭泄漏处的火焰。消防人员须佩戴空气呼吸器,穿全身防火防毒服,在上风向灭火。尽可能将容器从火场移至空旷处。
泄漏处理	消除所有点火源。建议应急处理人员穿内置正压自给式呼吸器的全封闭防化服。如果是液化气体泄漏,还应注意防冻伤。避免水流接触泄漏物。禁止用水直接冲洗泄漏物或泄漏源。

安全存储

储存于阴凉、通风的有毒气体专用库房。实行“双人收发、双人保管”制度。远离火种、热源。库温不宜超过30℃。应与氧化剂、食用化学品分开存放,切忌混储。储区应备有泄漏应急处理设备。

废物处置

根据国家和地方有关法规的要求处置。或与制造商联系,确定处置方法。

中文名称:**磷酸**	英文名称:phosphoric acid
CAS 登记号:7664-38-2	RTECS 号:TB6300000
化学式:H_3PO_4	相对分子质量:98.00

时量平均浓度	危险性类别	危险标识
PC-TWA:1 mg/m^3	酸性腐蚀品	 酸性腐蚀品

理化性质

闪点:无意义	熔点:42.4℃(纯品)	沸点:260℃
相对密度($d_{水}$=1):1.87(纯品)	相对蒸气密度($d_{空气}$=1):3.38	爆炸极限:无意义

预防措施

呼吸防护	可能接触其蒸气时,须佩戴过滤式防毒面具(半面罩)。可能接触其粉尘时,建议佩戴过滤式防尘呼吸器。	 戴过滤式防毒面具(半面罩)  戴化学安全防护眼镜
眼睛防护	戴化学安全防护眼镜。	
手 防 护	戴橡胶耐酸碱手套。	 戴橡胶耐酸碱手套  穿橡胶耐酸碱服
身体防护	穿橡胶耐酸碱服。	
其他防护	在通风橱内进行化学反应。实验室禁止吸烟和饮食。	

事故响应

皮肤接触	立即脱去污染的衣着,用大量流动清水冲洗 20~30 min。如有不适感,就医。
眼睛接触	立即提起眼睑,用大量流动清水或生理盐水彻底冲洗 10~15 min。如有不适感,就医。
吸　　入	迅速脱离现场至空气新鲜处。保持呼吸道通畅。如呼吸困难,给输氧。如呼吸、心跳停止,立即进行心肺复苏术。就医。
食　　入	用水漱口,给饮牛奶或蛋清。禁止催吐。就医。

应急处理

消防措施	本品不燃,根据着火原因选择适当灭火剂灭火。消防人员须佩戴空气呼吸器,穿全身耐酸碱消防服灭火。尽可能将容器从火场移至空旷处。喷水保持火场容器冷却,直至灭火结束。
泄漏处理	建议应急处理人员戴防尘口罩,穿防酸碱服,戴橡胶耐酸碱手套。尽可能切断泄漏源。用塑料布覆盖泄漏物,减少飞散。勿使水进入包装容器。用洁净的铲子收集泄漏物,置于干燥、干净、盖子较松的容器内,将容器移离泄漏区。

安全存储

储存于阴凉、通风的库房。远离火种、热源。库温不宜超过 30℃,相对湿度不超过 80%。包装密封。应与易(可)燃物质、碱类、活性金属粉末分开存放,切忌混储。储区应备有合适的材料收容泄漏物。

废物处置

缓慢加入碱液 – 石灰水中,并不断搅拌,反应停止后,用大量水排入废水系统。

中文名称：**磷酸乙基汞**　　　　英文名称：ethylmercury phosphate

CAS 登记号：2235-25-8

化学式：$C_2H_7HgPO_4$　　　　相对分子质量：326.65

时量平均浓度	危险性类别	危险标识
PC-TWA：0.01 mg/m^3	毒害品	 毒害品

理化性质

闪点：176℃	熔点：103℃	沸点：无资料
相对密度（$d_{水}$=1）：无资料	相对蒸气密度（$d_{空气}$=1）：无资料	爆炸极限：无资料

预防措施

呼吸防护	应该佩戴过滤式防尘呼吸器。必要时，佩戴空气呼吸器或长管面具。
眼睛防护	戴化学安全防护眼镜。
手 防 护	戴橡胶手套。
身体防护	穿实验室工作服。
其他防护	在通风橱内进行化学反应。实验室禁止吸烟和饮食。

事故响应

皮肤接触	脱去污染的衣着，用肥皂水和清水彻底冲洗皮肤。如有不适感，就医。
眼睛接触	提起眼睑，用流动清水或生理盐水冲洗。如有不适感，就医。
吸　　入	迅速脱离现场至空气新鲜处。保持呼吸道通畅。如呼吸困难，给输氧。如呼吸、心跳停止，立即进行心肺复苏术。就医。
食　　入	如患者神志清醒，催吐，洗胃。口服活性炭悬液，导泻。就医。

应急处理

消防措施	用水、泡沫、干粉、二氧化碳、砂土灭火。切断气源。消防人员须佩戴防毒面具，穿全身消防服，在上风向灭火。尽可能将容器从火场移至空旷处。
泄漏处理	消除所有点火源。建议应急处理人员戴防尘口罩，穿防毒服。尽可能切断泄漏源。用塑料布覆盖泄漏物，减少飞散。勿使水进入包装容器内。用洁净的铲子收集泄漏物，置于干燥、干净、盖子较松的容器内，将容器移离泄漏区。

安全存储

储存于阴凉、通风良好的专用库房。实行“双人收发、双人保管”制度。远离火种、热源。应与氧化剂、碱类、食用化学品分开存放，切忌混储。配备相应品种和数量的消防器材。储区应备有合适的材料收容泄漏物。

废物处置

根据国家和地方有关法规的要求处置。或与制造商联系，确定处置方法。

中文名称:**邻苯二胺**　　英文名称:*o*-phenylenediamine

CAS 登记号:95-54-5　　UN 编号:1673

化学式:$C_6H_4(NH_2)_2$　　相对分子质量:108.16

最高容许浓度 / 时量平均浓度	危险性类别	危险标识
未制定标准	毒害品	

理化性质

闪点:156℃(CC)　　熔点:102~104℃　　沸点:252~258℃

相对密度($d_{水}$=1):1.03　　相对蒸气密度($d_{空气}$=1):3.7　　爆炸极限:1.5%~9.8%

预防措施

呼吸防护	空气中粉尘浓度超标时,佩戴过滤式防尘呼吸器。紧急事态抢救或撤离时,应该佩戴空气呼吸器。
眼睛防护	戴化学安全防护眼镜。
手 防 护	戴橡胶手套。
身体防护	穿实验室工作服。
其他防护	在通风橱内进行化学反应。实验室禁止吸烟和饮食。

事故响应

皮肤接触	脱去污染的衣着,用肥皂水和清水彻底冲洗皮肤。如有不适感,就医。
眼睛接触	提起眼睑,用流动清水或生理盐水冲洗。如有不适感,就医。
吸　　入	迅速脱离现场至空气新鲜处。保持呼吸道通畅。如呼吸困难,给输氧。如呼吸、心跳停止,立即进行心肺复苏术。就医。
食　　入	漱口。口服活性炭悬液。就医。

应急处理

消防措施	用雾状水、二氧化碳、砂土灭火。消防人员须佩戴空气呼吸器,穿全身防火防毒服,在上风向灭火。尽可能将容器从火场移至空旷处。喷水冷却火场容器,直至灭火结束。
泄漏处理	隔离泄漏污染区,限制出入。建议应急处理人员戴防尘口罩,穿防毒服,戴橡胶手套。勿使水进入包装容器中。用洁净的铲子收集泄漏物,置于干燥、干净、盖子较松的容器内,将容器移离泄漏区。

安全存储

储存于阴凉、通风的库房。远离火种、热源。包装密封,不可与空气接触。应与氧化剂、酸类、食用化学品分开存放,切忌混储。配备相应品种的消防器材。储区应备有合适的材料收容泄漏物。

废物处置

用焚烧法处置。

中文名称：**邻苯二酚**　　英文名称：catechol

CAS 登记号：120-80-9　　UN 编号：2811

化学式：$C_6H_4(OH)_2$　　相对分子质量：110.11

最高容许浓度 / 时量平均浓度	危险性类别	危险标识
未制定标准	毒害品	 毒害品

理化性质

闪点：127℃（CC）　　熔点：105℃　　沸点：245~246℃

相对密度（$d_{水}$=1)：1.34　　相对蒸气密度（$d_{空气}$=1)：3.79　　爆炸极限：1.6%~9.8%

预防措施

呼吸防护	空气中粉尘浓度超标时，佩戴过滤式防尘呼吸器。紧急事态抢救或撤离时，应该佩戴空气呼吸器。	 戴过滤式防尘呼吸器　戴化学安全防护眼镜　戴橡胶手套　穿实验室工作服
眼睛防护	戴化学安全防护眼镜。	
手 防 护	戴橡胶手套。	
身体防护	穿实验室工作服。	
其他防护	在通风橱内进行化学反应。实验室禁止吸烟和饮食。	

事故响应

皮肤接触	立即脱去污染的衣着，用大量流动清水彻底冲洗。冲洗后即用聚乙二醇 -300 或植物油擦拭，然后用水彻底清洗。或用大量流动清水冲洗 20~30 min。就医。
眼睛接触	立即提起眼睑，用大量流动清水或生理盐水彻底冲洗 10~15 min。如有不适感，就医。
吸　　入	迅速脱离现场至空气新鲜处。保持呼吸道通畅。如呼吸困难，给输氧。如呼吸、心跳停止，立即进行心肺复苏术。就医。
食　　入	立即给饮植物油 15~30 mL。催吐。口服活性炭悬液，导泻。就医。

应急处理

消防措施	用雾状水、抗溶性泡沫、干粉、二氧化碳、砂土灭火。消防人员须佩戴空气呼吸器，穿全身防火防毒服，在上风向灭火。尽可能将容器从火场移至空旷处。喷水冷却火场容器，直至灭火结束。
泄漏处理	消除所有点火源。建议应急处理人员戴防尘口罩，穿防毒服，戴橡胶手套。勿使水进入包装容器中。用洁净的铲子收集泄漏物，置于干燥、干净、盖子较松的容器内，将容器移离泄漏区。

安全存储

储存于阴凉、通风的库房。远离火种、热源。包装要求密封，不可与空气接触。应与氧化剂、酸类、碱类、食用化学品分开存放，切忌混储。

废物处置

建议用焚烧法处置。

中文名称:**邻二甲苯**　　英文名称:*o*-xylene

CAS 登记号:95-47-6　　RTECS 号:ZE2450000

化学式:$C_6H_4(CH_3)_2$　　相对分子质量:106.18

时量平均浓度	危险性类别	危险标识
PC-TWA:50 mg/m^3	可燃液体	 可燃液体

理化性质		
闪点:16℃(CC)	熔点:-25℃	沸点:144.4℃
相对密度($d_{水}$=1):0.88	相对蒸气密度($d_{空气}$=1):3.66	爆炸极限:0.9%~7%

预防措施		
呼吸防护	空气中浓度超标时,佩戴过滤式防毒面具(半面罩)。紧急事态抢救或撤离时,建议佩戴空气呼吸器。	
眼睛防护	戴化学安全防护眼镜。	
手 防 护	戴橡胶耐油手套。	
身体防护	穿实验室工作服。	
其他防护	采用防爆型照明、通风设施。禁止使用易产生火花的机械设备和工具。	

事故响应	
皮肤接触	脱去污染的衣着,用肥皂水和清水彻底冲洗皮肤。如有不适感,就医。
眼睛接触	提起眼睑,用流动清水或生理盐水冲洗。如有不适感,就医。
吸　　入	迅速脱离现场至空气新鲜处。保持呼吸道通畅。如呼吸困难,给输氧。如呼吸、心跳停止,立即进行心肺复苏术。就医。
食　　入	饮水,禁止催吐。如有不适感,就医。

应急处理	
消防措施	用干粉、泡沫、二氧化碳、砂土灭火。消防人员必须佩戴空气呼吸器,穿全身防火防毒服,在上风向灭火。喷水冷却火场容器,可能的话将容器从火场移至空旷处。容器突然发出异常声音或出现异常现象,应立即撤离。
泄漏处理	消除所有点火源。建议应急处理人员戴正压自给式呼吸器,穿防静电服,戴橡胶耐油手套。作业时使用的所有设备应接地。小量泄漏:用砂土或其他不燃材料吸收。大量泄漏:构筑围堤或挖坑收容。用泡沫覆盖,减少蒸发。用防爆泵转移至槽车或专用收集器内。

安全存储
储存于阴凉、通风的库房。远离火种、热源。库温不宜超过37℃。保持容器密封。应与氧化剂分开存放,切忌混储。

废物处置
用焚烧法处置。

中文名称:**邻甲酚**	英文名称:*o*–cresol
CAS 登记号:95–48–7	UN 编号:3455
化学式:$CH_3C_6H_4OH$	相对分子质量:108.2

时量平均浓度	危险性类别	危险标识
PC–TWA:10 mg/m^3	毒害品	 毒害品

理化性质

闪点:81℃(CC)	熔点:29.8~31℃	沸点:191~192℃
相对密度($d_{水}$=1):1.05	相对蒸气密度($d_{空气}$=1):3.72	爆炸极限:1.4%~7.6%

预防措施

呼吸防护	空气中粉尘浓度超标时,应该佩戴过滤式防尘呼吸器。可能接触其蒸气时,应该佩戴过滤式防毒面具(全面罩)。
眼睛防护	戴化学安全防护眼镜。
手 防 护	戴橡胶手套。
身体防护	穿实验室工作服。
其他防护	在通风橱内进行化学反应。实验室禁止吸烟和饮食。

事故响应

皮肤接触	立即脱去污染的衣着,用大量流动清水彻底冲洗。冲洗后即用浸过 30%~50% 酒精的棉花反复擦拭(注意不能将患处浸泡于酒精溶液中),也可用浸过聚乙二醇 –300 或聚乙二醇和甲基化酒精混合液(2∶1)的棉花擦拭,然后用水彻底清洗。就医。
眼睛接触	立即提起眼睑,用大量流动清水或生理盐水彻底冲洗 10~15 min。如有不适感,就医。
吸 入	迅速脱离现场至空气新鲜处。保持呼吸道通畅。如呼吸困难,给输氧。如呼吸、心跳停止,立即进行心肺复苏术。就医。
食 入	立即给饮植物油 15~30 mL。禁止催吐。口服活性炭悬液,导泻。就医。

应急处理

消防措施	用雾状水、泡沫、干粉、二氧化碳、砂土灭火。消防人员须佩戴空气呼吸器,穿全身防火防毒服,在上风向灭火。
泄漏处理	建议应急处理人员戴防尘口罩,穿防毒服,戴橡胶手套。勿使水进入包装容器中。用洁净的铲子收集泄漏物,置于干燥、干净、盖子较松的容器内,将容器移离泄漏区。

安全存储

储存于阴凉、通风的库房。远离火种、热源。包装要求密封,不可与空气接触。应与氧化剂、碱类、食用化学品分开存放,切忌混储。配备相应品种的消防器材。

废物处置

用焚烧法处置。

中文名称：**邻氯酚**	英文名称：*o*-chlorophenol
CAS 登记号：95-57-8	UN 编号：2021
化学式：ClC_6H_4OH	相对分子质量：128.6

最高容许浓度 / 时量平均浓度	危险性类别	危险标识
未制定标准	毒害品	 毒害品

理化性质

闪点：63.9℃	熔点：9.3℃	沸点：174~175℃
相对密度（$d_{水}$=1）：1.26	相对蒸气密度（$d_{空气}$=1）：4.4	爆炸极限：1.7%~8.8%

预防措施

呼吸防护	可能接触其蒸气时，应该佩戴过滤式防毒面具（半面罩）。紧急事态抢救或撤离时，佩戴空气呼吸器。	
眼睛防护	戴化学安全防护眼镜。	
手　防　护	戴橡胶耐油手套。	
身体防护	穿实验室工作服。	
其他防护	在通风橱内进行化学反应。实验室禁止吸烟和饮食。	

事故响应

皮肤接触	脱去污染的衣着，用流动清水彻底冲洗。冲洗后即用浸过 30%~50% 酒精的棉花反复擦拭，也可用浸过聚乙二醇和甲基化酒精混合液（2∶1）的棉花擦拭，然后用水彻底清洗。就医。
眼睛接触	提起眼睑，用流动清水或生理盐水冲洗。如有不适感，就医。
吸　　入	迅速脱离现场至空气新鲜处。保持呼吸道通畅。如呼吸困难，给输氧。如呼吸、心跳停止，立即进行心肺复苏术。就医。
食　　入	漱口，禁止催吐。就医。

应急处理

消防措施	用雾状水、泡沫、二氧化碳、砂土灭火。消防人员须佩戴空气呼吸器，穿全身防火防毒服，在上风向灭火。
泄漏处理	建议应急处理人员戴正压自给式呼吸器，穿防毒服，戴橡胶耐油手套。防止泄漏物进入水体、下水道、地下室或限制性空间。小量泄漏：用干燥的砂土或其他不燃材料吸收或覆盖，收集于容器中。大量泄漏：构筑围堤或挖坑收容。

安全存储

储存于阴凉、通风的库房。远离火种、热源。保持容器密封。应与氧化剂、酸类、食用化学品分开存放，切忌混储。配备相应品种的消防器材。

废物处置

用焚烧法处置。与碳酸氢钠、固体易燃物充分接触后，再焚烧。焚烧炉排出的卤化氢通过酸洗涤器除去。

中文名称：**邻硝基苯胺**	英文名称：*o*-nitroaniline
CAS 登记号：88-74-4	RTECS 号：BY6650000
化学式：$NH_2C_6H_4NO_2$	相对分子质量：138.14

最高容许浓度 / 时量平均浓度	危险性类别	危险标识
未制定标准	毒害品	

理化性质

闪点：168℃	熔点：73~76℃	沸点：284.5℃
相对密度（$d_{水}$=1）：1.44	相对蒸气密度（$d_{空气}$=1）：4.77	爆炸极限：无资料

预防措施

呼吸防护	空气中粉尘浓度超标时，佩戴过滤式防尘呼吸器。紧急事态抢救或撤离时，应该佩戴空气呼吸器。
眼睛防护	戴化学安全防护眼镜。
手 防 护	戴橡胶手套。
身体防护	穿实验室工作服。
其他防护	在通风橱内进行化学反应。实验室禁止吸烟和饮食。

事故响应

皮肤接触	立即脱去污染的衣着，用肥皂水和清水彻底冲洗皮肤。就医。
眼睛接触	立即提起眼睑，用大量流动清水或生理盐水彻底冲洗 10~15 min。如有不适感，就医。
吸　　入	迅速脱离现场至空气新鲜处。保持呼吸道通畅。如呼吸困难，给输氧。如呼吸、心跳停止，立即进行心肺复苏术。就医。
食　　入	饮足量温水，催吐。就医。

应急处理

消防措施	用雾状水、泡沫、二氧化碳、干粉灭火。消防人员须佩戴空气呼吸器，穿全身防火防毒服，在上风向灭火。尽可能将容器从火场移至空旷处。喷水冷却火场容器，直至灭火结束。
泄漏处理	隔离泄漏污染区，限制出入。消除所有点火源。建议应急处理人员戴防尘口罩，穿防毒服，戴橡胶手套。穿上适当的防护服前严禁接触破裂的容器和泄漏物。尽可能切断泄漏源。勿使水进入包装容器中。用洁净的铲子收集泄漏物，置于干燥、干净、盖子较松的容器内，将容器移离泄漏区。

安全存储

储存于阴凉、通风的库房。远离火种、热源。包装密封。应与氧化剂、还原剂、酸类、食用化学品分开存放，切忌混储。配备相应品种和数量的消防器材。储区应备有合适的材料收容泄漏物。

废物处置

用焚烧法处置。焚烧炉排出的氮氧化物通过洗涤器除去。

中文名称:**邻硝基苯酚**　　英文名称:*o*-nitrophenol

CAS 登记号:88-75-5　　RTECS 号:SM2100000

化学式:$OHC_6H_4NO_2$　　相对分子质量:139.12

最高容许浓度 / 时量平均浓度	危险性类别	危险标识
未制定标准	毒害品	 毒害品

理化性质

闪点:无资料	熔点:45℃	沸点:214.5~216℃
相对密度($d_{水}$=1):1.495	相对蒸气密度($d_{空气}$=1):无资料	爆炸极限:无资料

预防措施

呼吸防护	空气中粉尘浓度超标时,佩戴过滤式防尘呼吸器。紧急事态抢救或撤离时,应该佩戴空气呼吸器。
眼睛防护	戴化学安全防护眼镜。
手 防 护	戴橡胶手套。
身体防护	穿实验室工作服。
其他防护	采用防爆型照明、通风设施。禁止使用易产生火花的机械设备和工具。

戴过滤式防尘呼吸器

戴化学安全防护眼镜

戴橡胶手套

穿实验室工作服

事故响应

皮肤接触	立即脱去污染的衣着,用水彻底清洗。如有不适感,就医。
眼睛接触	立即提起眼睑,用大量流动清水或生理盐水彻底冲洗 10~15 min。如有不适感,就医。
吸　　入	迅速脱离现场至空气新鲜处。保持呼吸道通畅。如呼吸困难,给输氧。如呼吸、心跳停止,立即进行心肺复苏术。就医。
食　　入	就医。

应急处理

消防措施	用雾状水、泡沫、二氧化碳、砂土灭火。消防人员须佩戴空气呼吸器,穿全身防火防毒服,在上风向灭火。尽可能将容器从火场移至空旷处。喷水冷却火场容器,直至灭火结束。
泄漏处理	隔离泄漏污染区,限制出入。消除所有点火源。建议应急处理人员戴防尘口罩,穿防毒服,戴橡胶手套。穿上适当的防护服前严禁接触破裂的容器和泄漏物。尽可能切断泄漏源。勿使水进入包装容器中。用洁净的铲子收集泄漏物,置于干燥、干净、盖子较松的容器内,将容器移离泄漏区。

安全存储

储存于阴凉、通风的库房。远离火种、热源。包装密封。应与氧化剂、还原剂、碱类、食用化学品分开存放,切忌混储。储区应备有合适的材料收容泄漏物。

废物处置

用控制焚烧法处置。焚烧炉排出的氮氧化物通过洗涤器除去。

中文名称:**硫**	英文名称:sulfur
CAS 登记号:7704-34-9	UN 编号:1350
化学式:S	相对分子质量:32.06

最高容许浓度 / 时量平均浓度	危险性类别	危险标识
未制定标准	易燃固体;易制爆	

理化性质

闪点:207℃(CC)	熔点:112.8~120℃	沸点:444.6℃
相对密度($d_{水}$=1):1.92~2.07	相对蒸气密度($d_{空气}$=1):无资料	爆炸极限:35~1 400 g/m^3
危险特性:与氧化剂混合爆炸		

预防措施

呼吸防护	一般不需特殊防护。空气中粉尘浓度较高时,佩戴抗冲击面罩。	
眼睛防护	一般不需特殊防护。	
手 防 护	戴乳胶手套。	
身体防护	穿实验室工作服。	
其他防护	采用防爆型照明、通风设施。禁止使用易产生火花的机械设备和工具。	

事故响应

皮肤接触	脱去污染的衣着,用肥皂水和清水彻底冲洗皮肤。如有不适感,就医。
眼睛接触	提起眼睑,用流动清水或生理盐水彻底冲洗。如有不适感,就医。
吸　　入	迅速脱离现场至空气新鲜处。保持呼吸道通畅。如呼吸困难,给输氧。如呼吸、心跳停止,立即进行心肺复苏术。就医。
食　　入	用水漱口。就医。

应急处理

消防措施	遇小火用砂土闷灭。遇大火用雾状水灭火。消防人员须佩戴防毒面具,穿全身消防服,在上风向灭火。
泄漏处理	建议处理人员戴防尘口罩,穿防静电服。小量泄漏:用洁净的铲子收集泄漏物,置于干净、干燥、盖子较松的容器中,将容器移离泄漏区。大量泄漏:用水湿润,并筑堤收容,防止泄漏物进入水体、下水道、地下室或限制性空间。

安全存储

储存于阴凉、通风的库房。远离火种、热源。库温不宜超过 35℃。包装密封。应与氧化剂分开存放,切忌混储。储区应备有合适的材料收容泄漏物。

废物处置

用焚烧法处置。与燃料混合后再焚烧。焚烧炉排出的硫氧化物通过洗涤器除去。

中文名称:**硫代乙醇酸**	英文名称:thioglycolic acid
CAS 登记号:68-11-1	RTECS 号:AI5950000
化学式:$HSCH_2COOH$	相对分子质量:92.12

最高容许浓度 / 时量平均浓度	危险性类别	危险标识
未制定标准	酸性腐蚀品	 酸性腐蚀品

理化性质

闪点:125℃	熔点:−16.5℃	沸点:120℃ (2.67kPa)	
相对密度($d_{水}$=1):1.33	相对蒸气密度($d_{空气}$=1):3.18	爆炸下限:5.9%	爆炸上限:无资料

预防措施

呼吸防护	可能接触其蒸气时,应该佩戴过滤式防毒面具(半面罩)。紧急事态抢救或撤离时,建议佩戴空气呼吸器。	 戴过滤式防毒面具(半面罩)  戴化学安全防护眼镜  戴橡胶耐酸碱手套  穿橡胶耐酸碱服
眼睛防护	戴化学安全防护眼镜。	
手 防 护	戴橡胶耐酸碱手套。	
身体防护	穿橡胶耐酸碱服。	
其他防护	在通风橱内进行化学反应。实验室禁止吸烟和饮食。	

事故响应

皮肤接触	脱去污染的衣着,用大量流动清水冲洗 20~30 min。就医。
眼睛接触	立即提起眼睑,用大量流动清水或生理盐水彻底冲洗 10~15 min。如有不适感,就医。
吸 入	迅速脱离现场至空气新鲜处。保持呼吸道通畅。如呼吸困难,给输氧。如呼吸、心跳停止,立即进行心肺复苏术。就医。
食 入	用水漱口,禁止催吐。大量饮水。给饮牛奶或蛋清。就医。

应急处理

消防措施	用雾状水、泡沫、砂土灭火。消防人员须佩戴空气呼吸器,穿全身耐酸碱消防服灭火。尽可能将容器从火场移至空旷处。喷水冷却火场容器,直至灭火结束。容器突然发出异常声音或出现异常现象,应立即撤离。
泄漏处理	建议应急处理人员戴正压自给式呼吸器,穿防腐蚀、防毒服,戴橡胶耐酸碱手套。尽可能切断泄漏源。防止泄漏物进入水体、下水道、地下室或限制性空间。小量泄漏:用干燥的砂土或其他不燃材料吸收或覆盖。大量泄漏:构筑围堤或挖坑收容。

安全存储

储存于阴凉、通风的库房。远离火种、热源。保持容器密封。应与氧化剂分开存放,切忌混储。配备相应品种和数量的消防器材。

废物处置

建议用焚烧法处置。焚烧炉排出的硫氧化物通过洗涤器除去。

中文名称：**硫化钡**　　英文名称：barium sulfide

CAS 登记号：21109-95-5

化学式：BaS　　相对分子质量：169.4

时量平均浓度	危险性类别	危险标识
PC-TWA：0.5 mg/m^3	碱性腐蚀品	 碱性腐蚀品

理化性质

闪点：无意义	熔点：1 200℃	沸点：无资料
相对密度（$d_{水}$=1）：4.25（15℃）	相对蒸气密度（$d_{空气}$=1）：无资料	爆炸极限：无资料

预防措施

呼吸防护	可能接触其粉尘时，须佩戴过滤式防尘呼吸器。必要时，佩戴空气呼吸器。	 戴过滤式防尘呼吸器  戴化学安全防护眼镜  戴橡胶耐酸碱手套  穿橡胶耐酸碱服
眼睛防护	戴化学安全防护眼镜。	
手 防 护	戴橡胶耐酸碱手套。	
身体防护	穿橡胶耐酸碱服。	
其他防护	在通风橱内进行化学反应。实验室禁止吸烟和饮食。	

事故响应

皮肤接触	脱去污染的衣着，用肥皂水和清水彻底冲洗皮肤。如有不适感，就医。
眼睛接触	提起眼睑，用流动清水或生理盐水冲洗。如有不适感，就医。
吸　　入	迅速脱离现场至空气新鲜处。保持呼吸道通畅。如呼吸困难，给输氧。如呼吸、心跳停止，立即进行心肺复苏术。就医。
食　　入	饮足量温水，催吐。用 2%~5% 硫酸钠溶液洗胃。导泻。就医。

应急处理

消防措施	用雾状水、砂土灭火。消防人员须佩戴空气呼吸器，穿全身耐酸碱消防服灭火。尽可能将容器从火场移至空旷处。喷水冷却火场容器，直至灭火结束。禁止使用酸碱灭火剂。
泄漏处理	建议应急处理人员戴防尘口罩，穿防酸碱服，戴橡胶耐酸碱手套。尽可能切断泄漏源。用塑料布覆盖泄漏物，减少飞散。勿使水进入包装容器内。用洁净的铲子收集泄漏物，置于干燥、干净、盖子较松的容器内，将容器移离泄漏区。

安全存储

储存于阴凉、干燥、通风良好的库房。远离火种、热源。避免阳光直射。包装必须密封，切勿受潮。应与氧化剂、酸类、食用化学品分开存放，切忌混储。

废物处置

根据国家和地方有关法规的要求处置。或与制造商联系，确定处置方法。

中文名称:**硫化钾**　　英文名称:potassium sulfide

CAS 登记号:1312-73-8　　RTECS 号:TT6000000

化学式:K_2S　　相对分子质量:110.26

最高容许浓度 / 时量平均浓度	危险性类别	危险标识
未制定标准	碱性腐蚀品;自燃物品	

理化性质

闪点:无意义　　熔点:912℃　　沸点:无资料

相对密度($d_{水}=1$):1.74　　相对蒸气密度($d_{空气}=1$):无资料　　爆炸极限:无资料

预防措施

呼吸防护	可能接触其粉尘时,须佩戴过滤式防尘呼吸器。必要时,佩戴空气呼吸器。	
眼睛防护	戴化学安全防护眼镜。	
手 防 护	戴橡胶耐酸碱手套。	
身体防护	穿橡胶耐酸碱服。	
其他防护	在通风橱内进行化学反应。实验室禁止吸烟和饮食。	

事故响应

皮肤接触	立即脱去污染的衣着,用大量流动清水冲洗 20~30 min。如有不适感,就医。
眼睛接触	立即提起眼睑,用大量流动清水或生理盐水彻底冲洗 10~15 min。如有不适感,就医。
吸　　入	迅速脱离现场至空气新鲜处。保持呼吸道通畅。如呼吸困难,给输氧。如呼吸、心跳停止,立即进行心肺复苏术。就医。
食　　入	用水漱口,给饮牛奶或蛋清。禁止催吐。就医。

应急处理

消防措施	用雾状水、砂土灭火。消防人员须佩戴空气呼吸器,穿全身耐酸碱消防服灭火。尽可能将容器从火场移至空旷处。喷水冷却火场容器,直至灭火结束。禁止使用酸碱灭火剂。
泄漏处理	建议应急处理人员戴防尘口罩,穿防酸碱服,戴橡胶耐酸碱手套。尽可能切断泄漏源。用塑料布覆盖泄漏物,减少飞散。勿使水进入包装容器内。用洁净的铲子收集泄漏物,置于干燥、干净、盖子较松的容器内,将容器移离泄漏区。

安全存储

储存于阴凉、通风的库房。远离火种、热源。包装必须密封,切勿受潮。应与氧化剂、酸类分开存放,切忌混储。不宜久存,以免变质。

废物处置

用安全掩埋法处置。

中文名称:**硫化钠**	英文名称:sodium sulfide
CAS 登记号:1313-82-2	RTECS 号:WE1905000
化学式:Na_2S	相对分子质量:78.04

最高容许浓度 / 时量平均浓度	危险性类别	危险标识
未制定标准	碱性腐蚀品;自燃物品	见下图

理化性质

闪点:无意义	熔点:1 180℃	沸点:无资料
相对密度($d_{水}$=1):1.86	相对蒸气密度($d_{空气}$=1):无资料	爆炸极限:无资料

预防措施

呼吸防护	可能接触其粉尘时,须佩戴过滤式防尘呼吸器。必要时,佩戴空气呼吸器。
眼睛防护	戴化学安全防护眼镜。
手 防 护	戴橡胶耐酸碱手套。
身体防护	穿橡胶耐酸碱服。
其他防护	在通风橱内进行化学反应。实验室禁止吸烟和饮食。

事故响应

皮肤接触	立即脱去污染的衣着,用大量流动清水冲洗 20~30 min。如有不适感,就医。
眼睛接触	立即提起眼睑,用大量流动清水或生理盐水彻底冲洗 10~15 min。如有不适感,就医。
吸　　入	迅速脱离现场至空气新鲜处。保持呼吸道通畅。如呼吸困难,给输氧。如呼吸、心跳停止,立即进行心肺复苏术。就医。
食　　入	禁止催吐,用水漱口,大量饮水。就医。

应急处理

消防措施	用水、雾状水、砂土灭火。消防人员须佩戴空气呼吸器,穿全身耐酸碱消防服灭火。尽可能将容器从火场移至空旷处。喷水保持火场容器冷却,直至灭火结束。遇酸分解,放出剧毒的易燃气体。禁止使用酸碱灭火剂。
泄漏处理	消除所有点火源。建议应急处理人员戴防尘口罩,穿防酸碱服,戴橡胶耐酸碱手套。穿上适当的防护服前严禁接触破裂的容器和泄漏物。尽可能切断泄漏源。用塑料布覆盖泄漏物,减少飞散。勿使水进入包装容器。用洁净的铲子收集泄漏物,置于干燥、干净、盖子较松的容器内,将容器移离泄漏区。

安全存储

储存于阴凉、通风的库房。远离火种、热源。包装密封。应与氧化剂、酸类分开存放,切忌混储。不宜久存,以免变质。配备相应品种和数量的消防器材。

废物处置

用安全掩埋法处置。

中文名称:**硫化氢**	英文名称:hydrogen sulfide
CAS 登记号:7783-06-4	RTECS 号:MX1225000
化学式:H_2S	相对分子质量:34.08

最高容许浓度	危险性类别	危险标识
MAC:10 mg/m^3	易燃气体;有毒气体	

理化性质

闪点:-106℃	熔点:-85.5℃	沸点:-60.3℃
相对密度($d_{水}$=1):1.54	相对蒸气密度($d_{空气}$=1):1.19	爆炸极限:4.0%~46.0%

预防措施

呼吸防护	空气中浓度超标时,佩戴过滤式防毒面具(半面罩)。紧急事态抢救或撤离时,建议佩戴空气呼吸器。
眼睛防护	戴化学安全防护眼镜。
手 防 护	戴乳胶手套。
身体防护	穿防静电工作服。
其他防护	采用防爆型照明、通风设施。禁止使用易产生火花的机械设备和工具。

事故响应

皮肤接触	脱去污染的衣着,用肥皂水或清水冲洗。如有不适感,就医。
眼睛接触	立即提起眼睑,用大量流动清水或生理盐水彻底冲洗 10~15 min。如有不适感,就医。
吸 入	迅速脱离现场至空气新鲜处。保持呼吸道通畅。如呼吸困难,给输氧。如呼吸、心跳停止,立即进行心肺复苏术(避免口对口人工呼吸)。就医。
食 入	不会通过该途径接触。

应急处理

消防措施	用雾状水、抗溶性泡沫、干粉灭火。切断气源。若不能切断气源,则不允许熄灭泄漏处的火焰。消防人员须佩戴空气呼吸器,穿全身防火防毒服灭火。喷水冷却容器,直至灭火结束。
泄漏处理	建议应急处理人员穿内置正压自给式呼吸器的全封闭消防服,戴防化学品手套。如果是液化气体泄漏,还应注意防冻伤。尽可能切断泄漏源。

安全存储

储存于阴凉、通风的易燃气体专用库房。远离火种、热源。库温不宜超过 30℃。保持容器密封。应与氧化剂、碱类分开存放,切忌混储。

废物处置

用焚烧法处置。焚烧炉排出的硫氧化物通过洗涤器除去。

中文名称:**硫脲**	英文名称:thiourea
CAS 登记号:62-56-6	RTECS 号:YU2800000
化学式:$CS(NH_2)_2$	相对分子质量:76.13

最高容许浓度 / 时量平均浓度	危险性类别	危险标识
未制定标准	毒害品	 毒害品

理化性质

闪点:>182℃	熔点:182℃	沸点:263℃(分解)
相对密度($d_{水}$=1):1.41	相对蒸气密度($d_{空气}$=1):无资料	爆炸极限:无资料

预防措施

呼吸防护	空气中粉尘浓度较高时,应该佩戴过滤式防尘呼吸器。	
眼睛防护	一般不需要特殊防护。必要时,戴化学安全防护眼镜。	
手 防 护	戴橡胶手套。	
身体防护	穿实验室工作服。	
其他防护	在通风橱内进行化学反应。实验室禁止吸烟和饮食。	

事故响应

皮肤接触	脱去污染的衣着,用清水彻底冲洗皮肤。如有不适感,就医。
眼睛接触	提起眼睑,用流动清水或生理盐水冲洗。如有不适感,就医。
吸　　入	迅速脱离现场至空气新鲜处。保持呼吸道通畅。如呼吸困难,给输氧。如呼吸、心跳停止,立即进行心肺复苏术。就医。
食　　入	饮足量温水,催吐。就医。

应急处理

消防措施	用水、雾状水、泡沫、二氧化碳、砂土灭火。消防人员须佩戴空气呼吸器,穿全身防火防毒服,在上风向灭火。喷水冷却容器,直至灭火结束。尽可能将容器从火场移至空旷处。
泄漏处理	隔离泄漏污染区,限制出入。消除所有点火源。建议应急处理人员戴防尘口罩,穿防毒服,戴橡胶手套。穿上适当的防护服前严禁接触破裂的容器和泄漏物。尽可能切断泄漏源。用塑料布覆盖泄漏物,减少飞散。勿使水进入包装容器内。用洁净的铲子收集泄漏物,置于干净、干燥、盖子较松的容器内,将容器移离泄漏区。

安全存储

储存于阴凉、通风的库房。远离火种、热源。包装密封。应与氧化剂、酸类、食用化学品分开存放,切忌混储。配备相应品种和数量的消防器材。

废物处置

建议用焚烧法处置。焚烧炉排出的气体要通过洗涤器除去。

中文名称:**硫氰酸甲酯**　　英文名称:methyl thiocyanate

CAS 登记号:556-64-9

化学式:CH_3SCN　　相对分子质量:73.12

最高容许浓度 / 时量平均浓度	危险性类别	危险标识
未制定标准	毒害品	 毒害品

理化性质

闪点:38.33℃　　熔点:-51℃　　沸点:130~133℃

相对密度($d_{水}$=1):1.07　　相对蒸气密度($d_{空气}$=1):无资料　　爆炸极限:无资料

预防措施

呼吸防护	可能接触其蒸气时,应该佩戴过滤式防毒面具(半面罩)。紧急事态抢救或撤离时,佩戴空气呼吸器。
眼睛防护	戴化学安全防护眼镜。
手 防 护	戴乳胶手套。
身体防护	穿实验室工作服。
其他防护	采用防爆型照明、通风设施。禁止使用易产生火花的机械设备和工具。

戴过滤式防毒面具(半面罩)

戴化学安全防护眼镜

戴乳胶手套

穿实验室工作服

事故响应

皮肤接触	立即脱去污染的衣着,用流动清水或 5% 硫代硫酸钠溶液冲洗。就医。
眼睛接触	提起眼睑,用流动清水或生理盐水冲洗。如有不适感,就医。
吸　　入	迅速脱离现场至空气新鲜处。保持呼吸道通畅。如呼吸困难,给输氧。如呼吸、心跳停止,立即进行人工呼吸(勿用口对口)和胸外心脏按压术。就医。
食　　入	如患者神志清醒,催吐。洗胃。就医。

应急处理

消防措施	可用泡沫、雾状水、干粉、砂土灭火。消防人员须佩戴空气呼吸器,穿全身防火防毒服,在上风向灭火。尽可能将容器从火场移至空旷处。喷水冷却火场容器,直至灭火结束。容器突然发出异常声音或出现异常现象,应立即撤离。
泄漏处理	建议应急处理人员戴正压自给式呼吸器,穿防毒、防静电服,戴防化学品手套。小量泄漏:用干燥砂土吸收或覆盖,收集于容器中。大量泄漏:构筑围堤或挖坑收容。用防爆泵转移至槽车或专用收集器内。

安全存储

储存于阴凉、通风的库房。远离火种、热源。保持容器密封。应与氧化剂、酸类、碱类、醇类、食用化学品分开存放,切忌混储。储区应备有泄漏应急处理设备。

废物处置

建议用焚烧法处置。焚烧炉排出的气体通过洗涤器除去。

中文名称:**硫氰酸乙酯**　　英文名称:ethyl thiocyanate

CAS 登记号:542-90-5

化学式:C_2H_5SCN　　相对分子质量:87.14

最高容许浓度 / 时量平均浓度	危险性类别	危险标识
未制定标准	毒害品	 毒害品

理化性质

闪点:42.78℃　　熔点:-85.5℃　　沸点:146℃

相对密度($d_{水}$=1):1.01(20℃)　　相对蒸气密度($d_{空气}$=1):无资料　　爆炸极限:无资料

预防措施

呼吸防护	可能接触其蒸气时,应该佩戴过滤式防毒面具(半面罩)。紧急事态抢救或撤离时,佩戴空气呼吸器。
眼睛防护	戴化学安全防护眼镜。
手 防 护	戴橡胶耐油手套。
身体防护	穿实验室工作服。
其他防护	采用防爆型照明、通风设施。禁止使用易产生火花的机械设备和工具。

戴过滤式防毒面具(半面罩)　戴化学安全防护眼镜

戴橡胶耐油手套　穿实验室工作服

事故响应

皮肤接触	立即脱去污染的衣着,用流动清水或 5% 硫代硫酸钠溶液冲洗。就医。
眼睛接触	提起眼睑,用流动清水或生理盐水冲洗。如有不适感,就医。
吸　　入	迅速脱离现场至空气新鲜处。保持呼吸道通畅。如呼吸困难,给输氧。如呼吸、心跳停止,立即进行人工呼吸(勿用口对口)和胸外心脏按压术。就医。
食　　入	如患者神志清醒,催吐。洗胃。就医。

应急处理

消防措施	可用泡沫、干粉、二氧化碳、砂土灭火。禁止使用酸碱灭火剂灭火。消防人员须佩戴空气呼吸器,穿全身防火防毒服,在上风向灭火。尽可能将容器从火场移至空旷处。容器突然发出异常声音或出现异常现象,应立即撤离。用水灭火无效。
泄漏处理	建议应急处理人员戴正压自给式呼吸器,穿防毒、防静电服,戴橡胶耐油手套。小量泄漏:用干燥砂土吸收或覆盖,收集于容器中。大量泄漏:构筑围堤或挖坑收容。用防爆泵转移至槽车或专用收集器内。

安全存储

储存于阴凉、干燥、通风良好的库房。远离火种、热源。包装要求密封。应与氧化剂、还原剂、酸类、食用化学品分开存放,切忌混储。

废物处置

建议用焚烧法处置。焚烧炉排出的气体通过洗涤器除去。

中文名称：**硫氰酸异丙酯** 英文名称：isopropyl thiocyanate

CAS 登记号：625-59-2

化学式：$(CH_3)_2CHSCN$ 相对分子质量：101.17

最高容许浓度 / 时量平均浓度	危险性类别	危险标识
未制定标准	毒害品	 毒害品

理化性质

闪点：无资料　熔点：无资料　沸点：197℃

相对密度($d_{水}$=1)：0.99　相对蒸气密度($d_{空气}$=1)：无资料　爆炸极限：无资料

预防措施

呼吸防护	可能接触其蒸气时，应该佩戴过滤式防毒面具(半面罩)。紧急事态抢救或撤离时，佩戴空气呼吸器。
眼睛防护	戴化学安全防护眼镜。
手 防 护	戴橡胶耐油手套。
身体防护	穿实验室工作服。
其他防护	采用防爆型照明、通风设施。禁止使用易产生火花的机械设备和工具。

戴过滤式防毒面具(半面罩)

戴化学安全防护眼镜

戴橡胶耐油手套

穿实验室工作服

事故响应

皮肤接触	立即脱去污染的衣着，用流动清水或 5% 硫代硫酸钠溶液彻底冲洗。就医。
眼睛接触	提起眼睑，用流动清水或生理盐水冲洗。如有不适感，就医。
吸 入	迅速脱离现场至空气新鲜处。保持呼吸道通畅。如呼吸困难，给输氧。如呼吸、心跳停止，立即进行人工呼吸(勿用口对口)和胸外心脏按压术。就医。
食 入	如患者神志清醒，催吐。洗胃。就医。

应急处理

消防措施	用泡沫、干粉、二氧化碳、砂土灭火。禁止用酸碱灭火剂灭火。用水灭火无效。消防人员须佩戴空气呼吸器，穿全身防火防毒服，在上风向灭火。
泄漏处理	建议应急处理人员戴正压自给式呼吸器，穿一般作业工作服，戴橡胶耐油手套。小量泄漏：用干燥砂土吸收或覆盖，收集于容器中。大量泄漏：构筑围堤或挖坑收容。用防爆泵转移至槽车或专用收集器内。

安全存储

储存于阴凉、通风的库房。远离火种、热源。保持容器密封。应与氧化剂、还原剂、酸类、碱类、食用化学品分开存放，切忌混储。

废物处置

建议用焚烧法处置。焚烧炉排出的气体通过洗涤器除去。

中文名称：**硫酸**　　英文名称：sulfuric acid

CAS 登记号：7664-93-9　　RTECS 号：WS5600000

化学式：H_2SO_4　　相对分子质量：98.08

时量平均浓度	危险性类别	危险标识
PC-TWA：1 mg/m^3	酸性腐蚀品；易制毒	

理化性质

闪点：无意义	熔点：10~10.49℃	沸点：330℃
相对密度（$d_{水}$=1)：1.84	相对蒸气密度（$d_{空气}$=1)：3.4	爆炸极限：无意义

预防措施

呼吸防护	可能接触其烟雾时，佩戴过滤式防毒面具（全面罩）或空气呼吸器。紧急事态抢救或撤离时，建议佩戴空气呼吸器。
眼睛防护	呼吸系统中已做防护。
手防护	戴橡胶耐酸碱手套。
身体防护	穿橡胶耐酸碱服。
其他防护	在通风橱内进行化学反应。实验室禁止吸烟和饮食。

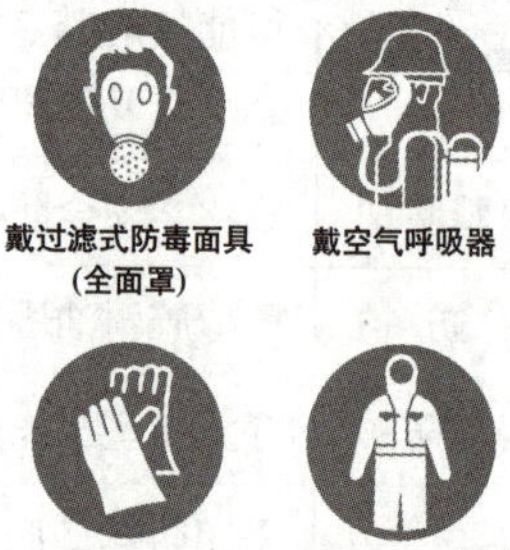

事故响应

皮肤接触	立即脱去污染的衣着，用大量流动清水冲洗 20~30 min。如有不适感，就医。
眼睛接触	立即提起眼睑，用大量流动清水或生理盐水彻底冲洗 10~15 min。如有不适感，就医。
吸入	迅速脱离现场至空气新鲜处。保持呼吸道通畅。如呼吸困难，给输氧。如呼吸、心跳停止，立即进行心肺复苏术。就医。
食入	用水漱口，给饮牛奶或蛋清。禁止催吐，就医。

应急处理

消防措施	本品不燃，根据着火原因选择适当灭火剂灭火。遇水大量放热，可发生沸溅。消防人员必须佩戴空气呼吸器，穿全身耐酸碱消防服灭火。避免水流冲击物品。
泄漏处理	建议应急处理人员戴正压自给式呼吸器，穿防酸碱服，戴橡胶耐酸碱手套。尽可能切断泄漏源。小量泄漏：用干燥的砂土或其他不燃材料覆盖泄漏物，置于一盖子较松的塑料容器中。大量泄漏：构筑围堤或挖坑收容。用砂土、惰性物质、蛭石吸收大量液体。用石灰（CaO）、碎石灰石（$CaCO_3$）或碳酸氢钠（$NaHCO_3$）中和。用耐腐蚀泵转移至槽车或专用收集器内。

安全存储

储存于阴凉、通风的库房。保持容器密封。应与易（可）燃物、碱类、碱金属、还原剂分开存放，切忌混储。储区应备有泄漏应急处理设备和合适的收容材料。

废物处置

缓慢加入碱液－石灰水中，并不断搅拌，反应停止后，用大量水冲入废水系统。

中文名称:**硫酸汞**　　英文名称:mercury(Ⅱ)sulfate

CAS 登记号:7783-35-9

化学式:$HgSO_4$　　相对分子质量:296.65

最高容许浓度 / 时量平均浓度	危险性类别	危险标识
无资料	毒害品	 毒害品

理化性质

闪点:无资料	熔点:(分解)	沸点:无资料
相对密度($d_{水}$=1):6.47	相对蒸气密度($d_{空气}$=1):无资料	爆炸极限:无资料

预防措施

呼吸防护	建议佩戴防毒面具。紧急事态抢救或撤离时,应该佩戴自给式呼吸器。
眼睛防护	戴化学安全防护眼镜。
手　防　护	戴乳胶手套。
身体防护	穿实验室工作服。
其他防护	在通风橱内进行化学反应。实验室禁止吸烟和饮食。

事故响应

皮肤接触	立即脱去污染的衣着,用大量流动清水冲洗 20~30 min。如有不适感,就医。
眼睛接触	立即提起眼睑,用大量流动清水或生理盐水彻底冲洗 10~15 min。如有不适感,就医。
吸　　入	迅速脱离现场至空气新鲜处。保持呼吸道通畅。如呼吸困难,给输氧。如呼吸、心跳停止,立即进行心肺复苏术。就医。
食　　入	口服牛奶、豆浆或蛋清,就医。

应急处理

消防措施	受高热分解,放出高毒的烟气。本品不燃,根据着火原因选择适当灭火剂灭火。建议应急处理人员戴防尘口罩,穿防毒服。
泄漏处理	疏散泄漏污染区人员至安全区,禁止无关人员进入污染区,建议应急处理人员戴自给式呼吸器,穿化学防护服。不要直接接触泄漏物,用砂土吸收,小心扫起,倒至空旷地方深埋。用水刷洗泄漏污染区,对污染地带进行通风。如大量泄漏,收集回收或无害处理后废弃。

安全存储

储存于阴凉、通风的库房。专人保管。保持容器密封。避光保存。防止受潮和雨淋。应与氧化剂、食用化工原料分开存放。不能与食物、种子、饲料、日用品混装、混运。搬运时要轻装轻卸,防止包装及容器损坏。

废物处置

根据国家和地方有关法规的要求处置。或与制造商联系,确定处置方法。

中文名称:**硫酸甲酯**	英文名称:methyl sulfate
CAS 编号:77-78-1	RTECS 号:WS8225000
化学式:$(CH_3)_2SO_4$	相对分子质量:126.13

时量平均浓度	危险性类别	危险标识
PC-TWA:0.5 mg/m^3	毒害品	 毒害品

理化性质

闪点:83℃ (OC);83.3℃ (CC)	熔点:-31.8℃	沸点:188℃ (分解)
相对密度($d_{水}$=1):1.33(20℃)	相对蒸气密度($d_{空气}$=1):4.35	爆炸极限:3.6%~23.3%

预防措施

呼吸防护	可能接触其蒸气时,应该佩戴过滤式防毒面具(半面罩)。
眼睛防护	戴化学安全防护眼镜。
手 防 护	戴橡胶手套。
身体防护	穿实验室工作服。
其他防护	在通风橱内进行化学反应。实验室禁止吸烟和饮食。

戴过滤式防毒面具(半面罩)

戴化学安全防护眼镜

戴橡胶手套

穿实验室工作服

事故响应

皮肤接触	立即脱去污染的衣着,用大量流动清水冲洗 20~30 min。如有不适感,就医。
眼睛接触	立即提起眼睑,用大量流动清水或生理盐水彻底冲洗 10~15 min。如有不适感,就医。
吸 入	迅速脱离现场至空气新鲜处。保持呼吸道通畅。如呼吸困难,给输氧。如呼吸、心跳停止,立即进行心肺复苏术。就医。
食 入	用水漱口,给饮牛奶或蛋清。就医。

应急处理

消防措施	用雾状水、泡沫、二氧化碳和砂土灭火。消防人员需佩戴空气呼吸器,穿全身防火防毒服,在上风向灭火。
泄漏处理	建议应急处理人员戴正压自给式呼吸器,穿防毒服,戴橡胶手套。小量泄漏:用干燥的砂土或其他不燃材料覆盖泄漏物。大量泄漏:构筑围堤或挖坑收容。用石灰(CaO)、碎石灰石($CaCO_3$)或苏打灰(Na_2CO_3)中和。用泵转移至槽车或专用收集器内。

安全存储

储存于阴凉、干燥、通风良好的专用库房。实行"双人收发、双人保管"制度。远离火种、热源。库温不超过32℃,相对湿度不超过 80%。保持容器密封。应与氧化剂、碱类、食用化学品分开存放,切忌混储。

废物处置

用焚烧法处置。稀释中和后,再焚烧。焚烧炉排出的硫氧化物通过洗涤器除去。

中文名称:**硫酸镍**　　英文名称:nickel sulfate

CAS 登记号:10101-97-0

化学式:$NiSO_4 \cdot 6H_2O$　　相对分子质量:262.86

最高容许浓度 / 时量平均浓度	危险性类别	危险标识
无资料	无资料	

理化性质

闪点:无意义	熔点:无资料	沸点:840℃(无水)
相对密度($d_{水}$=1):2.07	相对蒸气密度($d_{空气}$=1):无资料	爆炸极限:无意义

预防措施

呼吸防护	应该佩戴防毒面具。
眼睛防护	戴化学安全防护眼镜。
手 防 护	必要时,戴乳胶手套。
身体防护	穿实验室工作服。
其他防护	在通风橱内进行化学反应。实验室禁止吸烟和饮食。

事故响应

皮肤接触	立即脱去污染的衣着,用大量流动清水冲洗 20~30 min。如有不适感,就医。
眼睛接触	立即提起眼睑,用大量流动清水或生理盐水彻底冲洗 10~15 min。如有不适感,就医。
吸　　入	迅速脱离现场至空气新鲜处。保持呼吸道通畅。如呼吸困难,给输氧。如呼吸、心跳停止,立即进行心肺复苏术。就医。
食　　入	嗽口,给饮牛奶或蛋清。就医。

应急处理

消防措施	受高热分解产生有毒的硫化物烟气。本品不燃,根据着火原因选择适当灭火剂灭火。
泄漏处理	建议应急处理人员戴防毒面具和手套。用大量水冲洗,经稀释的洗液排入废水系统。如大量泄漏,收集回收或运至废物处理场所处置。

安全存储

储存于阴凉、干燥、通风良好的库房。远离火种、热源。包装必须完整密封,防止吸潮。应与氧化剂分开存放。搬运时要轻装轻卸,防止包装及容器损坏。

废物处置

根据国家和地方有关法规的要求处置。或与制造商联系,确定处置方法。

中文名称：**硫酸羟胺**　　英文名称：hydroxylamine sulfate

CAS 登记号：10039-54-0

化学式：$H_8N_2SO_6$　　相对分子质量：164.15

最高容许浓度 / 时量平均浓度	危险性类别	危险标识
无资料	酸性腐蚀品	 酸性腐蚀品

理化性质

闪点：无意义	熔点：172℃	沸点：无资料
相对密度（$d_{水}$=1）：无资料	相对蒸气密度（$d_{空气}$=1）：无资料	爆炸极限：无意义

预防措施

呼吸防护	可能接触毒物时，应该佩戴防毒面具。	 戴防毒面具  戴化学安全防护眼镜
眼睛防护	戴化学安全防护眼镜。	
手 防 护	高浓度环境中，戴橡胶耐酸碱手套。	 戴橡胶耐酸碱手套  穿实验室工作服
身体防护	穿实验室工作服。	
其他防护	在通风橱内进行化学反应。实验室禁止吸烟和饮食。	

事故响应

皮肤接触	立即脱去污染的衣着，用大量流动清水冲洗 20~30 min。如有不适感，就医。
眼睛接触	立即提起眼睑，用大量流动清水或生理盐水彻底冲洗 10~15 min。如有不适感，就医。
吸　　入	迅速脱离现场至空气新鲜处。保持呼吸道通畅。如呼吸困难，给输氧。如呼吸、心跳停止，立即进行心肺复苏术。就医。
食　　入	给饮牛奶或蛋清。立即就医。

应急处理

消防措施	受热分解，放出氮、硫的氧化物等毒性气体。用雾状水、泡沫、二氧化碳、砂土灭火。
泄漏处理	隔离泄漏污染区，周围设警告标志。建议应急处理人员戴防毒面具，穿化学防护服。不要直接接触泄漏物，用洁清的铲子收集于干燥、洁净、有盖的容器中，运至废物处理场所。也可以用大量水冲洗，经稀释的洗水排入废水系统。如大量泄漏，收集回收或无害处理后废弃。

安全存储

储存于阴凉、通风的库房内。远离火种、热源。保持容器密封。应与氧化剂、碱类分开存放。搬运时要轻装轻卸，防止包装及容器损坏。

废物处置

根据国家和地方有关法规的要求处置。或与制造商联系，确定处置方法。

中文名称:**硫酸乙酯**　　英文名称:ethyl sulfate

CAS 登记号:64-67-5　　RTECS 号:WS7875000

化学式:$(C_2H_5)_2SO_4$　　相对分子质量:154.1

最高容许浓度 / 时量平均浓度	危险性类别	危险标识
未制定标准	毒害品	 毒害品

理化性质

闪点:78.33℃;104℃(CC)　　熔点:-24.0℃　　沸点:208℃(分解)

相对密度($d_{水}$=1):1.18　　相对蒸气密度($d_{空气}$=1):5.31　　爆炸极限:无资料

预防措施

呼吸防护	可能接触其蒸气时,应该佩戴过滤式防毒面具(半面罩)。
眼睛防护	戴化学安全防护眼镜。
手 防 护	戴橡胶手套。
身体防护	穿防静电工作服。
其他防护	在通风橱内进行化学反应。实验室禁止吸烟和饮食。

戴过滤式防毒面具(半面罩)

戴化学安全防护眼镜

戴橡胶手套

穿防静电工作服

事故响应

皮肤接触	立即脱去污染的衣着,用大量流动清水冲洗 20~30 min。如有不适感,就医。
眼睛接触	立即提起眼睑,用大量流动清水或生理盐水彻底冲洗 10~15 min。如有不适感,就医。
吸　　入	迅速脱离现场至空气新鲜处。保持呼吸道通畅。如呼吸困难,给输氧。如呼吸、心跳停止,立即进行心肺复苏术。就医。
食　　入	用水漱口,不给任何饮品。禁止催吐。就医。

应急处理

消防措施	用泡沫、干粉、二氧化碳、砂土灭火。消防人员需佩戴空气呼吸器,穿全身防火防毒服,在上风向灭火。尽可能将容器从火场移至空旷处。喷水冷却火场容器,直至灭火结束。容器突然发出异常声音或出现异常现象,应立即撤离。
泄漏处理	建议应急处理人员戴正压自给式呼吸器,穿防毒服,戴橡胶手套。小量泄漏:用干燥的砂土或其他不燃材料吸收或覆盖,收集于容器中。大量泄漏:构筑围堤或挖坑收容。用泵转移至槽车或专用收集器内。

安全存储

储存于阴凉、干燥、通风良好的库房。远离火种、热源。应与氧化剂、碱类、食用化学品分开存放,切忌混储。

废物处置

建议用焚烧法处置。焚烧炉排出的硫氧化物通过洗涤器除去。

中文名称：**六氟丙烯**　　英文名称：perfluoropropylene

CAS 登记号：116-15-4

化学式：$CF_2═CFCF_3$　　相对分子质量：150.3

时量平均浓度	危险性类别	危险标识
PC-TWA：4 mg/m^3	不燃气体	 不燃气体

理化性质

闪点：无意义	熔点：-156.5℃	沸点：-29.6℃
相对密度（$d_{水}$=1）：1.58	相对蒸气密度（$d_{空气}$=1）：5.18	爆炸极限：无意义

预防措施

呼吸防护	空气中浓度较高时，应视污染气体浓度的高低和作业环境中是否缺氧来选择过滤式防毒面具（半面罩）或空气呼吸器。
眼睛防护	一般不需特殊防护。
手 防 护	戴乳胶手套。
身体防护	穿实验室工作服。
其他防护	在通风橱内进行化学反应。实验室禁止吸烟和饮食。

戴过滤式防毒面具（半面罩）

戴空气呼吸器

戴乳胶手套

穿实验室工作服

事故响应

皮肤接触	用大量流动清水冲洗。发生冻伤时：将患处浸泡于 38~42℃的温水中复温。不要涂擦。不要使用热水或辐射热。使用清洁、干燥的敷料包扎。如有不适感，就医。
眼睛接触	提起眼睑，用流动清水或生理盐水冲洗。如有不适感，就医。
吸　　入	迅速脱离现场至空气新鲜处。保持呼吸道通畅。如呼吸困难，给输氧。如呼吸、心跳停止，立即进行心肺复苏术。就医。
食　　入	不会通过该途径接触。

应急处理

消防措施	本品不燃，根据着火原因选择适当灭火剂灭火。消防人员须佩戴防毒面具，穿全身消防服，在上风向灭火。尽可能将容器从火场移至空旷处。喷水冷却火场容器，直至灭火结束。
泄漏处理	根据气体的影响划定警戒区。建议应急处理人员戴正压自给式呼吸器，穿一般作业工作服。液化气体泄漏时穿防寒服。喷雾状水抑制蒸气或改变蒸气云流向，避免水流接触泄漏物。禁止用水直接冲击泄漏物或泄漏源。

安全存储

储存于阴凉、通风的不燃气体专用库房。远离火种、热源。库温不宜超过 30℃。应与易（可）燃物、氧化剂分开存放，切忌混储。

废物处置

根据国家和地方有关法规的要求处置。或与制造商联系，确定处置方法。

中文名称:**六氟化硫**　　英文名称:sulfur hexafluoride

CAS 登记号:2551-62-4　　RTECS 号:WS4900000

化学式:SF_6　　相对分子质量:146.06

时量平均浓度	危险性类别	危险标识
PC-TWA:6000 mg/m^3	不燃气体	

理化性质

闪点:无意义	熔点:-51℃	沸点:-64℃(升华)
相对密度($d_{水}$=1):1.67(-100℃)	相对蒸气密度($d_{空气}$=1):6.602	爆炸极限:无意义

预防措施

呼吸防护	一般不需要特殊防护。高浓度接触时,可佩戴过滤式防毒面具(半面罩)或自给式呼吸器。
眼睛防护	必要时,戴化学安全防护眼镜。
手 防 护	戴乳胶手套。
身体防护	穿实验室工作服。
其他防护	在通风橱内进行化学反应。实验室禁止吸烟和饮食。

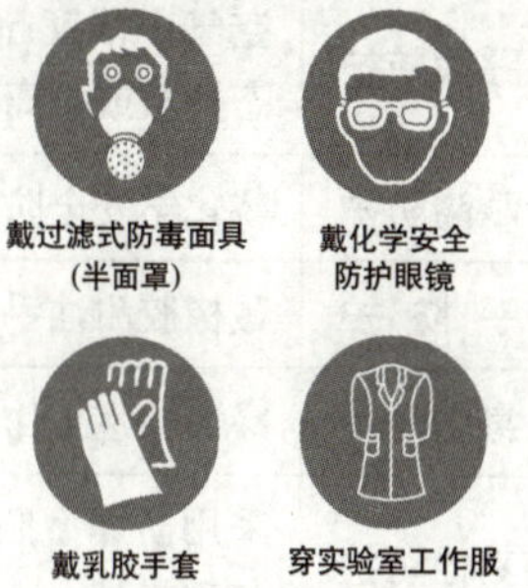

事故响应

皮肤接触	发生冻伤时:将患处浸泡于38~42℃的温水中复温。不要涂擦。不要使用热水或辐射热。使用清洁、干燥的敷料包扎。如有不适感,就医。
眼睛接触	提起眼睑,用流动清水或生理盐水彻底冲洗。如有不适感,就医。
吸　　入	迅速脱离现场至空气新鲜处。保持呼吸道通畅。如呼吸困难,给输氧。如呼吸、心跳停止,立即进行心肺复苏术。就医。
食　　入	不会通过该途径接触。

应急处理

消防措施	本品不燃,根据着火原因选择适当灭火剂灭火。消防人员须佩戴防毒面具,穿全身消防服,在上风向灭火。切断气源。尽可能将容器从火场移至空旷处。喷水冷却容器,直至灭火结束。
泄漏处理	根据气体的影响划定警戒区。建议应急处理人员戴正压自给式呼吸器,穿一般作业工作服。喷雾状水抑制蒸气或改变蒸气云流向,避免水流接触泄漏物。禁止用水直接冲击泄漏物或泄漏源。泄漏场所保持通风。允许泄漏气体排入大气中。

安全存储

储存于阴凉、通风的不燃气体专用库房。远离火种、热源。库温不宜超过30℃。应与易(可)燃物、氧化剂分开存放,切忌混储。

废物处置

废气直接排入大气。

中文名称:**六甲基二硅醚**	英文名称:hexamethyl disiloxane
CAS 登记号:107-46-0	
化学式:$Si(CH_3)_3OSi(CH_3)_3$	相对分子质量:162.42

最高容许浓度 / 时量平均浓度	危险性类别	危险标识
未制定标准	易燃液体	 易燃液体

理化性质

闪点:-2℃	熔点:-59℃	沸点:99.5℃
相对密度($d_{水}$=1):0.764(25℃)	相对蒸气密度($d_{空气}$=1):5.5	爆炸极限:0.6%~32%

预防措施

呼吸防护	空气中浓度超标时,佩戴过滤式防毒面具(半面罩)。紧急事态抢救或撤离时,建议佩戴空气呼吸器。
眼睛防护	戴化学安全防护眼镜。
手 防 护	戴橡胶耐油手套。
身体防护	穿实验室工作服。
其他防护	采用防爆型照明、通风设施。禁止使用易产生火花的机械设备和工具。

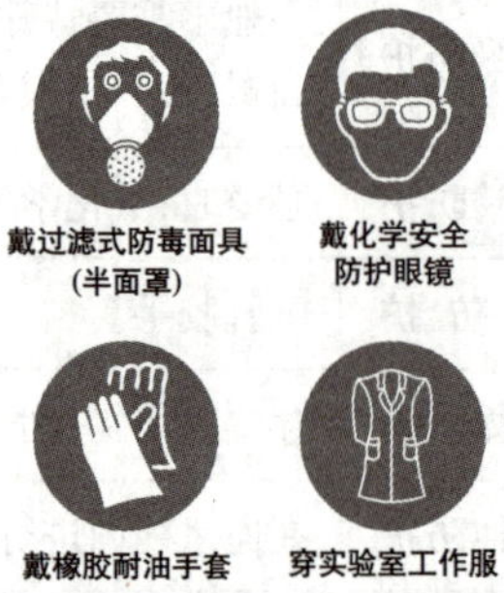

事故响应

皮肤接触	脱去污染的衣着,用清水和肥皂水彻底冲洗皮肤。如有不适感,就医。
眼睛接触	提起眼睑,用流动清水或生理盐水冲洗。如有不适感,就医。
吸　　入	迅速脱离现场至空气新鲜处。保持呼吸道通畅。如呼吸困难,给输氧。如呼吸、心跳停止,立即进行心肺复苏术。就医。
食　　入	饮水,禁止催吐。如有不适,就医。

应急处理

消防措施	用干粉、二氧化碳、干砂灭火。禁止用水和泡沫灭火。消防人员须佩戴空气呼吸器,穿全身防火防毒服,在上风向灭火。尽可能将容器从火场移至空旷处。喷水冷却火场容器,直至灭火结束。容器突然发出异常声音或出现异常现象,应立即撤离。用水灭火无效。
泄漏处理	消除所有点火源。应急处理人员须戴正压自给式呼吸器,穿防静电服,戴橡胶耐油手套。小量泄漏:用砂土或其他不燃材料吸收。大量泄漏:构筑围堤或挖坑收容。用泡沫覆盖,减少蒸发。用防爆泵转移至槽车或专用收集器内。

安全存储

储存于阴凉、干燥、通风良好的不燃气体专用库房。远离火种、热源。包装要求密封。应与氧化剂、酸类、碱类分开存放,切忌混储。

废物处置

建议用焚烧法处理。

中文名称:**六氯苯**　　英文名称:hexachlorobenzene

CAS 登记号:118-74-1

化学式:C_6Cl_6　　相对分子质量:284.76

最高容许浓度 / 时量平均浓度	危险性类别	危险标识
未制定标准	毒害品	 毒害品

理化性质

闪点:242℃	熔点:229~231℃	沸点:323~326℃ (升华)
相对密度($d_{水}$=1):2.044	相对蒸气密度($d_{空气}$=1):9.8	爆炸极限:无资料

预防措施

呼吸防护	可能接触其粉尘时,应该佩戴过滤式防尘呼吸器。紧急事态抢救或撤离时,建议佩戴空气呼吸器。	
眼睛防护	戴化学安全防护眼镜。	
手 防 护	戴橡胶手套。	
身体防护	穿实验室工作服。	
其他防护	在通风橱内进行化学反应。实验室禁止吸烟和饮食。	

事故响应

皮肤接触	脱去污染的衣着,用肥皂水和清水彻底冲洗皮肤。如有不适感,就医。
眼睛接触	提起眼睑,用流动清水或生理盐水冲洗。如有不适感,就医。
吸　　入	迅速脱离现场至空气新鲜处。保持呼吸道通畅。如呼吸困难,给输氧。如呼吸、心跳停止,立即进行心肺复苏术。就医。
食　　入	漱口。就医。

应急处理

消防措施	用雾状水、泡沫、干粉、二氧化碳、砂土灭火。消防人员须佩戴防毒面具,穿全身消防服,在上风向灭火。喷水保持火场容器冷却,直至灭火结束。尽可能将容器从火场移至空旷处。
泄漏处理	隔离泄漏污染区,限制出入。建议应急处理人员戴防尘口罩,穿防毒服,戴氯丁橡胶手套。穿上适当的防护服前严禁接触破裂的容器和泄漏物。尽可能切断泄漏源。用塑料布覆盖泄漏物,减少飞散。勿使水进入包装容器内。用洁净的铲子收集泄漏物,置于干燥、干净、盖子较松的容器内,将容器移离泄漏区。

安全存储

储存于阴凉、通风的库房。远离火种、热源。应与氧化剂、食用化学品分开存放,切忌混储。配备相应品种和数量的消防器材。储区应备有合适的材料收容泄漏物。

废物处置

用焚烧法处置。与燃料混合后,再焚烧。焚烧炉排出的卤化氢通过酸洗涤器除去。

中文名称：**六氯乙烷**　　英文名称：hexachloroethane

CAS 登记号：67-72-1

化学式：C_2Cl_6　　相对分子质量：236.72

时量平均浓度	危险性类别	危险标识
PC-TWA：10 mg/m^3	毒害品；不燃气体	 毒害品　不燃气体

理化性质

闪点：无意义	熔点：186℃（升华）	沸点：186℃（103.34 kPa，升华）
相对密度（$d_{水}$=1）：2.09	相对蒸气密度（$d_{空气}$=1）：8.16	爆炸极限：无意义

预防措施

呼吸防护	可能接触其粉尘时，建议佩戴过滤式防毒面具（半面罩）。紧急事态抢救或撤离时，建议佩戴空气呼吸器。
眼睛防护	一般不需要特殊防护。高浓度接触时，可戴化学安全防护眼镜。
手 防 护	戴乳胶手套。
身体防护	穿实验室工作服。
其他防护	在通风橱内进行化学反应。实验室禁止吸烟和饮食。

事故响应

皮肤接触	脱去污染的衣着，用肥皂水和清水彻底清洗。如有不适感，就医。
眼睛接触	提起眼睑，用流动清水或生理盐水冲洗。如有不适感，就医。
吸　　入	迅速脱离现场至空气新鲜处。保持呼吸道通畅。如呼吸困难，给输氧。如呼吸、心跳停止，立即进行心肺复苏术。就医。
食　　入	漱口，口服活性炭悬液，洗胃。就医。

应急处理

消防措施	用雾状水、泡沫、二氧化碳、砂土灭火。消防人员须佩戴防毒面具，穿全身消防服，在上风向灭火。喷水保持火场容器冷却，直至灭火结束。尽可能将容器从火场移至空旷处。
泄漏处理	隔离泄漏污染区，限制出入。建议应急处理人员戴防尘口罩，穿防毒服，戴防化学品手套。用塑料布覆盖泄漏物，减少飞散。勿使水进入包装容器内。用洁净的铲子收集泄漏物，置于干燥、干净、盖子较松的容器内，将容器移离泄漏区。

安全存储

储存于阴凉、通风的库房。远离火种、热源。包装密封。应与氧化剂、碱类、食用化学品分开存放，切忌混储。储区应备有合适的材料收容泄漏物。

废物处置

用焚烧法处置。与燃料混合后，再焚烧。焚烧炉排出的气体通过洗涤器除去。

中文名称:**六亚甲基四胺**　　英文名称:hexamethylenetetramine

CAS 登记号:100-97-0　　UN 编号:1328

化学式:$C_6H_{12}N_4$　　相对分子质量:140.22

最高容许浓度 / 时量平均浓度	危险性类别	危险标识
未制定标准	易燃固体;易制爆	 易燃固体　易制爆

理化性质		
闪点:250℃	熔点:280~295℃（分解）	沸点:263℃（升华）
相对密度($d_{水}$=1):1.33	相对蒸气密度($d_{空气}$=1):4.9	爆炸极限:无资料
危险特性:其粉尘与空气混合,能形成爆炸性混合物		

预防措施		
呼吸防护	粉尘浓度较高的环境中,佩戴抗冲击面罩。必要时,佩戴空气呼吸器。	 戴抗冲击面罩　戴空气呼吸器　戴乳胶手套　穿实验室工作服
眼睛防护	呼吸防护中已做防护。	
手 防 护	戴乳胶手套。	
身体防护	穿实验室工作服。	
其他防护	采用防爆型照明、通风设施。禁止使用易产生火花的机械设备和工具。	

事故响应	
皮肤接触	脱去污染的衣着,用肥皂水和清水彻底冲洗皮肤。如有不适感,就医。
眼睛接触	提起眼睑,用流动清水或生理盐水冲洗。如有不适感,就医。
吸　　入	迅速脱离现场至空气新鲜处。保持呼吸道通畅。如呼吸困难,给输氧。如呼吸、心跳停止,立即进行心肺复苏术。就医。
食　　入	漱口,口服活性炭悬液。如有不适感,就医。

应急处理	
消防措施	用雾状水、泡沫、二氧化碳、砂土灭火。消防人员须佩戴空气呼吸器,穿全身防火防毒服,在上风向灭火。喷水保持火场容器冷却,直至灭火结束。尽可能将容器从火场移至空旷处。
泄漏处理	消除所有点火源。隔离泄漏污染区,限制出入。建议应急处理人员戴防尘口罩,穿防静电服。禁止接触或跨越泄漏物。小量泄漏:用洁净的铲子收集泄漏物,置于干净、干燥、盖子较松的容器内,将容器移离泄漏区。大量泄漏:用水润湿,构筑堤坝和挖坑收容。防止泄漏物进入水体、下水道、地下室或限制性空间。

安全存储
储存于阴凉、通风的库房。远离火种、热源。库温不超过35℃。包装密封。应与氧化剂、酸类分开存放,切忌混储。储区应备有合适的材料收容泄漏物。

废物处置
建议用焚烧法处置。焚烧炉排除的氮氧化物通过洗涤器除去。

中文名称:**六亚甲基亚胺**　　英文名称:hexamethyleneimine

CAS 登记号:111-49-9

化学式:$C_6H_{13}N$　　相对分子质量:99.20

最高容许浓度 / 时量平均浓度	危险性类别	危险标识
未制定标准	易燃液体	 易燃液体

理化性质		
闪点:18.33℃;37℃(OC)	熔点:-37℃	沸点:138℃
相对密度($d_{水}$=1):0.88(20℃)	相对蒸气密度($d_{空气}$=1):无资料	爆炸极限:1.6%~2.3%

预防措施		
呼吸防护	可能接触其蒸气时,应该佩戴过滤式防毒面具(全面罩)。紧急事态抢救或撤离时,建议佩戴空气呼吸器。	
眼睛防护	呼吸防护中已做防护。	
手 防 护	戴橡胶耐油手套。	
身体防护	穿实验室工作服。	
其他防护	采用防爆型照明、通风设施。禁止使用易产生火花的机械设备和工具。	

事故响应	
皮肤接触	立即脱去污染的衣着,用大量流动清水冲洗 20~30 min。如有不适感,就医。
眼睛接触	立即提起眼睑,用大量流动清水或生理盐水彻底冲洗 10~15 min。如有不适感,就医。
吸　　入	迅速脱离现场至空气新鲜处。保持呼吸道通畅。如呼吸困难,给输氧。如呼吸、心跳停止,立即进行心肺复苏术。就医。
食　　入	饮足量温水,催吐。就医。

应急处理	
消防措施	用抗溶性泡沫、干粉、二氧化碳、砂土灭火。消防人员须佩戴空气呼吸器,穿全身防火防毒服,在上风向灭火。尽可能将容器从火场移至空旷处。喷水冷却火场容器,直至灭火结束。容器突然发出异常声音或出现异常现象,应立即撤离。
泄漏处理	消除所有点火源。建议应急处理人员戴正压自给式呼吸器,穿防静电、防腐蚀、防毒服,戴橡胶耐油手套进行作业。

安全存储

储存于阴凉、通风良好的专用库房。实行“双人收发、双人保管”制度。远离火种、热源。保持容器密封。应与氧化剂、酸类分开存放,切忌混储。

废物处置

建议用焚烧法处置。焚烧炉排出的氮氧化物通过洗涤器除去。

中文名称：**铝粉**　　英文名称：aluminium powder

CAS 登记号：7429-90-5

化学式：Al　　相对分子质量：26.98

时量平均浓度	危险性类别	危险标识
PC-TWA：3 mg/m^3	遇湿易燃物品	 遇湿易燃物品

理化性质

闪点：无意义	熔点：660℃	沸点：2 327~2 494℃	
相对密度（$d_{水}$=1）：2.70	相对蒸气密度（$d_{空气}$=1）：无资料	爆炸下限：37~50 mg/m^3	爆炸上限：无资料

预防措施

呼吸防护	空气中粉尘浓度超标时，应该佩戴过滤式防尘呼吸器。必要时，佩戴空气呼吸器。	 戴过滤式防尘呼吸器  戴化学安全防护眼镜  戴乳胶手套  穿防静电工作服
眼睛防护	戴化学安全防护眼镜。	
手 防 护	戴乳胶手套。	
身体防护	穿防静电工作服。	
其他防护	采用防爆型照明、通风设施。禁止使用易产生火花的机械设备和工具。防止尘肺。	

事故响应

皮肤接触	脱去污染的衣着，用肥皂水和清水彻底冲洗皮肤。如有不适感，就医。
眼睛接触	立即提起眼睑，用大量流动清水或生理盐水彻底冲洗 10~15 min。如有不适感，就医。
吸　　入	迅速脱离现场至空气新鲜处。保持呼吸道通畅。如呼吸困难，给输氧。如心跳停止，立即进行心肺复苏术。就医。
食　　入	漱口。饮水。就医。

应急处理

消防措施	可用适当的干砂、石粉将火闷熄。消防人员须佩戴防毒面具，穿全身消防服，在上风向灭火。尽可能将容器从火场移至空旷处。喷水保持火场容器冷却，直至灭火结束。
泄漏处理	消除所有点火源。隔离泄漏污染区，限制出入。建议应急处理人员戴防尘口罩，穿防静电服。禁止接触或跨越泄漏物。尽可能切断泄漏源。严禁用水处理。小量泄漏：用干燥的砂土或其他不燃材料覆盖泄漏物，然后用塑料布覆盖，减少飞散，避免雨淋。粉末泄漏：用塑料布或帆布覆盖泄漏物，减少飞散，保持干燥。在专家指导下消除。

安全存储

储存于阴凉、干燥、通风良好的专用库房。远离火种、热源。库温不超过 32℃，相对湿度不超过 75%。包装密封。应与氧化剂、酸类、卤素分开存放，切忌混储。

废物处置

若可能，回收使用。也可以用安全掩埋法处置。

中文名称:**氯**　　　　英文名称:chlorine

CAS 登记号:7782-50-5

化学式:Cl_2　　　　相对分子质量:70.90

最高容许浓度	危险性类别	危险标识
MAC:1 mg/m^3	剧毒气体	 剧毒气体

理化性质

闪点:无意义	熔点:-101℃	沸点:-34.0℃
相对密度($d_{水}$=1):1.41(20℃)	相对蒸气密度($d_{空气}$=1):2.5	爆炸极限:无意义

预防措施

呼吸防护	空气中浓度超标时,建议佩戴过滤式防毒面具(全面罩)。紧急事态抢救或撤离时,必须佩戴空气呼吸器。	 戴过滤式防毒面具(全面罩)  戴空气呼吸器
眼睛防护	呼吸防护中已做防护。	
手 防 护	戴橡胶手套。	 戴橡胶手套  穿实验室工作服
身体防护	穿实验室工作服。	
其他防护	在通风橱内进行化学反应。实验室禁止吸烟和饮食。	

事故响应

皮肤接触	立即脱去污染的衣着,用大量流动清水冲洗。如有不适感,就医。
眼睛接触	提起眼睑,用流动清水或生理盐水冲洗。如有不适感,就医。
吸　　入	迅速脱离现场至空气新鲜处。保持呼吸道通畅。如呼吸困难,给输氧。如呼吸、心跳停止,立即进行心肺复苏术。就医。
食　　入	不会通过该途径接触。

应急处理

消防措施	本品不燃,根据着火原因选择适当灭火剂灭火。消防人员须佩戴空气呼吸器,穿全身防火防毒服,在上风向灭火。
泄漏处理	根据气体的影响划定警戒区,无关人员从侧风、上风向撤离至安全区。建议应急处理人员穿内置正压自给式呼吸器的全封闭防化服,戴橡胶手套。禁止接触或跨越泄漏物。尽可能切断泄漏源。隔离泄漏区直至气体散尽。泄漏场所保持通风。

安全存储

储存于阴凉、通风的有毒气体专用库房。远离火种、热源。应与易燃物、醇类、食用化学品分开存放,切忌混储。储区应备有泄漏应急处理设备。

废物处置

将废气通入过量还原性溶液中,中和后用水冲入下水道。

中文名称：**氯苯**　　英文名称：chlorobenzene

CAS 登记号：108-90-7　　UN 编号：1134

化学式：C_6H_5Cl　　相对分子质量：112.6

时量平均浓度	危险性类别	危险标识
PC-TWA：50 mg/m^3	可燃液体	 可燃液体

理化性质

闪点：29℃	熔点：-45.2℃	沸点：131.7℃
相对密度（$d_{水}$=1）：1.11	相对蒸气密度（$d_{空气}$=1）：3.88	爆炸极限：1.3%~11%

预防措施

呼吸防护	空气中浓度超标时，应该佩戴过滤式防毒面具（半面罩）。
眼睛防护	高浓度接触时，可戴化学安全防护眼镜。
手 防 护	戴橡胶耐油手套。
身体防护	穿实验室工作服。
其他防护	采用防爆型照明、通风设施。禁止使用易产生火花的机械设备和工具。

戴过滤式防毒面具（半面罩）

戴化学安全防护眼镜

戴橡胶耐油手套

穿实验室工作服

事故响应

皮肤接触	脱去污染的衣着，用肥皂水和清水彻底冲洗皮肤。如有不适感，就医。
眼睛接触	提起眼睑，用流动清水或生理盐水冲洗。如有不适感，就医。
吸　　入	迅速脱离现场至空气新鲜处。保持呼吸道通畅。如呼吸困难，给输氧。如呼吸、心跳停止，立即进行心肺复苏术。就医。
食　　入	饮水，禁止催吐。如有不适感，就医。

应急处理

消防措施	用雾状水、泡沫、干粉、二氧化碳、砂土灭火。消防人员须佩戴空气呼吸器，穿全身防火防毒服，在上风向灭火。喷水冷却火场容器，直至灭火结束。尽可能将容器从火场移至空旷处。
泄漏处理	消除所有点火源。建议应急处理人员戴正压自给式呼吸器，穿防静电服。禁止接触或跨越泄漏物。小量泄漏：用砂土或其他不燃材料吸收。使用洁净的无火花工具收集吸收材料。大量泄漏：构筑围堤或挖坑收容。用砂土、惰性物质或蛭石吸收大量液体。用泡沫覆盖，减少蒸发。用防爆泵转移至槽车或专用收集器内。

安全存储

储存于阴凉、通风的库房。远离火种、热源。库温不超过37℃。保持容器密封。应与氧化剂分开存放，切忌混储。储区应备有合适的材料收容泄漏物。

废物处置

用焚烧法处置。与燃料混合后，再焚烧。焚烧炉排出的卤化氢通过酸洗涤器除去。

中文名称:**3-氯丙腈**　　　　英文名称:3-chloropropionitrile

CAS 登记号:542-76-7

化学式:$Cl(CH_2)_2CN$　　　　相对分子质量:89.53

最高容许浓度 / 时量平均浓度	危险性类别	危险标识
未制定标准	毒害品	 毒害品

理化性质

闪点:75.6℃ (CC)	熔点:-51℃	沸点:175~176℃ (分解)
相对密度($d_{水}$=1):1.144	相对蒸气密度($d_{空气}$=1):3.09	爆炸极限:无资料

预防措施

呼吸防护	可能接触其蒸气时,应该佩戴过滤式防毒面具(全面罩)。紧急事态抢救或撤离时,佩戴空气呼吸器。
眼睛防护	呼吸防护中已做防护。
手 防 护	戴乳胶手套。
身体防护	穿实验室工作服。
其他防护	在通风橱内进行化学反应。实验室禁止吸烟和饮食。

戴过滤式防毒面具(全面罩)

戴空气呼吸器

戴乳胶手套

穿实验室工作服

事故响应

皮肤接触	脱去污染的衣着,用流动清水或 5% 硫代硫酸钠溶液彻底冲洗皮肤。如有不适感,就医。
眼睛接触	提起眼睑,用流动清水或生理盐水冲洗。如有不适感,就医。
吸　　入	迅速脱离现场至空气新鲜处。保持呼吸道通畅。如呼吸困难,给输氧。如呼吸、心跳停止,立即进行心肺复苏术。就医。
食　　入	如患者神志清醒,催吐。洗胃。就医。

应急处理

消防措施	用抗溶性泡沫、干粉、二氧化碳、砂土灭火。消防人员须佩戴防毒面具,穿全身消防服,在上风向灭火。禁用酸碱灭火剂。尽可能将容器从火场移至空旷处。喷水冷却火场容器,直至灭火结束。容器突然发出异常声音或出现异常现象,应立即撤离。
泄漏处理	建议应急处理人员戴正压自给式呼吸器,穿防毒服,戴防化学品手套。小量泄漏:用干燥的砂土或其他不燃材料吸收或覆盖,收集于容器中。大量泄漏:构筑围堤或挖坑收容。

安全存储

储存于阴凉、通风良好的专用库房。远离火种、热源。应与氧化剂、酸类、碱类、食用化学品分开存放,切忌混储。配备相应品种和数量的消防器材。储区应备有合适的材料收容泄漏物。

废物处置

用焚烧法处置。与燃料混合后,再焚烧。焚烧炉排出的气体通过洗涤器除去。

中文名称：**3- 氯丙酸**　　英文名称：3-chloropropionic

CAS 编号：107-94-8

化学式：Cl(CH_2)$_2$COOH　　相对分子质量：108.53

最高容许浓度 / 时量平均浓度	危险性类别	危险标识
未制定标准	酸性腐蚀品	 酸性腐蚀品

理化性质

闪点：>110℃	熔点：38~41℃	沸点：203~205℃
相对密度($d_{水}$=1)：无资料	相对蒸气密度($d_{空气}$=1)：无资料	爆炸极限：无资料

预防措施

呼吸防护	空气中粉尘浓度超标时，建议佩戴过滤式防尘呼吸器。可能接触其蒸气时，应该佩戴过滤式防毒面具(半面罩)。
眼睛防护	戴化学安全防护眼镜。
手 防 护	戴橡胶耐酸碱手套。
身体防护	穿橡胶耐酸碱工作服。
其他防护	在通风橱内进行化学反应。实验室禁止吸烟和饮食。

事故响应

皮肤接触	脱去污染的衣着，用肥皂水和清水彻底冲洗皮肤。如有不适感，就医。
眼睛接触	提起眼睑，用流动清水或生理盐水冲洗。如有不适感，就医。
吸　　入	迅速脱离现场至空气新鲜处。保持呼吸道通畅。如呼吸困难，给输氧。如呼吸、心跳停止，立即进行心肺复苏术。就医。
食　　入	用水漱口，给饮牛奶或蛋清。就医。

应急处理

消防措施	用雾状水、抗溶性泡沫、二氧化碳、砂土灭火。消防人员须佩戴空气呼吸器，穿全身防火防毒服，在上风向灭火。
泄漏处理	隔离泄漏污染区，限制出入。消除所有点火源。建议应急处理人员戴防尘口罩，穿防酸碱服，戴橡胶耐酸碱手套。尽可能切断泄漏源。用塑料布覆盖泄漏物，减少飞散。勿使水进入包装容器内。用洁净的铲子收集泄漏物，置于干燥、干净、盖子较松的容器内，将容器移离泄漏区。

安全存储

储存于阴凉、通风的库房。远离火种、热源。包装密封。应与氧化剂、碱类分开存放，切忌混储。储区应备有合适的材料收容泄漏物。

废物处置

用焚烧法处置。与燃料混合后，再焚烧。焚烧炉排出的卤化氢通过酸洗涤器除去。

中文名称：**2- 氯丙烷**　　英文名称：2-chloropropane

CAS 编号：75-29-6

化学式：$(CH_3)_2CHCl$　　相对分子质量：78.54

最高容许浓度 / 时量平均浓度	危险性类别	危险标识
未制定标准	高度易燃液体	 高度易燃液体

理化性质

闪点：-32℃（CC）　　熔点：–117.2℃　　沸点：35.7℃

相对密度（$d_{水}$=1）：0.86（20℃）　　相对蒸气密度（$d_{空气}$=1）：2.71　　爆炸极限：2.8%~10.7%

预防措施

呼吸防护	空气中浓度超标时，佩戴过滤式防毒面具（半面罩）。	 戴过滤式防毒面具（半面罩）  戴化学安全防护眼镜  戴橡胶耐油手套  穿防静电工作服
眼睛防护	戴化学安全防护眼镜。	
手 防 护	戴橡胶耐油手套。	
身体防护	穿防静电工作服。	
其他防护	采用防爆型照明、通风设施。禁止使用易产生火花的机械设备和工具。	

事故响应

皮肤接触	脱去污染的衣着，用肥皂水和清水彻底冲洗皮肤。如有不适感，就医。
眼睛接触	提起眼睑，用流动清水或生理盐水冲洗。如有不适感，就医。
吸　入	迅速脱离现场至空气新鲜处。保持呼吸道通畅。如呼吸困难，给输氧。如呼吸、心跳停止，立即进行心肺复苏术。就医。
食　入	饮水，禁止催吐。如有不适，就医。

应急处理

消防措施	用泡沫、干粉、二氧化碳、砂土灭火。用水灭火无效。消防人员须佩戴防毒面具，穿全身消防服，在上风向灭火。尽可能将容器从火场移至空旷处。喷水冷却火场容器，直至灭火结束。容器突然发出异常声音或出现异常现象，应立即撤离。
泄漏处理	消除所有点火源。建议应急处理人员戴正压自给式呼吸器，穿防静电服。作业时所用的所有设备应接地。小量泄漏：用砂土或其他不燃材料吸收。大量泄漏：构筑围堤或挖坑收容。

安全存储

储存于阴凉、通风的库房。远离火种、热源。库温不宜超过 29℃。保持容器密封。应与氧化剂、碱类分开存放，切忌混储。储区应备有泄漏应急处理设备和合适的收容材料。

废物处置

用焚烧法处置。与燃料混合后，再焚烧。焚烧炉排出的卤化氢通过酸洗涤器除去。

中文名称：**2-氯丙烯**　　英文名称：2-cholropropene

CAS 编号：557-98-2

化学式：$CH_2═CCH_3Cl$　　相对分子质量：76.53

最高容许浓度 / 时量平均浓度	危险性类别	危险标识
未制定标准	高度易燃液体；易制爆	 高度易燃液体  易制爆

理化性质

闪点：−34℃　　熔点：−137℃　　沸点：22.6℃

相对密度（$d_{水}$=1）：0.90　　相对蒸气密度（$d_{空气}$=1）：2.63　　爆炸极限：4.5%~16.0%

危险特性：与空气混合爆炸

预防措施

呼吸防护	空气中浓度超标时，佩戴抗冲击面罩。	 戴抗冲击面罩  戴橡胶耐油手套  穿防静电工作服
眼睛防护	呼吸防护中已做防护。	
手防护	戴橡胶耐油手套。	
身体防护	穿防静电工作服。	
其他防护	采用防爆型照明、通风设施。禁止使用易产生火花的机械设备和工具。	

事故响应

皮肤接触	立即脱去污染的衣着，用大量流动清水冲洗 20~30 min。如有不适感，就医。
眼睛接触	立即提起眼睑，用大量流动清水或生理盐水彻底冲洗 10~15 min。如有不适感，就医。
吸入	迅速脱离现场至空气新鲜处。保持呼吸道通畅。如呼吸困难，给输氧。如呼吸、心跳停止，立即进行心肺复苏术。就医。
食入	漱口，口服活性炭悬液。大量饮水。如有不适感，就医。

应急处理

消防措施	用泡沫、干粉、二氧化碳、砂土灭火。用水灭火无效。消防人员须佩戴防毒面具，穿全身消防服，在上风向灭火。尽可能将容器从火场移至空旷处。喷水冷却火场容器，直至灭火结束。容器突然发出异常声音或出现异常现象，应立即撤离。
泄漏处理	消除所有点火源。建议应急处理人员戴正压自给式呼吸器，穿防静电、防毒服。作业时所用的所有设备应接地。禁止接触或跨越泄漏物。尽可能切断泄漏源。防止泄漏物进入水体、下水道、地下室或限制性空间。

安全存储

储存于阴凉、通风的库房。远离火种、热源。库温不宜超过 29℃。应与氧化剂、碱类、酸类分开存放，切忌混储。储区应备有泄漏应急处理设备。不宜大量储存或久存。

废物处置

用焚烧法处置。与燃料混合后，再焚烧。焚烧炉排出的卤化氢通过酸洗涤器除去。

中文名称:**1-氯丁烷**	英文名称:1-chlorobutane
CAS 登记号:109-69-3	RTECS 号:EJ6300000
化学式:C_4H_9Cl	相对分子质量:92.58

最高容许浓度/时量平均浓度	危险性类别	危险标识
未制定标准	易燃液体	 易燃液体

理化性质

闪点:-9℃(CC)	熔点:-123.1℃	沸点:78.5℃
相对密度($d_{水}$=1):0.89	相对蒸气密度($d_{空气}$=1):3.20	爆炸极限:1.9%~10.1%

预防措施

呼吸防护	空气中浓度超标时,应该佩戴过滤式防毒面具(半面罩)。紧急事态抢救或撤离时,佩戴空气呼吸器。
眼睛防护	一般不需要特殊防护。高浓度接触时,可戴化学安全防护眼镜。
手防护	戴橡胶耐油手套。
身体防护	穿防静电工作服。
其他防护	采用防爆型照明、通风设施。禁止使用易产生火花的机械设备和工具。

戴过滤式防毒面具(半面罩)

戴化学安全防护眼镜

戴橡胶耐油手套

穿防静电工作服

事故响应

皮肤接触	脱去污染的衣着,用肥皂水和清水彻底冲洗皮肤。如有不适感,就医。
眼睛接触	提起眼睑,用流动清水或生理盐水冲洗。如有不适感,就医。
吸入	迅速脱离现场至空气新鲜处。保持呼吸道通畅。如呼吸困难,给输氧。如呼吸、心跳停止,立即进行心肺复苏术。就医。
食入	漱口,饮水。就医。

应急处理

消防措施	用泡沫、干粉、二氧化碳、砂土灭火。用水灭火无效。消防人员须佩戴空气呼吸器,穿全身防火防毒服,在上风向灭火。喷水冷却火场容器,直至灭火结束。尽可能将容器从火场移至空旷处。容器突然发出异常声音或出现异常现象,应立即撤离。
泄漏处理	建议应急处理人员戴正压自给式呼吸器,穿防静电服。尽可能切断泄漏源。小量泄漏:用砂土或其他不燃材料吸收。大量泄漏:构筑围堤或挖坑收容。用泡沫覆盖,减少蒸发。

安全存储

储存于阴凉、通风的库房。远离火种、热源。库温不宜超过37℃。保持容器密封。应与氧化剂、碱类分开存放,切忌混储。储区应备有泄漏应急处理设备。

废物处置

用焚烧法处置。与燃料混合后,再焚烧。焚烧炉排出的卤化氢通过酸洗涤器除去。

中文名称:**2- 氯丁烷**　　英文名称:2-chlorobutane

CAS 登记号:78-86-4

化学式:C_4H_9Cl　　相对分子质量:92.58

最高容许浓度 / 时量平均浓度	危险性类别	危险标识
未制定标准	易燃液体	 易燃液体

理化性质

闪点:-15℃	熔点:-140~-131℃	沸点:68~70℃
相对密度($d_{水}=1$):0.87	相对蒸气密度($d_{空气}=1$):3.2	爆炸极限:1.8%~10.1%

预防措施

呼吸防护	空气中浓度超标时,应该佩戴过滤式防毒面具(半面罩)。紧急事态抢救或撤离时,佩戴空气呼吸器。
眼睛防护	戴化学安全防护眼镜。
手 防 护	戴橡胶耐油手套。
身体防护	穿防静电工作服。
其他防护	采用防爆型照明、通风设施。禁止使用易产生火花的机械设备和工具。

戴过滤式防毒面具(半面罩)

戴化学安全防护眼镜

戴橡胶耐油手套

穿防静电工作服

事故响应

皮肤接触	脱去污染的衣着,用肥皂水和清水彻底冲洗皮肤。如有不适感,就医。
眼睛接触	提起眼睑,用流动清水或生理盐水冲洗。如有不适感,就医。
吸　　入	迅速脱离现场至空气新鲜处。保持呼吸道通畅。如呼吸困难,给输氧。如呼吸、心跳停止,立即进行心肺复苏术。就医。
食　　入	饮水,禁止催吐。如有不适感,就医。

应急处理

消防措施	用泡沫、干粉、二氧化碳、砂土灭火。用水灭火无效。消防人员须佩戴空气呼吸器,穿全身防火防毒服,在上风向灭火。喷水冷却火场容器,直至灭火结束。尽可能将容器从火场移至空旷处。容器突然发出异常声音或出现异常现象,应立即撤离。
泄漏处理	建议应急处理人员戴正压自给式呼吸器,穿防静电服。尽可能切断泄漏源。小量泄漏:用砂土或其他不燃材料吸收。大量泄漏:构筑围堤或挖坑收容。用泡沫覆盖,减少蒸发。

安全存储

储存于阴凉、通风的库房。远离火种、热源。库温不宜超过 37℃。保持容器密封。应与氧化剂、碱类分开存放,切忌混储。储区应备有泄漏应急处理设备。

废物处置

用焚烧法处置。与燃料混合后再焚烧。焚烧炉排出的卤化氢通过酸洗涤器除去。

中文名称:**氯化钡**	英文名称:barium chloride
CAS 登记号:10361-37-2	RTECS 号:CQ8750000
化学式:$BaCl_2$	相对分子质量:208.24

时量平均浓度	危险性类别	危险标识
PC-TWA:0.5 mg/m^3	毒害品	 毒害品

理化性质

闪点:无意义	熔点:963℃	沸点:1 560℃
相对密度($d_{水}$=1):3.86	相对蒸气密度($d_{空气}$=1):无资料	爆炸极限:无意义

预防措施

呼吸防护	可能接触其粉尘时,须佩戴过滤式防尘呼吸器。紧急事态抢救或撤离时,建议佩戴空气呼吸器。	
眼睛防护	戴化学安全防护眼镜。	
手 防 护	戴橡胶手套。	
身体防护	穿实验室工作服。	
其他防护	在通风橱内进行化学反应。实验室禁止吸烟和饮食。	

事故响应

皮肤接触	脱去污染的衣着,用肥皂水和清水彻底冲洗皮肤。如有不适感,就医。
眼睛接触	提起眼睑,用流动清水或生理盐水冲洗。如有不适感,就医。
吸　　入	迅速脱离现场至空气新鲜处。保持呼吸道通畅。如呼吸困难,给输氧。如呼吸、心跳停止,立即进行心肺复苏术。就医。
食　　入	饮足量温水,催吐。用 2%~5% 硫酸钠溶液洗胃,导泻。就医。

应急处理

消防措施	与三氟化硼接触剧烈反应。本品不燃,根据着火原因选择适当灭火剂灭火。消防人员必须佩戴空气呼吸器,穿全身防火防毒服,在上风向灭火。喷水保持火场中容器冷却,直至灭火结束。尽可能将容器从火场移至空旷处。
泄漏处理	隔离泄漏污染区,限制出入。建议应急处理人员戴防尘口罩,穿防毒服,戴橡胶手套。穿上适当的防护服前严禁接触破裂的容器和泄漏物。尽可能切断泄漏源。用塑料布覆盖泄漏物,减少飞散。勿使水进入包装容器内。用洁净的铲子收集泄漏物,置于干燥、干净、盖子较松的容器内,将容器移离泄漏区。

安全存储

储存于阴凉、通风的场所。远离火种、热源。包装密封。应与氧化剂、酸类、食用化学品分开存放,切忌混储。储区应备有合适的材料收容泄漏物。

废物处置

中和后,用安全掩埋法处置。

中文名称:**氯化镉**	英文名称:cadmium chloride
CAS 登记号:10108-64-2	RTECS 号:EV0175000
化学式:$CdCl_2$	相对分子质量:183.30

时量平均浓度	危险性类别	危险标识
PC-TWA:0.01 mg/m^3	毒害品	 毒害品

理化性质

闪点:无意义	熔点:568℃	沸点:960℃
相对密度($d_{水}$=1):4.05	相对蒸气密度($d_{空气}$=1):无资料	爆炸极限:无意义

预防措施

呼吸防护	应该佩戴过滤式防尘呼吸器。必要时,佩戴空气呼吸器或长管面具。
眼睛防护	戴化学安全防护眼镜。
手 防 护	戴橡胶手套。
身体防护	穿实验室工作服。
其他防护	在通风橱内进行化学反应。实验室禁止吸烟和饮食。

事故响应

皮肤接触	脱去污染的衣着,用肥皂水和清水彻底冲洗皮肤。如有不适感,就医。
眼睛接触	提起眼睑,用流动清水或生理盐水冲洗。如有不适感,就医。
吸 入	迅速脱离现场至空气新鲜处。保持呼吸道通畅。如呼吸困难,给输氧。如呼吸、心跳停止,立即进行心肺复苏术。就医。
食 入	饮足量温水,催吐,导泻。就医。

应急处理

消防措施	本品不燃,根据着火原因选择适当灭火剂灭火。消防人员须佩戴空气呼吸器,穿全身防火防毒服,在上风向灭火。
泄漏处理	隔离泄漏污染区,限制出入。建议应急处理人员戴防尘口罩,穿防毒服,戴橡胶手套。尽可能切断泄漏源。用塑料布覆盖泄漏物,减少飞散。勿使水进入包装容器内。用洁净的铲子收集泄漏物,置于干燥、干净、盖子较松的容器内,将容器移离泄漏区。

安全存储

储存于阴凉、通风的库房。远离火种、热源。包装密封。应与氧化剂、活性金属粉末、食用化学品等分开存放,切忌混储。储区应备有合适的材料收容泄漏物。

废物处置

根据国家和地方有关法规的要求处置。或与制造商联系,确定处置方法。

中文名称：**氯化汞**　　英文名称：mercuric chloride

CAS 登记号：7487-94-7

化学式：$HgCl_2$　　相对分子质量：271.50

时量平均浓度	危险性类别	危险标识
PC-TWA：0.025 mg/m^3	剧毒固体	 剧毒固体

理化性质

闪点：无意义　　熔点：276~277℃　　沸点：302℃

相对密度（$d_{水}$=1）：5.44　　相对蒸气密度（$d_{空气}$=1）：9.8（300℃）　　爆炸极限：无意义

预防措施

呼吸防护	应该佩戴过滤式防尘呼吸器。必要时，佩戴空气呼吸器。
眼睛防护	戴化学安全防护眼镜。
手防护	戴橡胶手套。
身体防护	穿实验室工作服。必要时，穿连衣式防毒衣。
其他防护	在通风橱内进行化学反应。实验室禁止吸烟和饮食。

事故响应

皮肤接触	脱去污染的衣着，用肥皂水和清水彻底冲洗皮肤。如有不适感，就医。
眼睛接触	提起眼睑，用流动清水或生理盐水冲洗。如有不适感，就医。
吸入	迅速脱离现场至空气新鲜处。保持呼吸道通畅。如呼吸困难，给输氧。如呼吸、心跳停止，立即进行心肺复苏术。就医。
食入	如患者神志清醒，催吐，洗胃。口服活性炭悬液，导泻。就医。

应急处理

消防措施	本品不燃，根据着火原因选择适当灭火剂灭火。消防人员须佩戴空气呼吸器，穿全身防火防毒服，在上风向灭火。尽可能将容器从火场移至空旷处。喷水冷却火场容器，直至灭火结束。
泄漏处理	隔离泄漏污染区，限制出入。建议应急处理人员戴防尘口罩，穿防毒服，戴橡胶手套。用塑料布覆盖泄漏物，减少飞散。勿使水进入包装容器内。用洁净的铲子收集泄漏物，置于干燥、干净、盖子较松的容器内，将容器移离泄漏区。

安全存储

储存在阴凉、通风良好的专用库房内。实行"双人收发、双人保管"制度。远离火种、热源。避免光照。库温不宜超过 35℃，相对湿度不超过 80%。包装密封。应与氧化剂、碱类、食用化学品分开存放，切忌混储。

废物处置

根据国家和地方有关法规的要求处置。或与制造商联系，确定处置方法。

中文名称：**氯化氢**　　英文名称：hydrogen chloride

CAS 编号：7647-01-0　　RTECS 号：MW4025000

化学式：HCl　　相对分子质量：36.46

最高容许浓度	危险性类别	危险标识
MAC：7.5 mg/m^3	不燃气体；有毒气体；酸性腐蚀气体	

理化性质

闪点：无意义	熔点：-114.2℃	沸点：-85.0℃
相对密度（$d_{水}$=1）：1.19	相对蒸气密度（$d_{空气}$=1）：1.27	爆炸极限：无意义

预防措施

呼吸防护	佩戴过滤式防毒面具（半面罩）。紧急事态抢救或撤离时，建议佩戴空气呼吸器。
眼睛防护	戴化学安全防护眼镜。
手 防 护	戴橡胶手套。
身体防护	穿实验室工作服。
其他防护	在通风橱内进行化学反应。实验室禁止吸烟和饮食。

事故响应

皮肤接触	立即脱去污染的衣着，用大量流动清水冲洗 20~30 min。如有不适感，就医。
眼睛接触	立即提起眼睑，用大量流动清水或生理盐水彻底冲洗 10~15 min。如有不适感，就医。
吸　　入	迅速脱离现场至空气新鲜处。保持呼吸道通畅。如呼吸困难，给输氧。如呼吸、心跳停止，立即进行心肺复苏术。就医。
食　　入	不会通过该途径接触。

应急处理

消防措施	本品不燃，根据着火原因选择适当灭火剂灭火。消防人员须佩戴空气呼吸器，穿全身耐酸碱消防服灭火。切断气源。尽可能将容器从火场移至空旷处。喷水冷却容器，直至灭火结束。
泄漏处理	根据气体的影响划定警戒区，无关人员从侧风、上风向撤离至安全区。建议应急处理人员穿内置正压自给式呼吸器的全封闭防化服，戴橡胶手套。禁止接触或跨越泄漏物。尽可能切断泄漏源。隔离泄漏区直至气体散尽。

安全存储

储存于阴凉、通风的不燃气体专用库房。库温不超过 30℃。远离火种、热源。应与碱类、活性金属粉末分开存放，切忌混储。

废物处置

用碱液－石灰水中和，生成氯化钠和氯化钙，用水稀释后排入废水系统。

中文名称:**氯化氰** 英文名称:chlorocyan
CAS 登记号:506-77-4 RTECS 号:GT2275000
化学式:CNCl 相对分子质量:61.47

最高容许浓度	危险性类别	危险标识
MAC:0.75 mg/m^3	剧毒气体	 剧毒气体

理化性质

闪点:无意义 熔点:-6.5~-6℃ 沸点:12.5~13.1℃
相对密度($d_{水}$=1):1.186 相对蒸气密度($d_{空气}$=1):2.16 爆炸极限:无意义

预防措施

呼吸防护	正常工作情况下,佩戴过滤式防毒面具(半面罩)。紧急事态抢救或撤离时,建议佩戴空气呼吸器。
眼睛防护	戴化学安全防护眼镜。
手防护	戴橡胶手套。
身体防护	穿实验室工作服。
其他防护	在通风橱内进行化学反应。实验室禁止吸烟和饮食。

戴过滤式防毒面具(半面罩)

戴化学安全防护眼镜

戴橡胶手套

穿实验室工作服

事故响应

皮肤接触	立即脱去污染的衣着,用流动清水或 5% 硫代硫酸钠溶液彻底冲洗。如有不适感,就医。
眼睛接触	提起眼睑,用流动清水或生理盐水冲洗。如有不适感,就医。
吸入	迅速脱离现场至空气新鲜处。保持呼吸道通畅。如呼吸困难,给输氧。如呼吸、心跳停止,立即进行人工呼吸(勿用口对口)和胸外心脏按压术。就医。
食入	漱口,口服活性炭悬液。禁止催吐。如患者神志清醒,催吐。洗胃。就医。

应急处理

消防措施	本品不燃,根据着火原因选择适当灭火剂灭火。禁用以下灭火剂:水、泡沫、酸碱灭火剂。消防人员须穿全身防火防毒服,在上风向灭火。切断气源。
泄漏处理	根据气体的影响划定警戒区,无关人员从侧风、上风向撤离至安全区。建议应急处理人员穿内置正压自给式呼吸器的全封闭防化服。禁止接触或跨越泄漏物。尽可能切断泄漏源。

安全存储

储存于阴凉、通风的有毒气体专用库房。远离火种、热源。应与碱类、酸类、醇类、食用化学品分开存放,切忌混储。

废物处置

用焚烧法处置。与燃料混合后,再焚烧。焚烧炉排出的气体通过洗涤器除去。

中文名称：**氯化硒**　　英文名称：selenium chloride

CAS 登记号：10025-68-0

化学式：Se_2Cl_2　　相对分子质量：228.83

时量平均浓度	危险性类别	危险标识
PC-TWA：0.1 mg/m^3	毒害品	 毒害品

理化性质

闪点：无意义	熔点：-85℃	沸点：130℃（分解）
相对密度（$d_{水}$=1)：2.77	相对蒸气密度（$d_{空气}$=1)：无资料	爆炸极限：无意义

预防措施

呼吸防护	可能接触其蒸气时，建议佩戴过滤式防毒面具（全面罩）。紧急事态抢救或撤离时，建议佩戴空气呼吸器。
眼睛防护	呼吸防护中已做防护。
手 防 护	戴橡胶手套。
身体防护	穿实验室工作服。
其他防护	在通风橱内进行化学反应。实验室禁止吸烟和饮食。

戴过滤式防毒面具（全面罩）

戴空气呼吸器

戴橡胶手套

穿实验室工作服

事故响应

皮肤接触	立即脱去污染的衣着，用大量流动清水冲洗 20~30 min。如有不适感，就医。
眼睛接触	立即提起眼睑，用大量流动清水或生理盐水彻底冲洗 10~15 min。如有不适感，就医。
吸　　入	迅速脱离现场至空气新鲜处。保持呼吸道通畅。如呼吸困难，给输氧。如呼吸、心跳停止，立即进行心肺复苏术。就医。
食　　入	饮大量温水，催吐。洗胃。就医。

应急处理

消防措施	本品不燃，根据着火原因选择适当灭火剂灭火。消防人员必须佩戴防毒面具，穿全身消防服，在上风向灭火。
泄漏处理	根据液体流动和蒸气扩散的影响区域划定警戒区，无关人员从侧风、上风向撤离至安全区。建议应急处理人员戴正压自给式呼吸器，穿防毒服，戴橡胶手套。小量泄漏：用干燥的砂土或其他不燃材料吸收或覆盖，收集于容器中。大量泄漏：构筑围堤或挖坑收容。

安全存储

储存于阴凉、通风的库房。远离火种、热源。库温不宜超过 35℃。与氧化剂、酸类、碱类、食用化学品分开保存，切忌混储。

废物处置

根据国家和地方有关法规的要求处置。或与制造商联系，确定处置方法。

中文名称:**氯化铜**　　　　英文名称:copper chloride

CAS 登记号:7447-39-4

化学式:$CuCl_2$　　　　相对分子质量:134.44

最高容许浓度 / 时量平均浓度	危险性类别	危险标识
无资料	其他腐蚀品	 其他腐蚀品

理化性质

闪点:无资料	熔点:498℃(分解)	沸点:993℃(转变为氯化亚铜)
相对密度($d_{水}$=1):3.386	相对蒸气密度($d_{空气}$=1):无资料	爆炸极限:无资料

预防措施

呼吸防护	应该佩戴自吸过滤式防尘口罩。	 戴自吸过滤式防尘口罩  戴化学安全防护眼镜  戴橡胶耐酸碱手套  穿实验室工作服
眼睛防护	必要时,戴化学安全防护眼镜。	
手 防 护	戴橡胶耐酸碱手套。	
身体防护	穿实验室工作服。	
其他防护	在通风橱内进行化学反应。实验室禁止吸烟和饮食。	

事故响应

皮肤接触	立即脱去污染的衣着,用大量流动清水冲洗 20~30 min。如有不适感,就医。
眼睛接触	立即提起眼睑,用大量流动清水或生理盐水彻底冲洗 10~15 min。如有不适感,就医。
吸　　入	迅速脱离现场至空气新鲜处。保持呼吸道通畅。如呼吸困难,给输氧。如呼吸、心跳停止,立即进行心肺复苏术。就医。
食　　入	饮适量温水,催吐。就医。

应急处理

消防措施	与钠、钾发生剧烈反应。有腐蚀性。受高热分解产生有毒的腐蚀性烟气。本品不燃,根据着火原因选择适当灭火剂灭火。
泄漏处理	隔离泄漏污染区,周围设警告标志。建议应急处理人员戴好口罩、护目镜,穿工作服。用大量水冲洗,经稀释的污水排入废水系统。如大量泄漏,收集回收或无害处理后废弃。

安全存储

储存于阴凉、干燥、通风良好的库房。保持容器密封。防止受潮。应与碱金属、潮湿物品、食用化工原料等分开存放。搬运时要轻装轻卸,防止包装及容器损坏。

废物处置

根据国家和地方有关法规的要求处置。或与制造商联系,确定处置方法。

中文名称:**氯化锌** 英文名称:zinc chloride

CAS 登记号:7646-85-7

化学式:$ZnCl_2$ 相对分子质量:136.29

最高容许浓度 / 时量平均浓度	危险性类别	危险标识
无资料	其他腐蚀品	 其他腐蚀品

理化性质

闪点:无意义 熔点:365℃ 沸点:732℃

相对密度($d_{水}$=1):2.91 相对蒸气密度($d_{空气}$=1):无资料 爆炸极限:无意义

预防措施

呼吸防护	可能接触其粉尘时,应该佩戴防毒面具。必要时,佩戴自给式呼吸器。	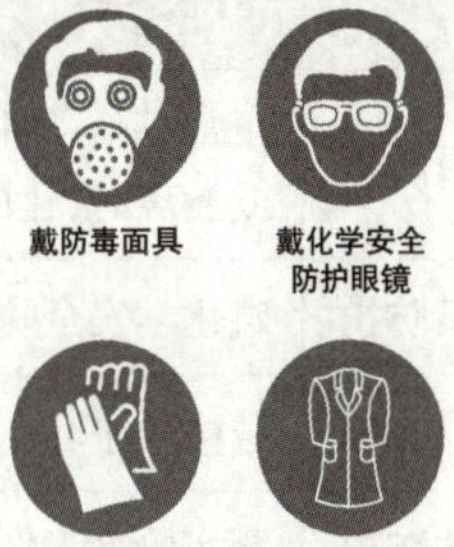 戴防毒面具 戴化学安全防护眼镜 戴橡胶手套 穿实验室工作服
眼睛防护	戴化学安全防护眼镜。	
手 防 护	戴橡胶手套。	
身体防护	穿实验室工作服。	
其他防护	在通风橱内进行化学反应。实验室禁止吸烟和饮食。	

事故响应

皮肤接触	脱去污染的衣着,用流动清水冲洗 10 min 或用 2% 碳酸氢钠溶液冲洗。就医。
眼睛接触	立即提起眼睑,用流动清水冲洗 10 min 或用 2% 碳酸氢钠溶液冲洗。就医。
吸 入	迅速脱离现场至空气新鲜处。保持呼吸道通畅。如呼吸困难,给输氧。如呼吸、心跳停止,立即进行人工呼吸。就医。
食 入	如患者神志清醒,立即漱口,给饮牛奶或蛋清。就医。

应急处理

消防措施	受高热分解,产生有毒的腐蚀性气体。遇水迅速分解,放出白色烟雾。用雾状水、火场周围可用的灭火介质灭火。
泄漏处理	建议应急处理人员戴防毒面具,穿化学防护服。不要直接接触泄漏物,避免扬尘。用清洁的铲子收集于干燥、洁净、有盖的容器中,使其溶于水、酸或氧化成水溶液状态,再加硫化物发生沉淀反应,然后废弃。如大量泄漏,收集回收或无害处理后废弃。

安全存储

储存于阴凉、干燥、通风的库房。远离火种、热源。保持容器密封。应与氧化剂分开存放。搬运时要轻装轻卸,防止包装及容器损坏。

废物处置

根据国家和地方有关法规的要求处置。或与制造商联系,确定处置方法。

中文名称:**氯化溴** 英文名称:bromine chloride

CAS 编号:13863–41–7 RTECS 号:EF9200000

化学式:BrCl 相对分子质量:115.36

最高容许浓度/时量平均浓度	危险性类别	危险标识
未制定标准	有毒气体;腐蚀气体	

理化性质

闪点:无意义 熔点:–66℃ 沸点:10℃(分解)

相对密度($d_{水}$=1):无资料 相对蒸气密度($d_{空气}$=1):5.2(25℃) 爆炸极限:无意义

危险特性:室温易分解放出剧毒的氯和溴的烟雾

预防措施

呼吸防护	正常工作条件下,佩戴过滤式防毒面具(半面罩)。紧急事态抢救或撤离时,建议佩戴空气呼吸器。
眼睛防护	戴化学安全防护眼镜。
手 防 护	戴橡胶手套。
身体防护	穿实验室工作服。
其他防护	在通风橱内进行化学反应。实验室禁止吸烟和饮食。

事故响应

皮肤接触	脱去污染的衣着,用大量流动清水冲洗。如有不适感,就医。
眼睛接触	立即提起眼睑,用大量流动清水或生理盐水彻底冲洗 10~15 min。如有不适感,就医。
吸 入	迅速脱离现场至空气新鲜处。保持呼吸道通畅。如呼吸困难,给输氧。如呼吸、心跳停止,立即进行心肺复苏术。就医。
食 入	不会通过该途径接触。

应急处理

消防措施	本品不燃,根据着火原因选择适当灭火剂灭火。消防人员须佩戴防毒面具,穿全身消防服,在上风向灭火。
泄漏处理	根据液体流动和蒸气扩散的影响区域划定警戒区,无关人员从侧风、上风向撤离至安全区。建议应急处理人员戴正压自给式呼吸器,穿防毒服,戴橡胶手套。尽可能切断泄漏源。

安全存储

储存于阴凉、通风的库房。远离火种、热源。库温不宜超过 35℃,相对湿度不超过 80%。保持容器密封。应与氧化剂、酸类、碱类分开存放,切忌混储。

废物处置

根据国家和地方有关法规的要求处置。或与厂商或制造商联系,确定处置方法。

中文名称:**氯磺酸**　　英文名称:chlorosulfonic acid

CAS 登记号:7790-94-5　　RTECS 号:FX5730000

化学式:$ClSO_2OH$　　相对分子质量:116.52

最高容许浓度 / 时量平均浓度	危险性类别	危险标识
未制定标准	酸性腐蚀品	 酸性腐蚀品

理化性质

闪点:无意义	熔点:-80℃	沸点:151~158℃
相对密度($d_{水}$=1):1.77	相对蒸气密度($d_{空气}$=1):4.02	爆炸极限:无意义

预防措施

呼吸防护	可能接触其烟雾时,佩戴过滤式防毒面具(半面罩)或空气呼吸器。紧急事态抢救或撤离时,建议佩戴空气呼吸器。
眼睛防护	戴化学安全防护眼镜。
手 防 护	戴橡胶耐酸碱手套。
身体防护	穿橡胶耐酸碱服。
其他防护	在通风橱内进行化学反应。实验室禁止吸烟和饮食。

戴过滤式防毒面具(半面罩)　戴化学安全防护眼镜

戴橡胶耐酸碱手套　穿橡胶耐酸碱服

事故响应

皮肤接触	立即脱去污染的衣着,用大量流动清水冲洗 20~30 min。如有不适感,就医。
眼睛接触	立即提起眼睑,用大量流动清水或生理盐水彻底冲洗 10~15 min。如有不适感,就医。
吸　　入	迅速脱离现场至空气新鲜处。保持呼吸道通畅。如呼吸困难,给输氧。如呼吸、心跳停止,立即进行心肺复苏术。就医。
食　　入	用水漱口,给饮牛奶或蛋清。就医。

应急处理

消防措施	用二氧化碳、砂土灭火。禁止用水、泡沫和酸碱灭火剂灭火。消防人员须佩戴空气呼吸器,穿全身耐酸碱消防服灭火。尽可能将容器从火场移至空旷处。喷水保持火场容器冷却。容器突然发出异常声音或出现异常现象,应立即撤离。
泄漏处理	建议应急处理人员戴正压自给式呼吸器,穿防酸碱服,戴橡胶耐酸碱手套。小量泄漏:用干燥的砂土或其他不燃材料覆盖泄漏物,用洁净的无火花工具收集泄漏物。大量泄漏:构筑围堤或挖坑收容。用砂土、惰性物质或蛭石吸收大量液体。

安全存储

储存于阴凉、干燥、通风良好的库房内。库温不超过 30℃,相对湿度不超过 75%。包装必须密封,切勿受潮。应与易(可)燃物、酸类、碱类、醇类、活性金属粉末等分开存放,切忌混储。储区应备有泄漏应急处理设备。

废物处置

根据国家和地方有关法规的要求处置。或与制造商联系,确定处置方法。

中文名称:**氯酸钾**	英文名称:potassium chlorate
CAS 登记号:3811-04-9	RTECS 号:FO0350000
化学式:$KClO_3$	相对分子质量:122.55

最高容许浓度 / 时量平均浓度	危险性类别	危险标识
未制定标准	氧化剂;易制爆	 氧化剂  易制爆

理化性质

闪点:无意义	熔点:356~368℃	沸点:400℃(分解)
相对密度($d_{水}$=1):2.32	相对蒸气密度($d_{空气}$=1):无资料	爆炸极限:无意义

危险特性:与可燃物混合或急剧加热爆炸

预防措施

呼吸防护	可能接触其粉尘时,建议佩戴抗冲击面罩。	 戴抗冲击面罩  戴橡胶手套  穿实验室工作服
眼睛防护	呼吸防护中已做防护。	
手 防 护	戴橡胶手套。	
身体防护	穿实验室工作服。	
其他防护	在通风橱内进行化学反应。实验室禁止吸烟和饮食。	

事故响应

皮肤接触	脱去污染的衣着,用肥皂水和清水彻底冲洗皮肤。如有不适感,就医。
眼睛接触	提起眼睑,用流动清水或生理盐水冲洗。如有不适感,就医。
吸　　入	迅速脱离现场至空气新鲜处。保持呼吸道通畅。如呼吸困难,给输氧。如呼吸、心跳停止,立即进行心肺复苏术。就医。
食　　入	饮足量温水,催吐,就医。

应急处理

消防措施	用大量水扑救,同时用干粉灭火剂闷熄。消防人员须佩戴防毒面具,穿全身消防服,在有防护掩蔽处灭火。尽可能将容器从火场移至空旷处。喷水保持火场容器冷却,直至灭火结束。禁止用砂土压盖。
泄漏处理	隔离泄漏区,限制出入。建议应急处理人员戴防尘口罩,穿防毒服,戴橡胶手套。穿上适当的防护服前严禁接触破裂的容器和泄漏物。尽可能切断泄漏源。勿使泄漏物与可燃物质(如木材、纸、油等)接触。勿使水进入包装容器内。小量泄漏:用洁净的铲子收集泄漏物,置于干燥、干净、盖子较松的容器内,将容器移离泄漏区。大量泄漏:泄漏物回收后,用水冲洗泄漏区。

安全存储

储存于阴凉、干燥、通风良好的专用库房内。远离火种、热源。库温不超过30℃,相对湿度不超过80%。包装密封。应与易(可)燃物、还原剂、酸类、醇类等分开存放,切忌混储。储区应备有合适的材料收容泄漏物。

废物处置

用安全掩埋法处置。

中文名称:**氯酸钠**　　英文名称:sodium chlorate

CAS 登记号:7775-09-9　　RTECS 号:FO0525000

化学式:$NaClO_3$　　相对分子质量:106.44

最高容许浓度/时量平均浓度	危险性类别	危险标识
未制定标准	氧化剂;易制爆	 氧化剂  易制爆

理化性质

闪点:无意义　　熔点:248~261℃　　沸点:分解

相对密度($d_{水}$=1):2.49　　相对蒸气密度($d_{空气}$=1):无资料　　爆炸极限:无意义

危险特性:与可燃物混合或急剧加热爆炸

预防措施

呼吸防护	可能接触其粉尘时,建议佩戴抗冲击面罩。
眼睛防护	呼吸防护中已做防护。
手 防 护	戴橡胶手套。
身体防护	穿实验室工作服。
其他防护	在通风橱内进行化学反应。实验室禁止吸烟和饮食。

戴抗冲击面罩

戴橡胶手套

穿实验室工作服

事故响应

皮肤接触	脱去污染的衣着,用肥皂水和清水彻底冲洗皮肤。如有不适感,就医。
眼睛接触	提起眼睑,用流动清水或生理盐水冲洗。如有不适感,就医。
吸　　入	迅速脱离现场至空气新鲜处。保持呼吸道通畅。如呼吸困难,给输氧。如呼吸、心跳停止,立即进行心肺复苏术。就医。
食　　入	漱口,就医。

应急处理

消防措施	用大量水扑救,同时用干粉灭火剂闷熄。消防人员须佩戴防毒面具,穿全身消防服,在有防护掩蔽处灭火。尽可能将容器从火场移至空旷处。喷水保持火场容器冷却,直至灭火结束。禁止用砂土压盖。
泄漏处理	隔离泄漏区,限制出入。建议应急处理人员戴防尘口罩,穿防毒服。勿使泄漏物与可燃物质接触。尽可能切断泄漏源。勿使水进入包装容器内。小量泄漏:用洁净的铲子收集泄漏物,置于干燥、干净、盖子较松的容器内,将容器移离泄漏区。大量泄漏:泄漏物回收后,用水冲洗泄漏区。

安全存储

储存于阴凉、干燥、通风良好的专用库房内。库温不超过30℃,相对湿度不超过80%。远离火种、热源。包装密封。应与易(可)燃物、还原剂、醇类等分开存放,切忌混储。储区应备有合适的材料收容泄漏物。

废物处置

用安全掩埋法处置。

中文名称:**氯乙烯**	英文名称:chloroethylene
CAS 登记号:75-01-4	RTECS 号:KU9625000
化学式:$CH_2{=\!=}CHCl$	相对分子质量:62.50

时量平均浓度	危险性类别	危险标识
PC-TWA:10 mg/m^3	易燃气体	 易燃气体

理化性质

闪点:-78℃(OC)	熔点:-153.8℃	沸点:-13.4℃
相对密度($d_{水}$=1):0.91	相对蒸气密度($d_{空气}$=1):2.2	爆炸极限:3.6%~33.0%

预防措施

呼吸防护	空气中浓度超标时,佩戴过滤式防毒面具(半面罩)。紧急事态抢救或撤离时,建议佩戴空气呼吸器。	 戴过滤式防毒面具(半面罩)  戴化学安全防护眼镜  戴乳胶手套  穿防静电工作服
眼睛防护	戴化学安全防护眼镜。	
手 防 护	戴乳胶手套。	
身体防护	穿防静电工作服。	
其他防护	采用防爆型照明、通风设施。禁止使用易产生火花的机械设备和工具。	

事故响应

皮肤接触	用大量流动清水冲洗。如果发生冻伤,将患处浸泡于38~42℃的温水中复温,不要涂擦。不要使用热水或辐射热。使用清洁、干燥的敷料包扎。如有不适感,就医。
眼睛接触	提起眼睑,用流动清水或生理盐水冲洗。如有不适感,就医。
吸　　入	迅速脱离现场至空气新鲜处。保持呼吸道通畅。如呼吸困难,给输氧。如呼吸、心跳停止,立即进行心肺复苏术。就医。
食　　入	不会通过该途径接触。

应急处理

消防措施	用雾状水、泡沫、二氧化碳灭火。切断气源。若不能切断气源,则不允许熄灭泄漏处的火焰。消防人员须佩戴空气呼吸器,穿全身防火防毒服,在上风向灭火。尽可能将容器从火场移至空旷处。喷水保持火场容器冷却,直至灭火结束。
泄漏处理	消除所有点火源。建议应急处理人员戴正压自给式呼吸器,穿防静电服。尽可能切断泄漏源。液化气体泄漏时,穿防静电、防寒服,戴防化学品手套。禁止用水直接冲洗泄漏物或泄漏源。隔离泄漏区直至气体散尽。

安全存储

储存于阴凉、通风的易燃气体专用库房。远离火种、热源。库温不宜超过30℃。应与氧化剂分开存放,切忌混储。储区应备有泄漏应急处理设备。

废物处置

用焚烧法处置。与燃料混合后,再焚烧。焚烧炉排出的卤化氢通过酸洗涤器除去。

中文名称：**吗啉**　　英文名称：morpholine

CAS 登记号：110-91-8

化学式：C_4H_9NO　　相对分子质量：87.1

时量平均浓度	危险性类别	危险标识
PC-TWA：60 mg/m^3	可燃液体；碱性腐蚀品；易制爆	 可燃液体  碱性腐蚀品  易制爆

理化性质

闪点：38℃（OC）　　熔点：-5℃　　沸点：128.9℃

相对密度（$d_{水}$=1)：1.00　　相对蒸气密度（$d_{空气}$=1)：3.0　　爆炸极限：1.4%~11.2%

预防措施

呼吸防护	空气中浓度超标时，应该佩戴抗冲击面罩。紧急事态抢救或撤离时，建议佩戴空气呼吸器。	 戴抗冲击面罩  戴空气呼吸器  戴橡胶耐油手套  穿实验室工作服
眼睛防护	呼吸防护中已做防护。	
手 防 护	戴橡胶耐油手套。	
身体防护	穿实验室工作服。	
其他防护	采用防爆型照明、通风设施。禁止使用易产生火花的机械设备和工具。	

事故响应

皮肤接触	立即脱去污染的衣着，用大量流动清水冲洗 20~30 min。如有不适感，就医。
眼睛接触	立即提起眼睑，用大量流动清水或生理盐水彻底冲洗 10~15 min。如有不适感，就医。
吸　　入	迅速脱离现场至空气新鲜处。保持呼吸道通畅。如呼吸困难，给输氧。如呼吸、心跳停止，立即进行心肺复苏术。就医。
食　　入	饮水，禁止催吐。就医。

应急处理

消防措施	其蒸气与空气混合，能形成爆炸性混合物。用抗溶性泡沫、干粉、二氧化碳、砂土灭火。消防人员须佩戴防毒面具，穿全身消防服，在上风向灭火。
泄漏处理	消除所有点火源。建议应急处理人员戴正压自给式呼吸器，穿防静电、防腐蚀、防毒服，戴橡胶耐油手套。作业时所用的所有设备应接地。禁止接触或跨越泄漏物。尽可能切断泄漏源。

安全存储

储存于阴凉、通风的库房。远离火种、热源。应与氧化剂、酸类分开存放，切忌混储。储区应备有泄漏应急处理设备。

废物处置

用控制焚烧法处置。焚烧炉排出的氮氧化物通过洗涤器除去。

中文名称：**镁粉**	英文名称：magnesium power
CAS 登记号：7439-95-4	
化学式：Mg	相对分子质量：24.31

最高容许浓度 / 时量平均浓度	危险性类别	危险标识
未制定标准	遇湿易燃物品；易制爆	

理化性质

闪点：500℃　　熔点：650~651℃　　沸点：1 100℃

相对密度（$d_{水}$=1）：1.74　　相对蒸气密度（$d_{空气}$=1）：无资料　　爆炸下限：44~59 mg/m^3

爆炸上限：无资料

预防措施

呼吸防护	空气中粉尘浓度超标时，应该佩戴抗冲击面罩。必要时，佩戴空气呼吸器。
眼睛防护	呼吸防护中已做防护。
手 防 护	戴乳胶手套。
身体防护	穿防静电工作服。
其他防护	采用防爆型照明、通风设施。禁止使用易产生火花的机械设备和工具。

事故响应

皮肤接触	脱去污染的衣着，用肥皂水和清水彻底冲洗皮肤。如有不适感，就医。
眼睛接触	提起眼睑，用流动清水或生理盐水彻底冲洗。如有不适感，就医。
吸　　入	迅速脱离现场至空气新鲜处。保持呼吸道通畅。如呼吸困难，给输氧。如呼吸、心跳停止，立即进行心肺复苏术。就医。
食　　入	漱口。就医。

应急处理

消防措施	遇水剧烈反应，可引起燃烧或爆炸。用干燥石墨粉和干砂闷熄火苗，隔绝空气。严禁用水、泡沫、二氧化碳扑救。消防人员须佩戴空气呼吸器，穿全身防火防毒服，在上风向灭火。
泄漏处理	严禁用水处理。建议应急处理人员戴防尘口罩，穿防静电服。小量泄漏：用干燥的砂土或其他不燃材料覆盖泄漏物，然后用塑料布覆盖，减少飞散，避免雨淋。粉末泄漏：用塑料布或帆布覆盖泄漏物，减少飞散，保持干燥。在专家指导下清除。

安全存储

储存于阴凉、干燥、通风良好的库房。远离火种、热源。库温不超过 32℃，相对湿度不超过 75%。应与氧化剂、酸类、卤素、氯代烃等分开存放，切忌混储。

废物处置

处置前应参阅国家和地方有关法规。若可能，回收使用。

中文名称:**钠**　　英文名称:sodium

CAS 登记号:7440-23-5

化学式:Na　　相对分子质量:22.99

最高容许浓度 / 时量平均浓度	危险性类别	危险标识
未制定标准	遇湿易燃固体;易制爆	 遇湿易燃固体　易制爆

理化性质

闪点:无意义	熔点:97.8 ℃	沸点:881.4~892℃
相对密度($d_{水}$=1):0.97	相对蒸气密度($d_{空气}$=1):无资料	爆炸极限:无意义
危险特性:遇水可爆炸		

预防措施

呼吸防护	建议佩戴抗冲击面罩。	 戴抗冲击面罩　戴橡胶手套　穿实验室工作服
眼睛防护	呼吸防护中已做防护。	
手　防　护	戴橡胶手套。	
身体防护	穿实验室工作服。	
其他防护	采用防爆型照明、通风设施。禁止使用易产生火花的机械设备和工具。	

事故响应

皮肤接触	脱去污染的衣着,用大量流动清水冲洗 20~30 min。如有不适感,就医。
眼睛接触	立即提起眼睑,用大量流动清水或生理盐水彻底冲洗 10~15 min。如有不适感,就医。
吸　　入	迅速脱离现场至空气新鲜处。保持呼吸道通畅。如呼吸困难,给输氧。如呼吸、心跳停止,立即进行心肺复苏术。就医。
食　　入	用水漱口,给饮牛奶或蛋清。就医。

应急处理

消防措施	遇水剧烈反应,可引起燃烧或爆炸。化学反应活性很高。用干燥氯化钠粉末、干燥石墨粉、碳酸钠干粉、碳酸钙干粉、干砂灭火。消防人员须佩戴空气呼吸器,穿全身防火防毒服,在上风向灭火。
泄漏处理	严禁用水处理。建议应急处理人员戴正压自给式呼吸器,穿防静电、防腐蚀、防毒服。保持泄漏物干燥。小量泄漏:用干燥的砂土或其他不燃材料覆盖泄漏物,然后用塑料布覆盖,减少飞散,避免雨淋。收入金属容器并保存在煤油或液体石蜡中。粉末泄漏:用塑料布或帆布覆盖泄漏物,减少飞散,保持干燥。

安全存储

浸于煤油中。储存于阴凉、干燥、通风良好的专用库房内。远离火种、热源。库温不超过 32℃,相对湿度不超过 75%。包装要求密封,不可与空气接触。应与氧化剂、酸类、卤素等分开存放,切忌混储。

废物处置

根据国家和地方有关法规的要求处置,或与厂商或制造商联系,确定处置方法。

中文名称：**1- 萘胺**　　英文名称：1-naphthylamine

CAS 登记号：134-32-7

化学式：$C_{10}H_9N$　　相对分子质量：143.08

最高容许浓度 / 时量平均浓度	危险性类别	危险标识
未制定标准	毒害品	 毒害品

理化性质

闪点：157.2℃（CC）　　熔点：50℃　　沸点：300.8℃

相对密度（$d_{水}$=1）：1.13　　相对蒸气密度（$d_{空气}$=1）：4.93　　爆炸极限：无资料

预防措施

呼吸防护	高浓度蒸气接触时，应该佩戴过滤式防毒面具（半面罩）。可能接触其粉尘时，建议佩戴过滤式防尘呼吸器。	 戴过滤式防毒面具（半面罩）  戴化学安全防护眼镜  戴橡胶手套  穿实验室工作服
眼睛防护	戴化学安全防护眼镜。	
手 防 护	戴橡胶手套。	
身体防护	穿实验室工作服。	
其他防护	在通风橱内进行化学反应。实验室禁止吸烟和饮食。	

事故响应

皮肤接触	脱去污染的衣着，用肥皂水和清水彻底冲洗皮肤。如有不适感，就医。
眼睛接触	提起眼睑，用流动清水或生理盐水冲洗。如有不适感，就医。
吸　　入	迅速脱离现场至空气新鲜处。保持呼吸道通畅。如呼吸困难，给输氧。如呼吸、心跳停止，立即进行心肺复苏术。就医。
食　　入	饮足量温水，催吐。就医。

应急处理

消防措施	用雾状水、泡沫、二氧化碳、砂土灭火。消防人员须佩戴空气呼吸器，穿全身防火防毒服，在上风向灭火。喷水冷却容器，直至灭火结束。尽可能将容器从火场移至空旷处。
泄漏处理	建议应急处理人员戴防尘口罩，穿防毒服，戴橡胶手套。穿上适当的防护服前严禁接触破裂的容器或泄漏物。尽可能切断泄漏源。用塑料布覆盖泄漏物，减少飞散。勿使水进入包装容器。用洁净的铲子收集泄漏物，置于干燥、干净、盖子较松的容器内，将容器移离泄漏区。

安全存储

储存于阴凉、通风的库房。远离火种、热源。包装密封。应与氧化剂、酸类、食用化学品分开存放，切忌混储。配备相应品种和数量的消防器材。储区应备有合适的材料收容泄漏物。

废物处置

建议用焚烧法处置。焚烧炉排出的氮氧化物通过洗涤器除去。

中文名称:**镍**　　英文名称:nickel

CAS登记号:7440-02-0

化学式:Ni　　相对分子质量:58.71

时量平均浓度	危险性类别	危险标识
PC-TWA:1 mg/m³	自燃物品	 自燃物品

理化性质

闪点:无意义	熔点:1 455℃	沸点:2 732℃
相对密度($d_{水}$=1):8.90	相对蒸气密度($d_{空气}$=1):无资料	爆炸极限:无资料

预防措施

呼吸防护	可能接触其粉尘时,佩戴过滤式防尘呼吸器。
眼睛防护	戴化学安全防护眼镜。
手 防 护	戴乳胶手套。
身体防护	穿实验室工作服。
其他防护	采用防爆型照明、通风设施。禁止使用易产生火花的机械设备和工具。

戴过滤式防尘呼吸器

戴化学安全防护眼镜

戴乳胶手套

穿实验室工作服

事故响应

皮肤接触	脱去污染的衣着,用肥皂水和清水彻底冲洗皮肤。如有不适感,就医。
眼睛接触	提起眼睑,用流动清水或生理盐水彻底冲洗。如有不适感,就医。
吸　　入	迅速脱离现场至空气新鲜处。保持呼吸道通畅。如呼吸困难,给输氧。如呼吸、心跳停止,立即进行心肺复苏术。就医。
食　　入	漱口。就医。

应急处理

消防措施	用干粉、砂土灭火。消防人员须佩戴空气呼吸器,穿全身防火防毒服,在上风向灭火。尽可能将容器从火场移至空旷处。喷水保持火场容器冷却,直至灭火结束。
泄漏处理	隔离泄漏污染区,限制出入。消除所有点火源。建议应急处理人员戴防尘口罩,穿防毒、防静电服。穿上适当的防护服前严禁接触破裂的容器和泄漏物。尽可能切断泄漏源。用洁净的无火花工具收集泄漏物,置于一盖子较松的塑料容器中。

安全存储

储存于阴凉、通风的库房。远离火种、热源。包装要求密封,不可与空气接触。应与氧化剂、酸类等分开存放,切忌混储。储区应备有合适的材料收容泄漏物。

废物处置

若可能,回收使用。

中文名称:**硼氢化钾**	英文名称:potassium borohydride
CAS 登记号:13762-51-1	RTECS 号:TS7525000
化学式:KBH_4	相对分子质量:53.94

最高容许浓度 / 时量平均浓度	**危险性类别**	**危险标识**
无资料	遇湿易燃物品;易制爆	

理化性质

闪点:无资料	熔点:>400℃(分解)	沸点:无资料
相对密度($d_{水}$=1):1.18	相对蒸气密度($d_{空气}$=1):无资料	爆炸极限:无资料

预防措施

呼吸防护	应该佩戴抗冲击面罩。必要时,建议佩戴自给式呼吸器。	
眼睛防护	呼吸防护中已做防护。	
手 防 护	戴乳胶手套。	
身体防护	穿实验室工作服。	
其他防护	采用防爆型照明、通风设施。禁止使用易产生火花的机械设备和工具。	

事故响应

皮肤接触	立即脱去污染的衣着,用大量流动清水冲洗 20~30 min。如有不适感,就医。
眼睛接触	立即提起眼睑,用大量流动清水或生理盐水彻底冲洗 10~15 min。如有不适感,就医。
吸 入	迅速脱离现场至空气新鲜处。保持呼吸道通畅。如呼吸困难,给输氧。如呼吸、心跳停止,立即进行心肺复苏术。就医。
食 入	立即漱口,给饮牛奶或蛋清。就医。

应急处理

消防措施	遇明火、高热或与氧化剂接触,有引起燃烧爆炸的危险。遇水或酸发生反应,放出氢气及热量,能引起燃烧。用砂土、干粉灭火。禁止用水和泡沫灭火。
泄漏处理	隔离泄漏污染区,周围设警告标志,切断火源。建议应急处理人员戴防毒面具,穿化学防护服。不要直接接触泄漏物,禁止向泄漏物直接喷水,更不要让水进入包装容器内。用清洁的铲子收集于干燥、洁净、有盖的容器中,移至大量水中,再在其中小心加入醋酸或丙酮的稀溶液,静置后中和至中性,然后废弃。如果大量泄漏,收集于密闭容器中做好标记,等待处理。

安全存储

储存于干燥、清洁的库房。远离火种、热源。相对湿度保持在75%以下。防止阳光直射。包装必须密封,切勿受潮。应与酸类、氧化剂、潮湿物品等分开存放。搬运时要轻装轻卸,防止包装及容器损坏。雨天不宜运输。

废物处置

根据国家和地方有关法规的要求处置。或与厂商或制造商联系,确定处置方法。

中文名称：**硼氢化钠**　　英文名称：sodium borohydride

CAS 登记号：16940-66-2

化学式：$NaBH_4$　　相对分子质量：37.85

最高容许浓度 / 时量平均浓度	危险性类别	危险标识
无资料	遇湿易燃物品；易制爆	 遇湿易燃物品  易制爆

理化性质

闪点：无资料	熔点：36℃	沸点：400℃（真空）
相对密度（$d_{水}$=1)：1.07	相对蒸气密度（$d_{空气}$=1)：无资料	爆炸极限：无资料

预防措施

呼吸防护	应该佩戴抗冲击面罩。必要时，建议佩戴自给式呼吸器。
眼睛防护	呼吸防护中已做防护。
手 防 护	戴乳胶手套。
身体防护	穿实验室工作服。
其他防护	采用防爆型照明、通风设施。禁止使用易产生火花的机械设备和工具。

戴抗冲击面罩

戴乳胶手套

穿实验室工作服

事故响应

皮肤接触	立即脱去污染的衣着，用大量流动清水冲洗 20~30 min。如有不适感，就医。
眼睛接触	立即提起眼睑，用大量流动清水或生理盐水彻底冲洗 10~15 min。如有不适感，就医。
吸　　入	迅速脱离现场至空气新鲜处。保持呼吸道通畅。如呼吸困难，给输氧。如呼吸、心跳停止，立即进行心肺复苏术。就医。
食　　入	立即漱口，给饮牛奶或蛋清。就医。

应急处理

消防措施	遇水、潮湿空气、酸类、氧化剂、高热及明火能引起燃烧。用砂土、干粉灭火。禁止用水和泡沫灭火。
泄漏处理	隔离泄漏污染区，周围设警告标志。切断火源。建议应急处理人员戴防毒面具，穿化学防护服。不要直接接触泄漏物，禁止向泄漏物直接喷水，更不要让水进入包装容器内。用清洁的铲子收集于干燥、洁净、有盖的容器中，转移至安全地带。如大量泄漏，收集回收或无害处理后废弃。

安全存储

储存于干燥、清洁的库房内。远离火种、热源。相对湿度保持在 75% 以下。防止阳光直射。包装必须密封，切勿受潮。应与酸类、氧化剂、潮湿物品等分开存放。搬运时要轻装轻卸，防止包装及容器损坏。雨天不宜运输。

废物处置

根据国家和地方有关法规的要求处置。或与厂商或制造商联系，确定处置方法。

中文名称：**硼酸**　　英文名称：boric acid

CAS 登记号：10043-35-3

化学式：H_3BO_3　　相对分子质量：61.84

最高容许浓度 / 时量平均浓度	危险性类别	危险标识
无资料	无资料	

理化性质

闪点：无意义　　熔点：185℃（分解）　　沸点：300℃

相对密度（$d_{水}$=1）：1.44（15℃）　　相对蒸气密度（$d_{空气}$=1）：无资料　　爆炸极限：无意义

预防措施

呼吸防护	应该佩戴自吸过滤式防尘口罩。
眼睛防护	戴化学安全防护眼镜。
手 防 护	戴橡胶手套。
身体防护	穿实验室工作服。
其他防护	在通风橱内进行化学反应。实验室禁止吸烟和饮食。

事故响应

皮肤接触	立即脱去污染的衣着，用大量流动清水冲洗 20~30 min。如有不适感，就医。
眼睛接触	立即提起眼睑，用大量流动清水或生理盐水彻底冲洗 10~15 min。如有不适感，就医。
吸　　入	迅速脱离现场至空气新鲜处。保持呼吸道通畅。如呼吸困难，给输氧。如呼吸、心跳停止，立即进行心肺复苏术。就医。
食　　入	用清水或 2%碳酸氢钠溶液反复洗胃。立即就医。

应急处理

消防措施	受高热分解，放出有毒的气体。有害燃烧产物是氧化硼。本品不燃，根据着火原因选择适当灭火剂灭火。
泄漏处理	建议应急处理人员戴口罩和手套。用砂土、干燥石灰或苏打灰混合，然后在专用废弃场所深层掩埋。如大量泄漏，收集回收或无害处理后废弃。

安全存储

储存于阴凉、通风的库房内。远离火种、热源。保持容器密封。应与碱类、金属粉末等分开存放。搬运时轻装轻卸，保持包装完整，防止洒漏。

废物处置

根据国家和地方有关法规的要求处置。或与厂商或制造商联系，确定处置方法。

中文名称：**氢气**　　英文名称：hydrogen

CAS 登记号：1333–74–0

化学式：H_2　　相对分子质量：2.02

最高容许浓度 / 时量平均浓度	危险性类别	危险标识
未制定标准	易燃气体	 易燃气体

理化性质		
闪点：无意义	熔点：–259.2℃	沸点：–252.8℃
相对密度（$d_{水}$=1）：0.07（–252℃）	相对蒸气密度（（$d_{空气}$=1）：0.07	爆炸极限：4.1%~75%

预防措施		
呼吸防护	一般不需要特殊防护。高浓度接触时，可佩戴空气呼吸器。	 戴空气呼吸器  戴乳胶手套  穿防静电工作服
眼睛防护	一般不需特殊防护。	
手　防　护	戴乳胶手套。	
身体防护	穿防静电工作服。	
其他防护	采用防爆型照明、通风设施。禁止使用易产生火花的机械设备和工具。	

事故响应	
皮肤接触	如果发生冻伤：将患处浸泡于 38~42℃的温水中复温。不要涂擦。不要使用热水或辐射热。使用清洁、干燥的敷料包扎。就医。
眼睛接触	一般不会通过该途径接触。
吸　　入	迅速脱离现场至空气新鲜处。保持呼吸道通畅。如呼吸困难，给输氧。如呼吸、心跳停止，立即进行心肺复苏术。就医。
食　　入	不会通过该途径接触。

应急处理	
消防措施	用雾状水、泡沫、二氧化碳、干粉灭火。切断气源。若不能切断气源，则不允许熄灭泄漏处的火焰。消防人员须佩戴空气呼吸器，穿全身防火防毒服，在上风向灭火。
泄漏处理	消除所有点火源。建议应急处理人员戴正压自给式呼吸器，穿防静电服。防止气体通过下水道、通风系统和限制性空间扩散。隔离泄漏区直至气体散尽。

安全存储
储存于阴凉、通风的易燃气体专用库房。远离火种、热源。库温不宜超过 30℃。应与氧化剂、卤素分开存放，切忌混储。

废物处置
根据国家和地方有关法规的要求处置。或与厂商或制造商联系，确定处置方法。

中文名称:**氢氧化钾**　　英文名称:potassium hydroxide

CAS 登记号:1310-58-3

化学式:KOH　　相对分子质量:56.11

最高容许浓度	危险性类别	危险标识
MAC:2 mg/m^3	碱性腐蚀品	 碱性腐蚀品

理化性质

闪点:无意义　　熔点:360~406℃　　沸点:1 320~1 324℃

相对密度($d_{水}$=1):2.04　　相对蒸气密度(($d_{空气}$=1):无资料　　爆炸极限:无意义

预防措施

呼吸防护	可能接触其粉尘时,必须佩戴过滤式防尘呼吸器。必要时,佩戴空气呼吸器。	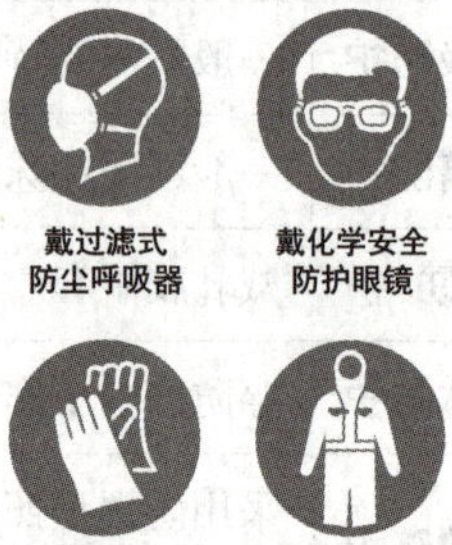 戴过滤式防尘呼吸器　戴化学安全防护眼镜 戴橡胶耐酸碱手套　穿橡胶耐酸碱服
眼睛防护	戴化学安全防护眼镜。	
手 防 护	戴橡胶耐酸碱手套。	
身体防护	穿橡胶耐酸碱服。	
其他防护	在通风橱内进行化学反应。实验室禁止吸烟和饮食。	

事故响应

皮肤接触	立即脱去污染的衣着,用大量流动清水冲洗 20~30 min。如有不适感,就医。
眼睛接触	立即提起眼睑,用大量流动清水或生理盐水彻底冲洗 10~15 min。如有不适感,就医。
吸　　入	迅速脱离现场至空气新鲜处。保持呼吸道通畅。如呼吸困难,给输氧。如呼吸、心跳停止,立即进行心肺复苏术。就医。
食　　入	用水漱口,禁止催吐。给饮牛奶或蛋清。就医。

应急处理

消防措施	本品不燃,根据着火原因选择适当灭火剂灭火。消防人员须佩戴空气呼吸器,穿全身耐酸碱消防服灭火。尽可能将容器从火场移至空旷处。喷水保持火场容器冷却,直至灭火结束。
泄漏处理	隔离泄漏污染区,限制出入。建议应急处理人员戴防尘口罩,穿防酸碱服,戴橡胶耐酸碱手套。尽可能切断泄漏源。用塑料布覆盖泄漏物,减少飞散。勿使水进入包装容器内。用洁净的铲子收集泄漏物,置于干燥、干净、盖子较松的容器内,将容器移离泄漏区。

安全存储

储存于阴凉、干燥、通风良好的库房。库温不超过 35℃,相对湿度不超过 80%。包装必须密封,切勿受潮。应与易(可)燃物、酸类等分开存放,切忌混储。

废物处置

中和、稀释后,排入废水系统。

中文名称:**氢氧化锂** 英文名称:lithium hydroxide

CAS 登记号:1310–66–3

化学式:LiOH 相对分子质量:23.94

最高容许浓度 / 时量平均浓度	危险性类别	危险标识
无资料	碱性腐蚀品	 碱性腐蚀品

理化性质

闪点:无资料	熔点:471.2℃	沸点:1 626℃
相对密度($d_{水}$=1):2.54	相对蒸气密度($d_{空气}$=1):无资料	爆炸极限:无资料

预防措施

呼吸防护	可接触其粉尘时,建议佩戴自吸过滤式防尘口罩。
眼睛防护	戴化学安全防护眼镜。
手 防 护	戴橡胶手套。
身体防护	穿实验室工作服。
其他防护	在通风橱内进行化学反应。实验室禁止吸烟和饮食。

戴自吸过滤式防尘口罩

戴化学安全防护眼镜

戴橡胶手套

穿实验室工作服

事故响应

皮肤接触	立即脱去污染的衣着,用大量流动清水冲洗 20~30 min。如有不适感,就医。
眼睛接触	立即提起眼睑,用大量流动清水或生理盐水彻底冲洗 10~15 min。如有不适感,就医。
吸 入	迅速脱离现场至空气新鲜处。保持呼吸道通畅。如呼吸困难,给输氧。如呼吸、心跳停止,立即进行心肺复苏术。就医。
食 入	给饮牛奶、豆浆或蛋清。就医。

应急处理

消防措施	腐蚀性极强。与酸发生中和反应并放热。在水中形成腐蚀性溶液。本品不燃,根据着火原因选择适当灭火剂灭火。消防人员须佩戴空气呼吸器,穿全身耐酸碱消防服灭火。喷水冷却容器,直至灭火结束。尽可能将容器从火场移至空旷处。
泄漏处理	隔离泄漏污染区,周围设警告标志,建议应急处理人员戴防毒面具,穿化学防护服。不要直接接触泄漏物,小心扫起,慢慢倒入大量水中,经稀释的污水排入废水系统。如大量泄漏,收集回收或无害处理后废弃。

安全存储

储存于干燥、清洁的库房内。保持容器密封。防止受潮和雨淋。应与酸类、氧化剂等分开存放。搬运时要轻装轻卸,防止包装及容器损坏。雨天不宜运输。分装和搬运作业要注意个人防护。

废物处置

中和、稀释后,排入废水系统。

中文名称:**氢氧化钠**　　英文名称:sodium hydroxide

CAS 登记号:1310-73-2

化学式:NaOH　　相对分子质量:40.00

最高容许浓度	危险性类别	危险标识
MAC:2 mg/m^3	碱性腐蚀品	 碱性腐蚀品

理化性质

闪点:无意义	熔点:318.4℃	沸点:1 390℃
相对密度($d_{水}$=1):2.13	相对蒸气密度($d_{空气}$=1):无资料	爆炸极限:无意义

预防措施

呼吸防护	可能接触其粉尘时,必须佩戴过滤式防尘呼吸器。必要时,佩戴空气呼吸器。
眼睛防护	戴化学安全防护眼镜。
手 防 护	戴橡胶耐酸碱手套。
身体防护	穿橡胶耐酸碱服。
其他防护	在通风橱内进行化学反应。实验室禁止吸烟和饮食。

事故响应

皮肤接触	立即脱去污染的衣着,用大量流动清水冲洗 20~30 min。如有不适感,就医。
眼睛接触	立即提起眼睑,用大量流动清水或生理盐水彻底冲洗 10~15 min。如有不适感,就医。
吸　　入	迅速脱离现场至空气新鲜处。保持呼吸道通畅。如呼吸困难,给输氧。如呼吸、心跳停止,立即进行心肺复苏术。就医。
食　　入	用水漱口,禁止催吐。给饮牛奶或蛋清。就医。

应急处理

消防措施	本品不燃,根据着火原因选择适当灭火剂灭火。消防人员必须佩戴空气呼吸器,穿全身耐酸碱消防服灭火。喷水冷却容器,直至灭火结束。可能的话将容器从火场移至空旷处。
泄漏处理	隔离泄漏污染区,限制出入。建议应急处理人员戴防尘口罩,穿防酸碱服,戴橡胶耐酸碱手套。尽可能切断泄漏源。用塑料布覆盖泄漏物,减少飞散。勿使水进入包装容器内。用洁净的铲子收集泄漏物,置于干燥、干净、盖子较松的容器内。

安全存储

储存于阴凉、干燥、通风良好的库房。库温不超过 35℃,相对湿度不超过 80%。包装必须密封,切勿受潮。应与易(可)燃物、酸类等分开存放,切忌混储。

废物处置

中和、稀释后,排入废水系统。

中文名称:**氢氧化铍**　　英文名称:beryllium hydroxide

CAS登记号:13327-32-7

化学式:$Be(OH)_2$　　相对分子质量:43.03

时量平均浓度	危险性类别	危险标识
PC-TWA:0.0005 mg/m^3	毒害品	

理化性质		
闪点:无意义	熔点:138℃(分解)	沸点:无资料
相对密度($d_{水}$=1):1.92	相对蒸气密度($d_{空气}$=1):无资料	爆炸极限:无意义

预防措施		
呼吸防护	应该佩戴过滤式防尘呼吸器。必要时,佩戴空气呼吸器。	
眼睛防护	戴化学安全防护眼镜。	
手 防 护	戴橡胶手套。	
身体防护	穿实验室工作服。	
其他防护	在通风橱内进行化学反应。实验室禁止吸烟和饮食。	

事故响应	
皮肤接触	脱去污染的衣着,用肥皂水和清水彻底冲洗皮肤。如有不适感,就医。
眼睛接触	提起眼睑,用流动清水或生理盐水冲洗。如有不适感,就医。
吸　　入	迅速脱离现场至空气新鲜处。保持呼吸道通畅。如呼吸困难,给输氧。如呼吸、心跳停止,立即进行心肺复苏术。就医。
食　　入	饮足量温水,催吐。就医。

应急处理	
消防措施	本品不燃,根据着火原因选择适当灭火剂灭火。消防人员必须佩戴空气呼吸器,穿全身防火防毒服,在上风向灭火。
泄漏处理	建议应急处理人员戴防尘口罩,穿防毒服,戴橡胶手套。尽可能切断泄漏源。用塑料布覆盖泄漏物,减少飞散。勿使水进入包装容器内。用洁净的铲子收集泄漏物,置于干燥、干净、盖子较松的容器内,将容器移离泄漏区。

安全存储
储存于阴凉、通风的库房。远离火种、热源。包装密封。应与酸类、食用化学品分开存放,切忌混储。

废物处置
根据国家和地方有关法规的要求处置。或与厂商或制造商联系,确定处置方法。

中文名称：**氰化钾**　　英文名称：potassium cyanide

CAS 登记号：151-50-8

化学式：KCN　　相对分子质量：65.12

最高容许浓度	危险性类别	危险标识
MAC：1 mg/m^3	剧毒固体	

理化性质

闪点：无意义　　熔点：634.5℃　　沸点：无资料

相对密度（$d_{水}$=1）：1.52　　相对蒸气密度（$d_{空气}$=1）：无资料　　爆炸极限：无意义

预防措施

呼吸防护	可能接触毒物时，必须佩戴过滤式防尘呼吸器。紧急抢救或撤离时，建议佩戴空气呼吸器。
眼睛防护	戴化学安全防护眼镜。
手 防 护	戴橡胶手套。
身体防护	穿实验室工作服。必要时，穿连衣式防毒衣。
其他防护	在通风橱内进行化学反应。实验室禁止吸烟和饮食。

事故响应

皮肤接触	立即脱去污染的衣着，用流动清水或 5% 硫代硫酸钠溶液彻底冲洗。如有不适感，就医。
眼睛接触	提起眼睑，用流动清水或生理盐水冲洗。如有不适感，就医。
吸　　入	迅速脱离现场至空气新鲜处。保持呼吸道通畅。如呼吸困难，给输氧。如呼吸、心跳停止，立即进行人工呼吸（勿用口对口）和胸外心脏按压术。就医。
食　　入	催吐（仅对清醒病人）。洗胃。就医。

应急处理

消防措施	本品不燃，根据着火原因选择适当灭火剂灭火。受高热或与酸接触会产生剧毒的氰化物气体。消防人员必须佩戴空气呼吸器，穿全身防火防毒服，在上风向灭火。喷水保持火场容器冷却，直至灭火结束。禁止使用酸碱灭火剂。
泄漏处理	建议应急处理人员戴防尘口罩，穿防毒服，戴橡胶手套。尽可能切断泄漏源。用干燥的砂土或其他不燃材料覆盖泄漏物，然后用塑料布覆盖，减少飞散，避免雨淋。用洁净的铲子收集泄漏物，置于干净、干燥、盖子较松的容器内。

安全存储

储存于阴凉、干燥、通风良好的专用库房内。实行“双人收发、双人保管”制度。远离火种、热源。包装必须密封，切勿受潮。应与氧化剂、酸类、食用化学品分开存放，切忌混储。储区应备有合适的材料收容泄漏物。

废物处置

加入强碱性次氯酸盐，反应 24 h 后，再用大量水冲入废水系统。

中文名称:**氢氰酸** 英文名称:hydrogen cyanide

CAS 登记号:74-90-8

化学式:HCN 相对分子质量:27.03

最高容许浓度	危险性类别	危险标识
MAC:1 mg/m^3	高毒液体	 高毒液体

理化性质

闪点:-17.8℃ 熔点:-13.2℃ 沸点:25.7℃

相对密度($d_{水}$=1):0.69 相对蒸气密度($d_{空气}$=1):0.93 爆炸极限:5.6%~40.0%

预防措施

呼吸防护	可能接触毒物时,应该佩戴过滤式防毒面积(全面罩)。紧急事态抢救或撤离时,必须佩戴空气呼吸器。	 戴过滤式防毒面具(全面罩)  戴空气呼吸器
眼睛防护	呼吸防护中已做防护。	
手 防 护	戴橡胶手套。	 戴橡胶手套  穿实验室工作服
身体防护	穿实验室工作服。	
其他防护	采用防爆型照明、通风设施。禁止使用易产生火花的机械设备和工具。	

事故响应

皮肤接触	立即脱去污染的衣着,用流动清水或 5% 硫代硫酸钠溶液彻底冲洗。如有不适感,就医。
眼睛接触	提起眼睑,用大量流动清水或生理盐水彻底冲洗。就医。
吸 入	迅速脱离现场至空气新鲜处。保持呼吸道通畅。如呼吸困难,给输氧。如呼吸、心跳停止,立即进行人工呼吸(勿用口对口)和胸外心脏按压术。就医。
食 入	漱口,禁止催吐。吸氧。就医。

应急处理

消防措施	用干粉、抗溶性泡沫、二氧化碳灭火。用水灭火无效。用雾状水驱散蒸气。切断气源。若不能切断气源,则不允许熄灭泄漏处的火焰。消防人员须佩戴空气呼吸器,穿全身专用防护服,在安全距离以外或有防护措施处操作。
泄漏处理	消除所有点火源。建议应急处理人员戴正压自给式呼吸器,穿防毒、防静电服,戴橡胶手套。尽可能切断泄漏源。隔离泄漏区,直至气体散尽。

安全存储

储存于阴凉、通风良好的专用库房。实行“双人收发、双人保管”制度。远离火种、热源。避免光照。库温不超过 30℃。包装要求密封,不可与空气接触。应与氧化剂、酸类、碱类、食用化学品分开存放,切忌混储。

废物处置

用控制焚烧法处置。

中文名称:**氰化锌**　　英文名称:zinc cyanide

CAS 登记号:557-21-1

化学式:$Zn(CN)_2$　　相对分子质量:117.41

最高容许浓度	危险性类别	危险标识
MAC:1 mg/m^3	毒害品	

理化性质

闪点:无意义	熔点:800℃(分解)	沸点:无资料
相对密度($d_{水}$=1):1.85	相对蒸气密度($d_{空气}$=1):无资料	爆炸极限:无意义

预防措施

呼吸防护	可能接触毒物时,必须佩戴过滤式防尘呼吸器。紧急事态抢救或撤离时,建议佩戴空气呼吸器。	
眼睛防护	戴化学安全防护眼镜。	
手 防 护	戴橡胶手套。	
身体防护	穿实验室工作服。	
其他防护	在通风橱内进行化学反应。实验室禁止吸烟和饮食。	

事故响应

皮肤接触	立即脱去污染的衣着,用流动清水或 5% 硫代硫酸钠溶液彻底冲洗。就医。
眼睛接触	提起眼睑,用流动清水或生理盐水冲洗。如有不适感,就医。
吸　　入	迅速脱离现场至空气新鲜处。保持呼吸道通畅。如呼吸困难,给输氧。如呼吸、心跳停止,立即进行人工呼吸(勿用口对口)和胸外心脏按压术。就医。
食　　入	如患者神志清醒,催吐。洗胃。就医。

应急处理

消防措施	本品不燃,根据着火原因选择适当灭火剂灭火。受高热或与酸接触会产生剧毒的氰化物气体。消防人员须佩戴空气呼吸器,穿全身防火防毒服灭火。禁止使用酸碱灭火剂。
泄漏处理	建议应急处理人员戴防尘口罩,穿防毒服,戴橡胶手套。尽可能切断泄漏源。用塑料布覆盖泄漏物,减少飞散。勿使水进入包装容器内。用洁净的铲子收集泄漏物,置于干燥、干净、盖子较松的容器内。

安全存储

储存于阴凉、通风的库房。远离火种、热源。库内相对湿度不超过 80%。包装密封。应与氧化剂、酸类、食用化学品分开存放,切忌混储。

废物处置

与硫酸亚铁反应,生成毒性相对较低的六氰合铁,或与次氯酸钠或次氯酸钙反应,生成氮气。处理后,用安全掩埋法处置。

中文名称：**氰化银** 英文名称：silver cyanide

CAS 登记号：506-64-9

化学式：AgCN 相对分子质量：133.89

最高容许浓度	危险性类别	危险标识
MAC：1 mg/m^3	毒害品	 毒害品

理化性质

闪点：无意义	熔点：320℃（分解）	沸点：无资料
相对密度（$d_{水}$=1）：3.95	相对蒸气密度（$d_{空气}$=1）：无资料	爆炸极限：无意义

预防措施

呼吸防护	可能接触毒物时，必须佩戴过滤式防尘呼吸器。紧急事态抢救或撤离时，建议佩戴空气呼吸器。	 戴过滤式防尘呼吸器  戴化学安全防护眼镜  戴橡胶手套  穿实验室工作服
眼睛防护	戴化学安全防护眼镜。	
手 防 护	戴橡胶手套。	
身体防护	穿实验室工作服。	
其他防护	在通风橱内进行化学反应。实验室禁止吸烟和饮食。	

事故响应

皮肤接触	立即脱去污染的衣着，用流动清水或 5% 硫代硫酸钠溶液彻底冲洗。就医。
眼睛接触	提起眼睑，用流动清水或生理盐水冲洗。如有不适感，就医。
吸　　入	迅速脱离现场至空气新鲜处。保持呼吸道通畅。如呼吸困难，给输氧。如呼吸、心跳停止，立即进行人工呼吸（勿用口对口）和胸外心脏按压术。就医。
食　　入	如患者神志清醒，催吐。洗胃。就医。

应急处理

消防措施	本品不燃，根据着火原因选择适当灭火剂灭火。受高热或与酸接触会产生剧毒的氰化物气体。消防人员须佩戴空气呼吸器，穿全身防火防毒服灭火。禁止使用酸碱灭火剂。
泄漏处理	建议应急处理人员戴防尘口罩，穿防毒服，戴橡胶手套。尽可能切断泄漏源。用塑料布覆盖泄漏物，减少飞散。勿使水进入包装容器内。用洁净的铲子收集泄漏物，置于干燥、干净、盖子较松的容器内，将容器移离泄漏区。

安全存储

储存于阴凉、通风的库房。远离火种、热源。包装密封。应与氧化剂、酸类、食用化学品分开存放，切忌混储。储区应备有合适的材料收容泄漏物。

废物处置

根据国家和地方有关法规的要求处置。或与制造商联系，确定处置方法。

中文名称：**三氟化硼**　　英文名称：boron trifluoride

CAS 登记号：7637-07-2

化学式：BF_3　　相对分子质量：67.81

最高容许浓度	危险性类别	危险标识
MAC：3 mg/m^3	有毒气体	

理化性质

闪点：无意义　　熔点：-126.8℃　　沸点：-100℃

相对密度（$d_{水}$=1）：1.6（液体）　　相对蒸气密度（$d_{空气}$=1）：2.38　　爆炸极限：无意义

危险特性：腐蚀玻璃，遇湿分解为腐蚀性气体

预防措施

呼吸防护	正常工作情况下，佩戴过滤式防毒面具（半面罩）。紧急事态抢救或撤离时，建议佩戴空气呼吸器。
眼睛防护	戴化学安全防护眼镜。
手 防 护	戴橡胶手套。
身体防护	穿实验室工作服。
其他防护	在通风橱内进行化学反应。实验室禁止吸烟和饮食。

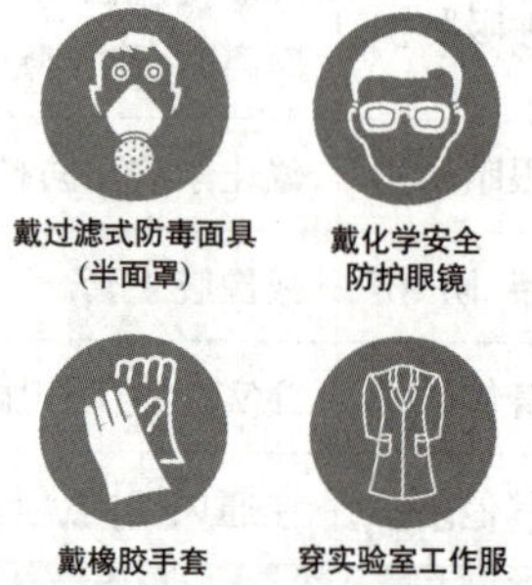

事故响应

皮肤接触	立即脱去污染的衣着，用大量流动清水冲洗。如有不适感，就医。
眼睛接触	立即提起眼睑，用大量流动清水或生理盐水彻底冲洗 10~15 min。如有不适感，就医。
吸　　入	迅速脱离现场至空气新鲜处。保持呼吸道通畅。如呼吸困难，给输氧。如呼吸、心跳停止，立即进行心肺复苏术。就医。
食　　入	不会通过该途径接触。

应急处理

消防措施	本品不燃，根据着火原因选择适当灭火剂灭火。消防人员须佩戴防毒面具，穿全身消防服，在上风向灭火。火场中有大量本品泄漏物时，禁用水、泡沫和酸碱灭火剂。
泄漏处理	建议应急处理人员戴内置正压自给式呼吸器的全封闭防化服。禁止接触或跨越泄漏物。尽可能切断泄漏源。喷雾状水抑制蒸气或改变蒸气云流向，避免水流接触泄漏物。禁止用水直接冲洗泄漏物或泄漏源。隔离泄漏区直至气体散尽。

安全存储

储存于阴凉、通风的有毒气体专用库房。实行“双人收发、双人保管”制度。远离火种、热源。库温不宜超过 30℃。保持容器密封。应与醇类、碱类和食用化学品分开存放，切忌混储。储区应备有泄漏应急处理设备。

废物处置

根据国家和地方有关法规的要求处置。或与制造商联系，确定处置方法。

中文名称：**三氟甲烷**　　英文名称：trifluoromethane

CAS 登记号：75-46-7

化学式：CHF_3　　相对分子质量：70.02

最高容许浓度 / 时量平均浓度	危险性类别	危险标识
未制定标准	不燃气体	 不燃气体

理化性质		
闪点：无意义	熔点：-160～-155℃	沸点：-84.4℃
相对密度（$d_{水}$=1）：1.44（15℃）	相对蒸气密度（$d_{空气}$=1）：2.43	爆炸极限：无意义

预防措施	
呼吸防护	空气中浓度较高时，建议佩戴过滤式防毒面具（半面罩）。
眼睛防护	一般不需要特殊防护。
手 防 护	戴乳胶手套。
身体防护	穿实验室工作服。
其他防护	在通风橱内进行化学反应。实验室禁止吸烟和饮食。

戴过滤式防毒面具（半面罩）

戴乳胶手套

穿实验室工作服

事故响应	
皮肤接触	用大量流动清水冲洗。如果发生冻伤：将患处浸泡于38~42℃的温水中复温。不要涂擦。不要使用热水或辐射热。使用清洁、干燥的敷料包扎。如有不适感，就医。
眼睛接触	立即提起眼睑，用大量流动清水或生理盐水彻底冲洗10~15 min。如有不适感，就医。
吸　　入	迅速脱离现场至空气新鲜处。保持呼吸道通畅。如呼吸困难，给输氧。如呼吸、心跳停止，立即进行心肺复苏术。就医。
食　　入	不会通过该途径接触。

应急处理	
消防措施	本品不燃，根据着火原因选择适当灭火剂灭火。消防人员须佩戴防毒面具，穿全身消防服，在上风向灭火。切断气源。尽可能将容器从火场移至空旷处。
泄漏处理	建议应急处理人员戴正压自给式呼吸器，穿一般作业工作服。喷雾状水抑制蒸气或改变蒸气云流向，避免水流接触泄漏物。禁止用水直接冲击泄漏物或泄漏源。

安全存储
储存于阴凉、通风的不燃气体专用库房。远离火种、热源。库温不宜超过30℃。应与易（可）燃物、氧化剂分开存放，切忌混储。

废物处置
根据国家和地方有关法规的要求处置。或与厂商或制造商联系，确定处置方法。

中文名称：**三氟乙酸**　　英文名称：trifluoroacetic acid

CAS 登记号：76-05-1

化学式：CF_3COOH　　相对分子质量：114.03

最高容许浓度 / 时量平均浓度	危险性类别	危险标识
未制定标准	酸性腐蚀品	 酸性腐蚀品

理化性质

闪点：无意义	熔点：-15.2℃	沸点：72.4~74℃
相对密度（$d_{水}$=1）：1.54	相对蒸气密度（$d_{空气}$=1）：3.9	爆炸极限：无意义

预防措施

呼吸防护	可能接触其蒸气时，必须佩戴过滤式防毒面具（全面罩）或长管面具。紧急事态抢救或撤离时，建议佩戴空气呼吸器。
眼睛防护	呼吸防护中已做防护。
手 防 护	戴橡胶耐酸碱手套。
身体防护	穿橡胶耐酸碱服。
其他防护	在通风橱内进行化学反应。实验室禁止吸烟和饮食。

戴过滤式防毒面具（全面罩）

戴空气呼吸器

戴橡胶耐酸碱手套

穿橡胶耐酸碱服

事故响应

皮肤接触	立即脱去污染的衣着，用大量流动清水冲洗 20~30 min。如有不适感，就医。
眼睛接触	立即提起眼睑，用大量流动清水或生理盐水彻底冲洗 10~15 min。如有不适感，就医。
吸　　入	迅速脱离现场至空气新鲜处。保持呼吸道通畅。如呼吸困难，给输氧。如呼吸、心跳停止，立即进行心肺复苏术。就医。
食　　入	用水漱口，给饮牛奶或蛋清。就医。

应急处理

消防措施	本品不燃，用干粉、砂土灭火。禁止用水和泡沫灭火。消防人员须佩戴空气呼吸器，穿全身耐酸碱消防服灭火。尽可能将容器从火场移至空旷处。喷水保持火场容器冷却。
泄漏处理	建议应急处理人员戴正压自给式呼吸器，穿防腐蚀、防毒服，戴橡胶耐酸碱手套。尽可能切断泄漏源。小量泄漏：用干燥的砂土或其他不燃材料吸收或覆盖，收集于容器中。大量泄漏：构筑围堤或挖坑收容。用耐腐蚀泵转移至槽车或专用收集器。

安全存储

储存于阴凉、通风的库房。远离火种、热源。应与氧化剂、还原剂、碱类、食用化学品分开存放，切忌混储。储区应备有泄漏应急处理设备和合适的收容材料。

废物处置

建议用焚烧法处置，焚烧炉排出的卤化氢通过酸洗涤器除去。

中文名称:**三甲基氯硅烷**　　英文名称:trimethylchlorosilane

CAS 登记号:75–77–4

化学式:$(CH_3)_3ClSi$　　相对分子质量:108.66

最高容许浓度 / 时量平均浓度	危险性类别	危险标识
未制定标准	易燃液体	 易燃液体

理化性质

闪点:–18℃（OC）	熔点:–57.7℃	沸点:57℃
相对密度($d_{水}$=1):0.85	相对蒸气密度($d_{空气}$=1):3.8	爆炸极限:1.8%~6%

预防措施

呼吸防护	可能接触其蒸气时,应该佩戴过滤式防毒面具(全面罩)。紧急事态抢救或撤离时,建议佩戴空气呼吸器。	
眼睛防护	呼吸防护中已做防护。	
手 防 护	戴橡胶耐油手套。	
身体防护	穿实验室工作服。	
其他防护	采用防爆型照明、通风设施。禁止使用易产生火花的机械设备和工具。	

事故响应

皮肤接触	立即脱去污染的衣着,用大量流动清水冲洗 20~30 min。如有不适感,就医。
眼睛接触	立即提起眼睑,用大量流动清水或生理盐水彻底冲洗 10~15 min。如有不适感,就医。
吸　　入	迅速脱离现场至空气新鲜处。保持呼吸道通畅。如呼吸困难,给输氧。如呼吸、心跳停止,立即进行心肺复苏术。就医。
食　　入	漱口,禁止催吐。不给任何饮品。如有不适感,就医。

应急处理

消防措施	用二氧化碳、干粉、干砂灭火。禁止用水、泡沫、酸碱灭火剂灭火。消防人员须佩戴空气呼吸器,穿全身防火防毒服,在上风向灭火。尽可能将容器从火场移至空旷处。容器突然发出异常声音或出现异常现象,应立即撤离。
泄漏处理	消除所有点火源。建议应急处理人员戴正压自给式呼吸器,穿防静电、防腐蚀、防毒服,戴橡胶耐油手套。尽可能切断泄漏源。严禁用水处理。小量泄漏:用干燥的砂土或其他不燃材料覆盖泄漏物。大量泄漏:构筑围堤或挖坑收容。用防爆、耐腐蚀泵转移至槽车或专用收集器内。

安全存储

储存于阴凉、干燥、通风的库房。远离火种、热源。库温不宜超过 37℃。保持容器密封。应与酸类、碱类分开存放,切忌混储。

废物处置

用焚烧法处置。与燃料混合后,再焚烧。焚烧炉排出的卤化氢通过酸洗涤器除去。

中文名称:**三硫化锑**　　英文名称:antimony trisulfide

CAS 登记号:1345-04-6

化学式:Sb_2S_3　　相对分子质量:339.68

时量平均浓度	危险性类别	危险标识
PC-TWA:0.5 mg/m^3	毒害品	

理化性质

闪点:无资料	熔点:550~563℃	沸点:1 150℃
相对密度($d_{水}$=1):4.62	相对蒸气密度($d_{空气}$=1):无资料	爆炸极限:无资料

预防措施

呼吸防护	应该佩戴过滤式防尘呼吸器。必要时,佩戴空气呼吸器或长管面具。	
眼睛防护	戴化学安全防护眼镜。	
手 防 护	戴乳胶手套。	
身体防护	穿实验室工作服。	
其他防护	采用防爆型照明、通风设施。禁止使用易产生火花的机械设备和工具。	

事故响应

皮肤接触	脱去污染的衣着,用肥皂水和清水彻底冲洗皮肤。如有不适感,就医。
眼睛接触	提起眼睑,用流动清水或生理盐水冲洗。如有不适感,就医。
吸　　入	迅速脱离现场至空气新鲜处。保持呼吸道通畅。如呼吸困难,给输氧。如呼吸、心跳停止,立即进行心肺复苏术。就医。
食　　入	饮足量温水,催吐。就医。

应急处理

消防措施	用雾状水、泡沫、砂土灭火。消防人员须佩戴空气呼吸器,穿全身防火防毒服,在上风向灭火。尽可能将容器从火场移至空旷处。喷水冷却火场容器,直至灭火结束。
泄漏处理	建议应急处理人员戴防尘口罩,穿防毒、防静电服,戴防化学品手套。作业时所用的所有设备应接地。用干燥的砂土或其他不燃材料覆盖泄漏物。用洁净的铲子收集泄漏物,置于干燥、干净、盖子较松的容器内,将容器移离泄漏区。

安全存储

储存于阴凉、通风的库房。远离火种、热源。包装要求密封,不可与空气接触。应与氧化剂、酸类、食用化学品分开存放,切忌混储。储区应备有合适的材料收容泄漏物。

废物处置

用安全掩埋法处置。

中文名称:**三氯化磷**　　英文名称:trichlorophosphine

CAS 登记号:7719-12-2

化学式:PCl_3　　相对分子质量:137.32

时量平均浓度	危险性类别	危险标识
PC-TWA:1 mg/m^3	酸性腐蚀品	 酸性腐蚀品

理化性质

闪点:无意义	熔点:−111.8℃	沸点:76℃
相对密度($d_{水}$=1):1.57(21℃)	相对蒸气密度($d_{空气}$=1):4.75	爆炸极限:无意义

危险特性:遇湿分解为腐蚀性气体

预防措施

呼吸防护	可能接触其蒸气时,必须佩戴过滤式防毒面具(全面罩)或空气呼吸器。紧急事态抢救或撤离时,建议佩戴空气呼吸器。	 戴过滤式防毒面具(全面罩)  戴空气呼吸器  戴橡胶耐酸碱手套  穿橡胶耐酸碱服
眼睛防护	呼吸防护中已做防护。	
手 防 护	戴橡胶耐酸碱手套。	
身体防护	穿橡胶耐酸碱服。	
其他防护	采用防爆型照明、通风设施。禁止使用易产生火花的机械设备和工具。	

事故响应

皮肤接触	立即脱去污染的衣着,用清洁棉花或布等吸去液体。用大量流动清水冲洗。如有不适感,就医。
眼睛接触	立即提起眼睑,用大量流动清水或生理盐水彻底冲洗 10~15 min。如有不适感,就医。
吸　　入	迅速脱离现场至空气新鲜处。保持呼吸道通畅。如呼吸困难,给输氧。如呼吸、心跳停止,立即进行心肺复苏术。就医。
食　　入	用水漱口,无腐蚀症状者洗胃。忌服油类。就医。

应急处理

消防措施	用干粉、二氧化碳、干燥砂土灭火。禁止用水和泡沫灭火。消防人员须佩戴空气呼吸器,穿全身防火防毒服,在上风向灭火。尽可能将容器从火场移至空旷处。喷水冷却火场容器,直至灭火结束。
泄漏处理	建议应急处理人员戴正压自给式呼吸器,穿防酸碱服,戴橡胶耐酸碱手套。勿使泄漏物与可燃物质(如木材、纸、油等)接触。小量泄漏:用干燥的砂土或其他不燃材料覆盖泄漏物。用洁净的无火花工具收集泄漏物,置于一盖子较松的塑料容器中。

安全存储

储存于阴凉、干燥、通风良好的库房。远离火种、热源。库温不宜超过 30℃,相对湿度不超过 75%。应与氧化剂、酸类、碱类、食用化学品分开存放,切忌混储。

废物处置

根据国家和地方有关法规的要求处置。或与厂商或制造商联系,确定处置方法。

中文名称:**三氯化硼**　　英文名称:boron chloride

CAS 登记号:10294-34-5

化学式:BCl_3　　相对分子质量:117.16

最高容许浓度 / 时量平均浓度	危险性类别	危险标识
未制定标准	不燃气体;有毒气体	 不燃气体  有毒气体

理化性质		
闪点:无意义	熔点:-107℃	沸点:12.5℃
相对密度($d_{水}$=1):1.35	相对蒸气密度($d_{空气}$=1):4.03	爆炸极限:无意义

预防措施		
呼吸防护	空气中浓度超标时,佩戴过滤式防毒面具(全面罩)。紧急事态抢救或撤离时,建议佩戴空气呼吸器。	 戴过滤式防毒面具(全面罩)  戴空气呼吸器  戴橡胶手套  穿橡胶耐酸碱服
眼睛防护	呼吸防护中已做防护。	
手 防 护	戴橡胶手套。	
身体防护	穿橡胶耐酸碱服。	
其他防护	采用防爆型照明、通风设施。禁止使用易产生火花的机械设备和工具。	

事故响应	
皮肤接触	立即脱去污染的衣着,用大量流动清水冲洗。冻伤时:将患处浸泡于38~42℃的温水中复温。不要涂擦。不要使用热水或辐射热。使用清洁、干燥的敷料包扎。如有不适感,就医。
眼睛接触	立即提起眼睑,用大量流动清水或生理盐水彻底冲洗10~15 min。如有不适感,就医。
吸　　入	迅速脱离现场至空气新鲜处。保持呼吸道通畅。如呼吸困难,给输氧。如呼吸、心跳停止,立即进行心肺复苏术。就医。
食　　入	不会通过该途径接触。

应急处理	
消防措施	本品不燃,根据着火原因选择适当灭火剂灭火。切断气源。消防人员须佩戴空气呼吸器,穿全身防火防毒服,在上风向灭火。禁止用水、泡沫、酸碱灭火剂灭火。
泄漏处理	建议应急处理人员穿内置正压自给式呼吸器的全封闭防化服。禁止接触或跨越泄漏物。尽可能切断泄漏源。喷雾状水抑制蒸气或改变蒸气云流向,避免水流接触泄漏物。禁止用水直接冲击泄漏物或泄漏源。隔离泄漏区直至气体散尽。

安全存储
储存于阴凉、通风的不燃气体库房。远离火种、热源。库温不宜超过30℃。保持容器密封。应与碱类、碱金属、醇类、氧化剂分开存放,切忌混储。

废物处置
根据国家和地方有关法规的要求处置。或与制造商联系,确定处置方法。

中文名称：**三氯化锑**　　英文名称：antimony trichloride

CAS 登记号：10025-91-9

化学式：$SbCl_3$　　相对分子质量：228.10

时量平均浓度	危险性类别	危险标识
PC-TWA：0.5 mg/m^3	酸性腐蚀品	 酸性腐蚀品

理化性质		
闪点：无意义	熔点：73.4℃	沸点：223.5℃
相对密度（$d_{水}=1$）：3.14	相对蒸气密度（$d_{空气}=1$）：无资料	爆炸极限：无意义

预防措施	
呼吸防护	可能接触其粉尘时，应该佩戴过滤式防尘呼吸器。紧急事态抢救或撤离时，佩戴空气呼吸器。
眼睛防护	戴化学安全防护眼镜。
手防护	戴橡胶耐酸碱手套。
身体防护	穿橡胶耐酸碱服。
其他防护	在通风橱内进行化学反应。实验室禁止吸烟和饮食。

事故响应	
皮肤接触	立即脱去污染的衣着，用大量流动清水冲洗 20~30 min。如有不适感，就医。
眼睛接触	立即提起眼睑，用大量流动清水或生理盐水彻底冲洗 10~15 min。如有不适感，就医。
吸入	迅速脱离现场至空气新鲜处。保持呼吸道通畅。如呼吸困难，给输氧。如呼吸、心跳停止，立即进行心肺复苏术。就医。
食入	用水漱口，禁止催吐。大量饮水。给饮牛奶或蛋清。就医。

应急处理	
消防措施	本品不燃，根据着火原因选择适当灭火剂灭火。消防人员须佩戴防毒面具，穿全身消防服，在上风向灭火。尽可能将容器从火场移至空旷处。禁止用水和泡沫灭火。
泄漏处理	建议应急处理人员戴防尘口罩，穿防酸碱服，戴橡胶耐酸碱手套。尽可能切断泄漏源。用干燥的砂土或其他不燃材料覆盖泄漏物，然后用塑料布覆盖，减少飞散，避免雨淋。用洁净的铲子收集泄漏物，置于干燥、干净、盖子较松的容器内，将容器移离泄漏区。

安全存储

储存于阴凉、干燥、通风良好的库房。远离火种、热源。库温不宜超过30℃，相对湿度不超过75%。包装必须密封，切勿受潮。应与还原剂、醇类、碱类分开存放，切忌混储。

废物处置

根据国家和地方有关法规的要求处置。或与制造商联系，确定处置方法。

中文名称:**三氯化铁**　　英文名称:ferric chloride

CAS 登记号:7705-08-0

化学式:$FeCl_3$　　相对分子质量:162.20

最高容许浓度/时量平均浓度	危险性类别	危险标识
未制定标准	酸性腐蚀品	 酸性腐蚀品

理化性质

闪点:无意义	熔点:306℃	沸点:319℃
相对密度($d_{水}$=1):2.90	相对蒸气密度($d_{空气}$=1):5.61	爆炸极限:无意义

预防措施

呼吸防护	可能接触其粉尘时,必须佩戴过滤式防尘呼吸器。必要时,佩戴空气呼吸器。	
眼睛防护	戴化学安全防护眼镜。	
手 防 护	戴橡胶手套。	
身体防护	穿实验室工作服。	
其他防护	在通风橱内进行化学反应。实验室禁止吸烟和饮食。	

事故响应

皮肤接触	立即脱去污染的衣着,用大量流动清水冲洗 20~30 min。如有不适感,就医。
眼睛接触	立即提起眼睑,用大量流动清水或生理盐水彻底冲洗 10~15 min 。如有不适感,就医。
吸　　入	迅速脱离现场至空气新鲜处。保持呼吸道通畅。如呼吸困难,给输氧。如呼吸、心跳停止,立即进行心肺复苏术。就医。
食　　入	用水漱口,给饮牛奶或蛋清。就医。

应急处理

消防措施	用干粉、二氧化碳灭火。消防人员须佩戴空气呼吸器,穿全身防火防毒服,在上风向灭火。尽可能将容器从火场移至空旷处。禁止用水和泡沫灭火。
泄漏处理	隔离泄漏污染区,限制出入。建议应急处理人员戴防尘口罩,穿防酸碱服,戴橡胶手套。作业时使用的所有设备应接地。用干燥的砂土或其他不燃材料覆盖泄漏物,然后用塑料布覆盖,减少飞散,避免雨淋。用洁净的铲子收集泄漏物,置于干燥、干净、盖子较松的容器内,将容器移离泄漏区。

安全存储

储存于阴凉、通风的库房。远离火种、热源。包装密封。应与氧化剂、活性金属粉末等分开存放,切忌混储。

废物处置

根据国家和地方有关法规的要求处置。或与制造商联系,确定处置方法。

中文名称:**三氯甲烷**　英文名称:trichloromethane

CAS 登记号:67-66-3

化学式:$CHCl_3$　相对分子质量:119.38

时量平均浓度	危险性类别	危险标识
PC-TWA:20 mg/m^3	毒害品;易制毒	 毒害品  易制毒

理化性质

闪点:无意义	熔点:-63.5℃	沸点:61.3℃
相对密度($d_{水}$=1):1.50	相对蒸气密度($d_{空气}$=1):4.12	爆炸极限:无意义

预防措施

呼吸防护	空气中浓度超标时,应该佩戴过滤式防毒面具(半面罩)。紧急事态抢救或撤离时,佩戴空气呼吸器。	 戴过滤式防毒面具(半面罩)  戴化学安全防护眼镜
眼睛防护	戴化学安全防护眼镜。	
手 防 护	戴乳胶手套。	 戴乳胶手套  穿实验室工作服
身体防护	穿实验室工作服。	
其他防护	在通风橱内进行化学反应。实验室禁止吸烟和饮食。	

事故响应

皮肤接触	立即脱去污染的衣着,用大量流动清水冲洗 20~30 min。如有不适感,就医。
眼睛接触	立即提起眼睑,用大量流动清水或生理盐水彻底冲洗 10~15 min 。如有不适感,就医。
吸　　入	迅速脱离现场至空气新鲜处。保持呼吸道通畅。如呼吸困难,给输氧。如呼吸、心跳停止,立即进行心肺复苏术。就医。
食　　入	饮大量温水,催吐。就医。饮酒增加毒性。

应急处理

消防措施	用雾状水、二氧化碳、砂土灭火。消防人员须佩戴空气呼吸器,穿全身防火防毒服,在上风向灭火。尽可能将容器从火场移至空旷处。
泄漏处理	建议应急处理人员戴正压自给式呼吸器,穿防毒服,戴防化学品手套。小量泄漏:用干燥的砂土或其他不燃材料吸收或覆盖,收集于容器中。大量泄漏:构筑围堤或挖坑收容。用砂土、惰性物质或蛭石吸收大量液体。用泵转移至槽车或专用收集器。

安全存储

储存于阴凉、通风的库房。远离火种、热源。库温不超过 35℃,相对湿度不超过 85%。保持容器密封。应与碱类、铝、食用化学品分开存放,切忌混储。储区应备有泄漏应急处理设备和合适的收容材料。

废物处置

用焚烧法处置。与燃料混合后,再焚烧。焚烧炉排出的卤化氢通过酸洗涤器除去。

中文名称:**三氯乙酸**　　英文名称:trichloroacetic acid

CAS 登记号:76-03-9

化学式:CCl_3COOH　　相对分子质量:163.4

最高容许浓度 / 时量平均浓度	危险性类别	危险标识
未制定标准	酸性腐蚀品	

理化性质

闪点:197℃　　熔点:57.5℃　　沸点:197.5℃

相对密度($d_{水}=1$):1.63　　相对蒸气密度($d_{空气}=1$):5.65　　爆炸极限:无资料

预防措施

呼吸防护	空气中浓度超标时,建议佩戴过滤式防毒面具(半面罩)。
眼睛防护	戴化学安全防护眼镜。
手 防 护	戴橡胶耐酸碱手套。
身体防护	穿橡胶耐酸碱服。
其他防护	在通风橱内进行化学反应。实验室禁止吸烟和饮食。

事故响应

皮肤接触	立即脱去污染的衣着,用大量流动清水冲洗 20~30 min。如有不适感,就医。
眼睛接触	立即提起眼睑,用大量流动清水或生理盐水彻底冲洗 10~15 min。如有不适感,就医。
吸　　入	迅速脱离现场至空气新鲜处。保持呼吸道通畅。如呼吸困难,给输氧。如呼吸、心跳停止,立即进行心肺复苏术。就医。
食　　入	用水漱口,禁止催吐。大量饮水。给饮牛奶或蛋清。就医。

应急处理

消防措施	用雾状水、泡沫、二氧化碳灭火。消防人员须佩戴空气呼吸器,穿全身耐酸碱消防服灭火。尽可能将容器从火场移至空旷处。喷水保持火场容器冷却,直至灭火结束。
泄漏处理	建议应急处理人员戴空气呼吸器,穿全身耐酸碱消防服,戴橡胶耐酸碱手套。用塑料布覆盖泄漏物,减少飞散。勿使水进入包装容器内。用洁净的铲子收集泄漏物,置于干燥、干净、盖子较松的容器内,将容器移离泄漏区。

安全存储

储存于阴凉、通风的库房。远离火种、热源。包装密封。应与氧化剂、碱类分开存放,切忌混储。配备相应品种和数量的消防器材。

废物处置

建议用焚烧法处置。与燃料混合后,再焚烧。焚烧炉排出的卤化氢通过酸洗涤器除去。或用安全掩埋法处置。

中文名称:**三氯乙烯**　　英文名称:trichloroethylene

CAS 登记号:79-01-6

化学式:$CCl_2=CHCl$　　相对分子质量:131.38

时量平均浓度	危险性类别	危险标识
PC-TWA:30 mg/m^3	毒害品	 毒害品

理化性质

闪点:32℃	熔点:-84.7~-73℃	沸点:87.1℃
相对密度($d_{水}$=1):1.46(20℃)	相对蒸气密度($d_{空气}$=1):4.54	爆炸极限:12.5%~90.0%

预防措施

呼吸防护	可能接触其蒸气时,应该佩戴过滤式防毒面具(半面罩)。紧急事态抢救或撤离时,佩戴空气呼吸器。	 戴过滤式防毒面具(半面罩)  戴化学安全防护眼镜  戴乳胶手套  穿实验室工作服
眼睛防护	戴化学安全防护眼镜。	
手 防 护	戴乳胶手套。	
身体防护	穿实验室工作服。	
其他防护	在通风橱内进行化学反应。实验室禁止吸烟和饮食。	

事故响应

皮肤接触	立即脱去污染的衣着,用肥皂水和清水彻底冲洗皮肤。如有不适感,就医。
眼睛接触	提起眼睑,用流动清水或生理盐水冲洗。如有不适感,就医。
吸　　入	迅速脱离现场至空气新鲜处。保持呼吸道通畅。如呼吸困难,给输氧。如呼吸、心跳停止,立即进行心肺复苏术。就医。
食　　入	漱口。饮足量温水,禁止催吐。避免饮酒。就医。

应急处理

消防措施	用雾状水、泡沫、干粉、二氧化碳、砂土灭火。消防人员须佩戴防毒面具,穿全身消防服灭火。尽可能将容器从火场移至空旷处。喷水保持火场容器冷却,直至灭火结束。
泄漏处理	建议应急处理人员戴正压自给式呼吸器,穿防毒服,戴防化学品手套。小量泄漏:用砂土或其他不燃材料吸收。大量泄漏:构筑围堤或挖坑收容。用泡沫覆盖,减少蒸发。

安全存储

储存于阴凉、通风的库房。远离火种、热源。库温不超过 32℃,相对湿度不超过 80%。包装要求密封,不可与空气接触。应与氧化剂、还原剂、碱类、金属粉末、食用化学品分开存放,切忌混储。不宜大量储存或久存。配备相应品种和数量的消防器材。储区应备有泄漏应急处理设备和合适的收容材料。

废物处置

用焚烧法处置。与燃料混合后,再焚烧。焚烧炉排出的卤化氢通过酸洗涤器除去。

中文名称：**2,4,6-三硝基甲苯**　　英文名称：2,4,6-trinitrotoluene

CAS 登记号：118-96-7

化学式：$C_6H_2CH_3(NO_2)_3$　　相对分子质量：227.15

时量平均浓度	危险性类别	危险标识
PC-TWA：0.2 mg/m^3	易制爆	 易制爆

理化性质		
闪点：爆炸	熔点：80.1℃	沸点：240℃（分解）
相对密度（$d_{水}$=1）：1.65	相对蒸气密度（$d_{空气}$=1）：7.85	爆炸极限：无资料

预防措施

呼吸防护	空气中粉尘浓度超标时，佩戴抗冲击面罩。紧急事态抢救或撤离时，建议佩戴空气呼吸器。
眼睛防护	呼吸防护中已做防护。
手　防　护	戴橡胶手套。
身体防护	穿实验室工作服。
其他防护	采用防爆型照明、通风设施。禁止使用易产生火花的机械设备和工具。

戴抗冲击面罩

戴空气呼吸器

戴橡胶手套

穿实验室工作服

事故响应

皮肤接触	立即脱去污染的衣着，用肥皂水和清水彻底冲洗皮肤。如有不适感，就医。
眼睛接触	提起眼睑，用流动清水或生理盐水冲洗。如有不适感，就医。
吸　　入	迅速脱离现场至空气新鲜处。保持呼吸道通畅。如呼吸困难，给输氧。如呼吸、心跳停止，立即进行心肺复苏术。就医。
食　　入	用水漱口，催吐。就医。

应急处理

消防措施	受撞击、摩擦，遇明火或其他点火源极易爆炸。用大量水灭火。消防人员须在有防爆掩蔽处操作。遇大火切勿轻易接近。在物料附近失火，需用水保持容器冷却。禁止用砂土压盖。
泄漏处理	建议应急处理人员戴防尘口罩，穿防毒服，戴橡胶手套。作业时使用的所有设备应接地。禁止接触或跨越泄漏物。润湿泄漏物。严禁设法扫除干的泄漏物。

安全存储

储存于阴凉、干燥、通风的爆炸品专用库房。远离火种、热源。库温不超过 32℃，相对湿度不超过 80%。应与氧化剂、还原剂、酸类、碱类、食用化学品分开存放，切忌混储。禁止震动、撞击、摩擦。

废物处置

处置前应参阅国家和地方有关法规。在公安部门指定地点引爆。

中文名称:**三溴化磷**　　英文名称:tribromophosphine

CAS 登记号:7789-60-8

化学式:PBr_3　　相对分子质量:270.70

最高容许浓度 / 时量平均浓度	危险性类别	危险标识
未制定标准	酸性腐蚀品	 酸性腐蚀品

理化性质

闪点:无意义	熔点:−41.5~−40℃	沸点:175.3℃
相对密度($d_{水}$=1):2.85	相对蒸气密度($d_{空气}$=1):无资料	爆炸极限:无意义

预防措施

呼吸防护	可能接触其蒸气时,须佩戴过滤式防毒面具(全面罩)或空气呼吸器。紧急事态抢救或撤离时,建议佩戴空气呼吸器。	 戴过滤式防毒面具(全面罩)  戴空气呼吸器  戴橡胶耐酸碱手套  穿橡胶耐酸碱服
眼睛防护	呼吸防护中已做防护。	
手 防 护	戴橡胶耐酸碱手套。	
身体防护	穿橡胶耐酸碱服。	
其他防护	在通风橱内进行化学反应。实验室禁止吸烟和饮食。	

事故响应

皮肤接触	立即脱去污染的衣着,用大量流动清水冲洗 20~30 min。如有不适感,就医。
眼睛接触	立即提起眼睑,用大量流动清水或生理盐水彻底冲洗 10~15 min。如有不适感,就医。
吸　　入	迅速脱离现场至空气新鲜处。保持呼吸道通畅。如呼吸困难,给输氧。如呼吸、心跳停止,立即进行心肺复苏术。就医。
食　　入	用水漱口,无腐蚀症状者洗胃。忌服油类。就医。

应急处理

消防措施	用二氧化碳、砂土灭火。禁止用水和泡沫灭火。消防人员须佩戴空气呼吸器,穿全身耐酸碱消防服灭火。尽可能将容器从火场移至空旷处。喷水冷却火场容器,直至灭火结束。
泄漏处理	建议应急处理人员戴正压自给式呼吸器,穿防酸碱服,戴橡胶耐酸碱手套。勿使泄漏物与可燃物质(如木材、纸、油等)接触。小量泄漏:用干燥的砂土或其他不燃材料覆盖泄漏物,用洁净的无火花工具收集泄漏物,置于一盖子较松的塑料容器中。大量泄漏:构筑围堤或挖坑收容。

安全存储

储存于阴凉、干燥、通风良好的库房。远离火种、热源。库温不宜超过 25℃。应与氧化剂、酸类、碱类分开存放,切忌混储。不宜久存,以免变质。

废物处置

根据国家和地方有关法规的要求处置。或与制造商联系,确定处置方法。

中文名称:**三氧化二氮**　　英文名称:nitrogen trioxide

CAS 登记号:10544-73-7

化学式:N_2O_3　　相对分子质量:76.02

时量平均浓度	危险性类别	危险标识
未制定标准	有毒气体	

理化性质		
闪点:无意义	熔点:-102℃	沸点:3.5℃
相对密度($d_{水}$=1):1.45(2℃)	相对蒸气密度($d_{空气}$=1):2.6	爆炸极限:无意义

预防措施

呼吸防护	空气中浓度超标时,佩戴过滤式防毒面具(半面罩)。	
眼睛防护	戴化学安全防护眼镜。	
手 防 护	戴橡胶手套。	
身体防护	穿实验室工作服。	
其他防护	在通风橱内进行化学反应。实验室禁止吸烟和饮食。	

事故响应

皮肤接触	立即脱去污染的衣着,用大量流动清水冲洗 20~30 min。如有不适感,就医。
眼睛接触	立即提起眼睑,用大量流动清水或生理盐水彻底冲洗 10~15 min。如有不适感,就医。
吸　　入	迅速脱离现场至空气新鲜处。保持呼吸道通畅。如呼吸困难,给输氧。如呼吸、心跳停止,立即进行心肺复苏术。就医。
食　　入	不会通过该途径接触。

应急处理

消防措施	用干粉、二氧化碳灭火。消防人员须穿全身防火防毒服,在上风向灭火。切断气源。喷水冷却容器,尽可能将容器从火场移至空旷处。
泄漏处理	建议应急处理人员穿内置正压自给式呼吸器的全封闭防化服。禁止接触或跨越泄漏物。尽可能切断泄漏源。勿使泄漏物与可燃物质(如木材、纸、油等)接触。喷雾状水抑制蒸气或改变蒸气云流向,避免水流接触泄漏物。禁止用水直接冲击泄漏物或泄漏源。

安全存储

储存于通风、低温的有毒气体专用库房内。远离火种、热源。库温不宜超过 30℃。应与易(可)燃物、还原剂、食用化学品等分开存放,切忌混储。

废物处置

根据国家和地方有关法规的要求处置。或与厂商或制造商联系,确定处置方法。

中文名称:**三氧化铬**　　英文名称:chromium trioxide

CAS 登记号:1333-82-0

化学式:CrO_3　　相对分子质量:100.00

时量平均浓度	危险性类别	危险标识
PC-TWA:0.05 mg/m^3	氧化剂	

理化性质

闪点:无意义　　熔点:190~197℃　　沸点:分解

相对密度($d_{水}$=1):2.70　　相对蒸气密度($d_{空气}$=1):无资料　　爆炸极限:无意义

预防措施

呼吸防护	可能接触其粉尘时,应该佩戴过滤式防尘呼吸器。必要时,佩戴空气呼吸器。	
眼睛防护	戴化学安全防护眼镜。	
手 防 护	戴橡胶手套。	
身体防护	穿实验室工作服。	
其他防护	在通风橱内进行化学反应。实验室禁止吸烟和饮食。	

事故响应

皮肤接触	脱去污染的衣着,用肥皂水和清水彻底冲洗皮肤。如有不适感,就医。
眼睛接触	提起眼睑,用流动清水或生理盐水冲洗。如有不适感,就医。
吸　　入	迅速脱离现场至空气新鲜处。保持呼吸道通畅。如呼吸困难,给输氧。如呼吸、心跳停止,立即进行心肺复苏术。就医。
食　　入	漱口,禁止催吐。用清水或1%硫代硫酸钠溶液洗胃。给饮牛奶或蛋清。就医。

应急处理

消防措施	本品不燃,根据着火原因选择适当灭火剂灭火。消防人员须佩戴空气呼吸器,穿全身防火防毒服,在上风向灭火。尽可能将容器从火场移至空旷处。喷水保持火场容器冷却,直至灭火结束。切勿将水流直接射至熔融物,以免引起严重的流淌火灾或引起剧烈的沸溅。
泄漏处理	建议应急处理人员戴防尘口罩,穿防毒服,戴橡胶手套。勿使泄漏物与可燃物质接触。穿上适当的防护服前严禁接触破裂的容器和泄漏物。尽可能切断泄漏源。用洁净的铲子收集泄漏物,置于干燥、干净、盖子较松的容器内,将容器移离泄漏区。

安全存储

储存于阴凉、干燥、通风良好的库房。库温不超过30℃,相对湿度不超过80%。包装必须密封,切勿受潮。储区应备有合适的材料收容泄漏物。

废物处置

根据国家和地方有关法规的要求处置。或与制造商联系,确定处置方法。

中文名称:**三乙胺**	英文名称:triethylamine
CAS 登记号:121-44-8	
化学式:$(C_2H_5)_3N$	相对分子质量:101.22

最高容许浓度 / 时量平均浓度	危险性类别	危险标识
无资料	高度易燃液体	 高度易燃液体

理化性质

闪点:-7℃(OC)	熔点:-114.8℃	沸点:89.5℃
相对密度($d_{水}$=1):0.73	相对蒸气密度($d_{空气}$=1):3.5	爆炸极限:1.2%~8.0%

预防措施

呼吸防护	可能接触其蒸气时,佩戴过滤式防毒面具(全面罩)。紧急事态抢救或撤离时,应该佩戴空气呼吸器。	 戴过滤式防毒面具(全面罩)  戴空气呼吸器
眼睛防护	呼吸防护中已做防护。	
手 防 护	戴橡胶耐油手套。	 戴橡胶耐油手套  穿实验室工作服
身体防护	穿实验室工作服。	
其他防护	在通风橱内进行化学反应。实验室禁止吸烟和饮食。	

事故响应

皮肤接触	立即脱去污染的衣着,用大量流动清水冲洗 20~30 min。如有不适感,就医。
眼睛接触	立即提起眼睑,用大量流动清水或生理盐水彻底冲洗 10~15 min 。如有不适感,就医。
吸　　入	迅速脱离现场至空气新鲜处。保持呼吸道通畅。如呼吸困难,给输氧。如呼吸、心跳停止,立即进行心肺复苏术。就医。
食　　入	漱口,禁止催吐。如有不适感,就医。

应急处理

消防措施	用泡沫、二氧化碳、干粉、砂土灭火。消防人员须佩戴空气呼吸器,穿全身防火防毒服,在上风向灭火。尽可能将容器从火场移至空旷处。喷水保持火场容器冷却。容器突然发出异常声音或出现异常现象,应立即撤离。
泄漏处理	建议应急处理人员戴正压自给式呼吸器,穿防静电、防腐蚀、防毒服,戴橡胶耐油手套。小量泄漏:用砂土或其他不燃材料吸收。大量泄漏:构筑围堤或挖坑收容。用抗溶性泡沫覆盖,减少蒸发。

安全存储

储存于阴凉、通风的库房。远离火种、热源。库温不宜超过 37℃。包装要求密封,不可与空气接触。应与氧化剂、酸类分开存放,切忌混储。

废物处置

用控制焚烧法处置。焚烧炉排出的氮氧化物通过洗涤器除去。

中文名称：**砷**　　英文名称：arsenic

CAS 登记号：7440-38-2

化学式：As　　相对分子质量：74.92

时量平均浓度	危险性类别	危险标识
PC-TWA：0.01 mg/m^3	剧毒固体	

理化性质

闪点：无意义	熔点：817℃（3 650 kPa）	沸点：613℃（升华）
相对密度（$d_{水}$=1)：5.73	相对蒸气密度（$d_{空气}$=1)：无资料	爆炸极限：无资料

预防措施

呼吸防护	可能接触其粉尘时，应该佩戴过滤式防尘呼吸器。必要时，佩戴空气呼吸器。	
眼睛防护	戴化学安全防护眼镜。	
手防护	戴橡胶手套。	
身体防护	穿实验室工作服。必要时，穿连衣式防毒衣。	
其他防护	在通风橱内进行化学反应。实验室禁止吸烟和饮食。	

事故响应

皮肤接触	立即脱去污染的衣着，用肥皂水和清水彻底冲洗皮肤。如有不适感，就医。
眼睛接触	提起眼睑，用流动清水或生理盐水彻底冲洗。如有不适感，就医。
吸入	迅速脱离现场至空气新鲜处。保持呼吸道通畅。如呼吸困难，给输氧。如呼吸、心跳停止，立即进行心肺复苏术。就医。
食入	饮大量温水，催吐。洗胃。给饮牛奶或蛋清。就医。

应急处理

消防措施	用干粉、泡沫、二氧化碳、砂土灭火。消防人员须佩戴空气呼吸器，穿全身防火防毒服，在上风向灭火。尽可能将容器从火场移至空旷处。喷水保持火场容器冷却，直至灭火结束。
泄漏处理	隔离泄漏污染区，限制出入。建议应急处理人员戴防尘口罩，穿防毒服，戴橡胶手套。穿上适当的防护服前严禁接触破裂的容器和泄漏物。尽可能切断泄漏源。用塑料布覆盖泄漏物，减少飞散。勿使水进入包装容器内。用洁净的铲子收集泄漏物，置于干燥、干净、盖子较松的容器内，将容器移离泄漏区。

安全存储

储存于阴凉、通风的库房。远离火种、热源。相对湿度不超过80%。包装必须密封，切勿受潮。应与氧化剂、酸类、卤素、食用化学品分开存放。

废物处置

若可能，回收使用。

中文名称：**石油醚**　　英文名称：petroleum ether

CAS 登记号：8032–32–4

最高容许浓度 / 时量平均浓度	危险性类别	危险标识
未制定标准	易燃液体	 易燃液体

理化性质

闪点：<–20℃	熔点：<–73℃	沸点：30~130℃
相对密度（$d_{水}$=1）：0.6~0.7	相对蒸气密度（$d_{空气}$=1）：2.50	爆炸极限：1.1%~8.7%

预防措施

呼吸防护	一般不需要特殊防护。空气中浓度超标时，佩戴过滤式防毒面具（半面罩）。
眼睛防护	戴化学安全防护眼镜。
手 防 护	戴橡胶耐油手套。
身体防护	穿防静电工作服。
其他防护	采用防爆型照明、通风设施。禁止使用易产生火花的机械设备和工具。

戴过滤式防毒面具（半面罩）

戴化学安全防护眼镜

戴橡胶耐油手套

穿防静电工作服

事故响应

皮肤接触	立即脱去污染的衣着，用肥皂水和清水彻底冲洗皮肤。如有不适感，就医。
眼睛接触	立即提起眼睑，用大量流动清水或生理盐水彻底冲洗 10~15 min。如有不适感，就医。
吸　　入	迅速脱离现场至空气新鲜处。保持呼吸道通畅。如呼吸困难，给输氧。如呼吸、心跳停止，立即进行心肺复苏术。就医。
食　　入	饮水，禁止催吐。如有不适感，就医。

应急处理

消防措施	用泡沫、干粉、二氧化碳、砂土灭火。消防人员须佩戴空气呼吸器，穿全身防火防毒服，在上风向灭火。尽可能将容器从火场移至空旷处。喷水保持火场容器冷却。容器突然发出异常声音或出现异常现象，应立即撤离。用水灭火无效。
泄漏处理	消除所有点火源。建议应急处理人员戴正压自给式呼吸器，穿防静电服。作业时所用的所有设备应接地。禁止接触或跨越泄漏物。尽可能切断泄漏源。小量泄漏：用砂土或其他不燃材料吸收。使用洁净的无火花工具收集吸收材料。大量泄漏：构筑围堤或挖坑收容。用泡沫覆盖，减少蒸发。

安全存储

储存于阴凉、通风的库房。远离火种、热源。库温不宜超过37℃。保持容器密封。应与氧化剂分开存放，切忌混储。储区应备有泄漏应急处理设备和合适的收容材料。

废物处置

建议用焚烧法处置。

中文名称:**叔丁醇**	英文名称:tert-butyl alcohol
CAS 登记号:75-65-0	
化学式:$(CH_3)_3COH$	相对分子质量:74.14

最高容许浓度/时量平均浓度	危险性类别	危险标识
未制定标准	易燃液体	 易燃液体

理化性质

闪点:11℃(CC)	熔点:25.7℃	沸点:82.4℃
相对密度($d_{水}$=1):0.784	相对蒸气密度($d_{空气}$=1):2.55	爆炸极限:2.4%~8.0%

预防措施

呼吸防护	空气中浓度超标时,应该佩戴过滤式防毒面具(半面罩)。	 戴过滤式防毒面具(半面罩)  戴化学安全防护眼镜  戴乳胶手套  穿防静电工作服
眼睛防护	戴化学安全防护眼镜。	
手 防 护	戴乳胶手套。	
身体防护	穿防静电工作服。	
其他防护	采用防爆型照明、通风设施。禁止使用易产生火花的机械设备和工具。	

事故响应

皮肤接触	脱去污染的衣着,用肥皂水和清水彻底冲洗皮肤。如有不适感,就医。
眼睛接触	提起眼睑,用流动清水或生理盐水冲洗。如有不适感,就医。
吸　　入	迅速脱离现场至空气新鲜处。保持呼吸道通畅。如呼吸困难,给输氧。如呼吸、心跳停止,立即进行心肺复苏术。就医。
食　　入	饮大量温水,催吐。就医。

应急处理

消防措施	用抗溶性泡沫、干粉、二氧化碳、砂土灭火。消防人员须佩戴防毒面具,穿全身消防服,在上风向灭火。尽可能将容器从火场移至空旷处。喷水保持火场容器冷却,直至灭火结束。容器突然发出异常声音或出现异常现象,应立即撤离。
泄漏处理	消除所有点火源。建议应急处理人员戴正压自给式呼吸器,穿防静电服。作业时使用的所有设备应接地。禁止接触或跨越泄漏物。尽可能切断泄漏源。小量泄漏:用砂土或其他不燃材料吸收。使用洁净的无火花工具收集吸收材料。大量泄漏:构筑围堤或挖坑收容。用抗溶性泡沫覆盖,减少蒸发。用防爆泵转移至槽车或专用收集器内。

安全存储

储存于阴凉、通风的库房。远离火种、热源。库温不超过37℃。保持容器密封。应与氧化剂、酸类分开存放,切忌混储。储区应备有泄漏应急处理设备。

废物处置

建议用焚烧法处置。

中文名称:**双戊烯**　　英文名称:dipentene

CAS 登记号:138-86-3

化学式:$C_{10}H_{16}$　　相对分子质量:136.26

最高容许浓度 / 时量平均浓度	危险性类别	危险标识
未制定标准	可燃液体	 可燃液体

理化性质

闪点:45℃(CC)	熔点:-95.5℃	沸点:175.5~176.5℃
相对密度($d_{水}$=1):0.842	相对蒸气密度($d_{空气}$=1):4.66	爆炸极限:0.7%~6.1%

预防措施

呼吸防护	可能接触其蒸气时,应该佩戴过滤式防毒面具(半面罩)。
眼睛防护	戴化学安全防护眼镜。
手 防 护	戴橡胶耐油手套。
身体防护	穿实验室工作服。
其他防护	采用防爆型照明、通风设施。禁止使用易产生火花的机械设备和工具。

戴过滤式防毒面具(半面罩)

戴化学安全防护眼镜

戴橡胶耐油手套

穿实验室工作服

事故响应

皮肤接触	脱去污染的衣着,用肥皂水和清水彻底冲洗皮肤。如有不适感,就医。
眼睛接触	提起眼睑,用流动清水或生理盐水冲洗。如有不适感,就医。
吸　　入	迅速脱离现场至空气新鲜处。保持呼吸道通畅。如呼吸困难,给输氧。如呼吸、心跳停止,立即进行心肺复苏术。就医。
食　　入	饮水,禁止催吐。如有不适感,就医。

应急处理

消防措施	用泡沫、干粉、二氧化碳、砂土灭火。消防人员须佩戴防毒面具,穿全身消防服,在上风向灭火。尽可能将容器从火场移至空旷处。喷水保持火场容器冷却,直至灭火结束。容器突然发出异常声音或出现异常现象,应立即撤离。
泄漏处理	消除所有点火源。建议应急处理人员戴空气呼吸器,穿全身防火防毒服。作业时使用的所有设备应接地。禁止接触或跨越泄漏物。尽可能切断泄漏源。小量泄漏:用砂土或其他不燃材料吸收。使用洁净的无火花工具收集吸收材料。大量泄漏:构筑围堤或挖坑收容。用泡沫覆盖,减少蒸发。用防爆泵转移至槽车或专用收集器内。

安全存储

储存于阴凉、通风的库房。远离火种、热源。库温不超过 37℃。应与氧化剂、酸类分开存放,切忌混储。不宜大量储存或久存。储区应备有泄漏应急处理设备。

废物处置

建议用焚烧法处置。

中文名称:**水合肼**(含水 36%)　　英文名称:hydrazine hydrate

CAS 登记号:10217-52-4

化学式:$N_2H_4 \cdot H_2O$　　相对分子质量:50.08

最高容许浓度 / 时量平均浓度	危险性类别	危险标识
未制定标准	碱性腐蚀品	 碱性腐蚀品

理化性质

闪点:72.8℃	熔点:-64.9~-51.6℃	沸点:118℃
相对密度($d_{水}$=1):1.03	相对蒸气密度($d_{空气}$=1):1.1	爆炸极限:4.7%~100%

预防措施

呼吸防护	可能接触其蒸气时,必须佩戴过滤式防毒面具(全面罩)。紧急事态抢救或撤离时,建议佩戴空气呼吸器。	 戴过滤式防毒面具(全面罩)  戴空气呼吸器  戴橡胶手套  穿橡胶耐酸碱服
眼睛防护	呼吸防护中已做防护。	
手 防 护	戴橡胶手套。	
身体防护	穿橡胶耐酸碱服。	
其他防护	在通风橱内进行化学反应。实验室禁止吸烟和饮食。	

事故响应

皮肤接触	脱去污染的衣着,用大量流动清水冲洗 20~30 min。就医。
眼睛接触	立即提起眼睑,用大量流动清水或生理盐水彻底冲洗 10~15 min。如有不适感,就医。
吸　　入	迅速脱离现场至空气新鲜处。保持呼吸道通畅。如呼吸困难,给输氧。如呼吸、心跳停止,立即进行心肺复苏术。就医。
食　　入	饮大量温水,催吐。洗胃。就医。

应急处理

消防措施	用雾状水、抗溶性泡沫、干粉、二氧化碳灭火。消防人员须佩戴防毒面具,在安全距离以外,在上风向灭火。尽可能将容器从火场移至空旷处。喷水保持火场容器冷却,直至灭火结束。容器突然发出异常声音或出现异常现象,应立即撤离。
泄漏处理	建议应急处理人员戴正压自给式呼吸器,穿防静电、防腐蚀服,戴橡胶手套。小量泄漏:用干燥的砂土或其他不燃材料吸收或覆盖。大量泄漏:构筑围堤或挖坑收容。用防爆、耐腐蚀泵转移至槽车或专用收集器内。

安全存储

储存于阴凉、通风的库房。远离火种、热源。库温不宜超过 30℃,相对湿度不超过 80%。保持容器密封。应与氧化剂、酸类、金属粉末、食用化学品分开存放,切忌混储。储区应备有泄漏应急处理设备和合适的收容材料。

废物处置

建议用控制焚烧法。焚烧炉排出的氮氧化物通过洗涤器除去。

中文名称:**锶**　　英文名称:strontium

CAS 登记号:7440-24-6

化学式:Sr　　相对分子质量:87.62

最高容许浓度 / 时量平均浓度	危险性类别	危险标识
未制定标准	遇湿易燃物品	 遇湿易燃物品

理化性质		
闪点:无资料	熔点:755~777℃	沸点:1 366~1 384℃
相对密度($d_{水}$=1):2.54	相对蒸气密度($d_{空气}$=1):无资料	爆炸极限:无资料

预防措施		
呼吸防护	一般不需特殊防护。特殊情况下,建议佩戴过滤式防尘呼吸器。	 戴过滤式防尘呼吸器  戴化学安全防护眼镜  戴橡胶手套  穿实验室工作服
眼睛防护	戴化学安全防护眼镜。	
手 防 护	戴橡胶手套。	
身体防护	穿实验室工作服。	
其他防护	采用防爆型照明、通风设施。禁止使用易产生火花的机械设备和工具。	

事故响应	
皮肤接触	脱去污染的衣着,用肥皂水和清水彻底冲洗皮肤。如有不适感,就医。
眼睛接触	提起眼睑,用流动清水或生理盐水冲洗。如有不适感,就医。
吸　　入	迅速脱离现场至空气新鲜处。保持呼吸道通畅。如呼吸困难,给输氧。如呼吸、心跳停止,立即进行心肺复苏术。就医。
食　　入	用水漱口。就医。

应急处理	
消防措施	须用干燥石墨粉或其他干粉灭火。不可用水、卤代烃(如 1211 灭火剂)、泡沫、二氧化碳灭火。消防人员须佩戴空气呼吸器,穿全身防火防毒服,在上风向灭火。尽可能将容器从火场移至空旷处。喷水保持火场容器冷却,直至灭火结束。
泄漏处理	建议应急处理人员戴防尘口罩,穿防静电服。严禁用水处理。小量泄漏:用干燥的砂土或其他不燃材料覆盖泄漏物,然后用塑料布覆盖,减少飞散,避免雨淋。粉末泄漏:用塑料布或帆布覆盖泄漏物,减少飞散,保持干燥。在专家指导下清除。

安全存储
储存于阴凉、干燥、通风良好的库房。远离火种、热源。库温不超过 32℃,相对湿度不超过 75%。包装要求密封,不可与空气接触。应与氧化剂、酸类、食用化学品分开存放,切忌混储。储区应备有合适的材料收容泄漏物。

废物处置
若可能,回收使用。

中文名称：**四氟化硅**　　英文名称：silicon tetrafluoride

CAS 登记号：7783-61-1

化学式：SiF_4　　相对分子质量：104.09

时量平均浓度	危险性类别	危险标识
PC-TWA：2 mg/m^3	有毒气体	 有毒气体

理化性质

闪点：无意义　　熔点：-90.2℃　　沸点：-86℃

相对密度($d_{水}$=1)：1.598(-80℃，液体)　　相对蒸气密度($d_{空气}$=1)：3.6　　爆炸极限：无意义

预防措施

呼吸防护	空气中浓度超标时，佩戴过滤式防毒面具(全面罩)。紧急事态抢救或撤离时，建议佩戴空气呼吸器。
眼睛防护	呼吸防护中已做防护。
手 防 护	戴橡胶手套。
身体防护	穿实验室工作服。
其他防护	在通风橱内进行化学反应。实验室禁止吸烟和饮食。

戴过滤式防毒面具(全面罩)

戴空气呼吸器

戴橡胶手套

穿实验室工作服

事故响应

皮肤接触	如果发生冻伤：将患处浸泡于38~42℃的温水中复温。不要涂擦。不要使用热水或辐射热。使用清洁、干燥的敷料包扎。如有不适感，就医。
眼睛接触	立即提起眼睑，用大量流动清水或生理盐水彻底冲洗10~15 min。如有不适感，就医。
吸　　入	迅速脱离现场至空气新鲜处。保持呼吸道通畅。如呼吸困难，给输氧。如呼吸、心跳停止，立即进行心肺复苏术。就医。
食　　入	不会通过该途径接触。

应急处理

消防措施	用雾状水、干粉、砂土灭火。消防人员须穿全身防火防毒服，在上风向灭火。切断气源。尽可能将容器从火场移至空旷处。喷水保持火场容器冷却，直至灭火结束。
泄漏处理	建议应急处理人员穿内置正压自给式呼吸器的全封闭防化服。禁止接触或跨越泄漏物。尽可能切断泄漏源。喷雾状水抑制蒸气或改变蒸气云流向，避免水流接触泄漏物。禁止用水直接冲击泄漏物或泄漏源。隔离泄漏区直至气体散尽。

安全存储

储存于阴凉、通风的有毒气体专用库房。远离火种、热源。应与酸类、食用化学品分开存放，切忌混储。储区应备有泄漏应急处理设备。

废物处置

根据国家和地方有关法规的要求处置。或与厂商或制造商联系，确定处置方法。

中文名称:**四氯化碳**　　英文名称:carbon tetrachloride

CAS 登记号:56-23-5

化学式:CCl_4　　相对分子质量:153.81

时量平均浓度	危险性类别	危险标识
PC-TWA:15 mg/m^3	毒害品	

理化性质

闪点:无意义	熔点:-23℃	沸点:76.8℃
相对密度($d_{水}$=1):1.60	相对蒸气密度($d_{空气}$=1):5.3	爆炸极限:无意义

预防措施

呼吸防护	空气中浓度超标时,应该佩戴过滤式防毒面具(半面罩)。紧急事态抢救或撤离时,佩戴空气呼吸器。
眼睛防护	戴化学安全防护眼镜。
手 防 护	戴乳胶手套。
身体防护	穿实验室工作服。
其他防护	在通风橱内进行化学反应。实验室禁止吸烟和饮食。

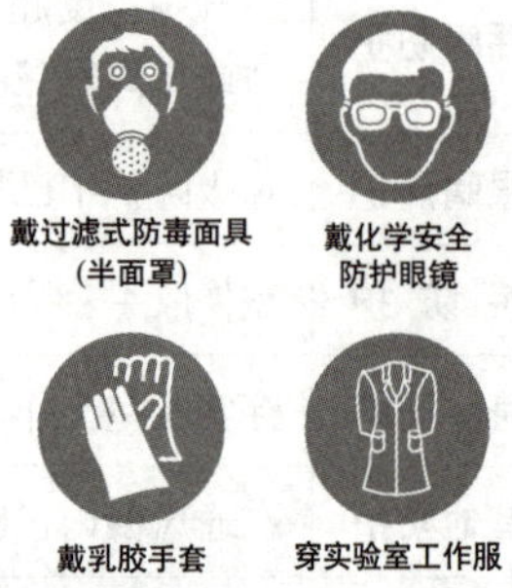

事故响应

皮肤接触	脱去污染的衣着,用肥皂水和清水彻底冲洗皮肤。如有不适感,就医。
眼睛接触	提起眼睑,用流动清水或生理盐水冲洗。如有不适感,就医。
吸　　入	迅速脱离现场至空气新鲜处。保持呼吸道通畅。如呼吸困难,给输氧。如呼吸、心跳停止,立即进行心肺复苏术。就医。
食　　入	漱口,饮大量温水。就医。

应急处理

消防措施	用雾状水、二氧化碳、砂土灭火。消防人员须佩戴空气呼吸器,穿全身防火防毒服,在上风向灭火。尽可能将容器从火场移至空旷处。喷水保持火场容器冷却,直至灭火结束。
泄漏处理	建议应急处理人员戴正压自给式呼吸器,穿防毒服,戴防化学品手套。小量泄漏:用干燥的砂土或其他不燃材料吸收或覆盖。大量泄漏:构筑围堤或挖坑收容。用泵转移至槽车或专用收集器内。

安全存储

储存于阴凉、通风的库房。远离火种、热源。库温不超过 32℃,相对湿度不超过 80%。保持容器密封。应与氧化剂、活性金属粉末、食用化学品分开存放,切忌混储。储区应备有泄漏应急处理设备和合适的收容材料。

废物处置

用焚烧法处置。与燃料混合后,再焚烧。焚烧炉排出的气体通过洗涤器除去。

中文名称：**四氢呋喃** 英文名称：tetrahydrofuran

CAS登记号：109-99-9

化学式：C_4H_8O 相对分子质量：72.12

时量平均浓度	危险性类别	危险标识
PC-TWA：300 mg/m^3	高度易燃液体	

理化性质

闪点：−14℃（CC）；−20℃（OC） 熔点：−108.5℃ 沸点：66℃

相对密度（$d_{水}$=1）：0.89 相对蒸气密度（$d_{空气}$=1）：2.5 爆炸极限：1.8%~11.8%

预防措施

呼吸防护	可能接触其蒸气时，应该佩戴过滤式防毒面具（半面罩）。必要时，佩戴空气呼吸器。
眼睛防护	一般不需要特殊防护。高浓度接触时，可戴化学安全防护眼镜。
手 防 护	戴橡胶耐油手套。
身体防护	穿防静电工作服。
其他防护	采用防爆型照明、通风设施。禁止使用易产生火花的机械设备和工具。

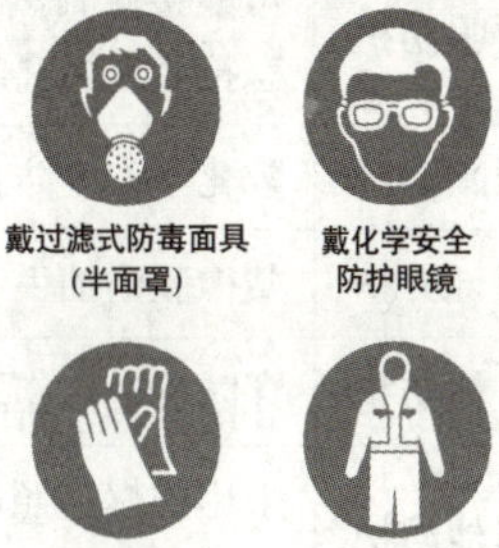

事故响应

皮肤接触	脱去污染的衣着，用肥皂水和清水彻底冲洗皮肤。如有不适感，就医。
眼睛接触	提起眼睑，用流动清水或生理盐水冲洗。如有不适感，就医。
吸　　入	迅速脱离现场至空气新鲜处。保持呼吸道通畅。如呼吸困难，给输氧。如呼吸、心跳停止，立即进行心肺复苏术。就医。
食　　入	漱口。如有不适感，就医。

应急处理

消防措施	用抗溶性泡沫、干粉、二氧化碳、砂土灭火。消防人员须佩戴空气呼吸器，穿全身防火防毒服，在上风向灭火。尽可能将容器移至空旷处。容器突然发出异常声音或出现异常现象，应立即撤离。
泄漏处理	建议应急处理人员戴正压自给式呼吸器，穿防静电服。小量泄漏：用砂土或其他不燃材料吸收。使用洁净的无火花工具收集吸收材料。大量泄漏：构筑围堤或挖坑收容。用抗溶性泡沫覆盖，减少蒸发。用防爆泵转移至槽车或专用收集器内。

安全存储

储存于阴凉、通风的库房。远离火种、热源。库温不宜超过29℃。包装要求密封，不可与空气接触。应与氧化剂、酸类、碱类等分开存放，切忌混储。

废物处置

把废液浓缩，再在一定的安全距离之外敞口燃烧。

中文名称：**钛酸异丙酯**　　英文名称：tetraisopropyl titanate

CAS 登记号：546-68-9

化学式：$[(CH_3)_2CHO]_4Ti$　　相对分子质量：284.23

最高容许浓度 / 时量平均浓度	危险性类别	危险标识
未制定标准	易燃液体	

理化性质

闪点：23℃	熔点：20℃	沸点：220℃
相对密度（$d_{水}$=1）：0.96	相对蒸气密度（$d_{空气}$=1）：9.8	爆炸极限：无资料

预防措施

呼吸防护	可能接触其蒸气时，应该佩戴过滤式防毒面具（半面罩）。紧急事态抢救或撤离时，佩戴空气呼吸器。
眼睛防护	戴化学安全防护眼镜。
手 防 护	戴橡胶耐油手套。
身体防护	穿防静电工作服。
其他防护	采用防爆型照明、通风设施。禁止使用易产生火花的机械设备和工具。

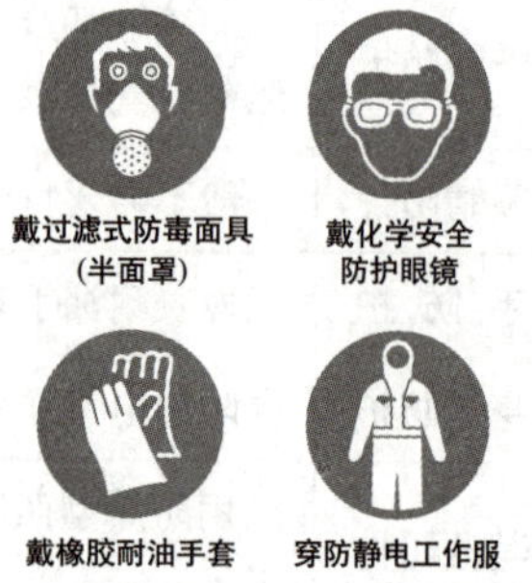

事故响应

皮肤接触	脱去污染的衣着，用肥皂水和清水彻底冲洗皮肤。如有不适感，就医。
眼睛接触	提起眼睑，用流动清水或生理盐水冲洗。如有不适感，就医。
吸　　入	迅速脱离现场至空气新鲜处。保持呼吸道通畅。如呼吸困难，给输氧。如呼吸、心跳停止，立即进行心肺复苏术。就医。
食　　入	饮大量温水，催吐。就医。

应急处理

消防措施	用干粉、二氧化碳和砂土灭火。禁止用水和泡沫灭火。消防人员须佩戴空气呼吸器，穿全身防火防毒服，在上风向灭火。尽可能将容器从火场移至空旷处。喷水保持火场容器冷却，直至灭火结束。容器突然发出异常声音或出现异常现象，应立即撤离。
泄漏处理	建议应急处理人员戴正压自给式呼吸器，穿防静电服，戴橡胶耐油手套。小量泄漏：用砂土或其他不燃材料吸收。使用洁净的无火花工具收集吸收材料。大量泄漏：构筑围堤或挖坑收容。用防爆泵转移至槽车或专用收集器内。

安全存储

储存于阴凉、干燥、通风良好的库房。远离火种、热源。库温不宜超过 37℃。包装必须密封，切勿受潮。应与氧化剂、酸类等分开存放，切忌混储。

废物处置

建议用焚烧法处置。

中文名称:**碳化钙**　　英文名称:calcium carbide

CAS 登记号:75-20-7

化学式:CaC_2　　相对分子质量:64.10

最高容许浓度/时量平均浓度	危险性类别	危险标识
未制定标准	遇湿易燃固体	 遇湿易燃固体

理化性质

闪点:无意义	熔点:2 300℃	沸点:分解
相对密度($d_{水}$=1):2.22	相对蒸气密度($d_{空气}$=1):无资料	爆炸极限:无资料

预防措施

呼吸防护	应该佩戴过滤式防尘呼吸器。	 戴过滤式防尘呼吸器  戴化学安全防护眼镜
眼睛防护	戴化学安全防护眼镜。	
手 防 护	戴橡胶手套。	 戴橡胶手套  穿实验室工作服
身体防护	穿实验室工作服。	
其他防护	在通风橱内进行化学反应。实验室禁止吸烟和饮食。	

事故响应

皮肤接触	立即脱去污染的衣着,用大量流动清水冲洗 20~30 min。如有不适感,就医。
眼睛接触	立即提起眼睑,用大量流动清水或生理盐水彻底冲洗 10~15 min。如有不适感,就医。
吸　　入	迅速脱离现场至空气新鲜处。保持呼吸道通畅。如呼吸困难,给输氧。如呼吸、心跳停止,立即进行心肺复苏术。就医。
食　　入	漱口,禁止催吐。就医。

应急处理

消防措施	用干燥石墨粉或其他干粉灭火。禁止用水、泡沫和酸碱灭火剂灭火。消防人员须佩戴空气呼吸器,穿全身防火防毒服,在上风向灭火。尽可能将容器从火场移至空旷处。喷水冷却容器。
泄漏处理	严禁用水处理。隔离泄漏污染区,限制出入。消除所有点火源。建议应急处理人员戴防尘口罩,穿防酸碱服,戴橡胶手套。禁止接触或跨越泄漏物。尽可能切断泄漏源。保持泄漏物干燥。小量泄漏:用干燥的砂土或其他不燃材料覆盖泄漏物,然后用塑料布覆盖,减少飞散,避免雨淋。粉末泄漏:用塑料布或帆布覆盖泄漏物,减少飞散,保持干燥。在专家指导下清除。

安全存储

储存于阴凉、干燥、通风良好的专用库房。远离火种、热源。库温不超过 32℃,相对湿度不超过 75%。包装必须密封,切勿受潮。应与酸类、醇类等分开存放,切忌混储。储区应备有合适的材料收容泄漏物。

废物处置

根据国家和地方有关法规的要求处置。或与制造商联系,确定处置方法。

中文名称：**碳酸钡**　　英文名称：barium carbonate

CAS 编号：513-77-9

化学式：$BaCO_3$　　相对分子质量：197.35

最高容许浓度 / 时量平均浓度	危险性类别	危险标识
未制定标准	毒害品	 毒害品

理化性质

闪点：无意义	熔点：811℃	沸点：1 300℃（分解）
相对密度（$d_{水}$=1）：4.43	相对蒸气密度（$d_{空气}$=1）：无资料	爆炸极限：无意义

预防措施

呼吸防护	可能接触其粉尘时，必须佩戴过滤式防尘呼吸器。紧急事态抢救或撤离时，建议佩戴空气呼吸器。
眼睛防护	戴化学安全防护眼镜。
手 防 护	戴橡胶手套。
身体防护	穿实验室工作服。
其他防护	在通风橱内进行化学反应。实验室禁止吸烟和饮食。

事故响应

皮肤接触	脱去污染的衣着，用肥皂水和清水彻底冲洗皮肤。如有不适感，就医。
眼睛接触	提起眼睑，用流动清水或生理盐水冲洗。如有不适感，就医。
吸　　入	迅速脱离现场至空气新鲜处。保持呼吸道通畅。如呼吸困难，给输氧。如呼吸、心跳停止，立即进行心肺复苏术。就医。
食　　入	饮足量温水，催吐。用 2%~5% 硫代硫酸钠溶液洗胃，导泻。就医。

应急处理

消防措施	本品不燃，根据着火原因选择适当灭火剂灭火。消防人员须佩戴空气呼吸器，穿全身防火防毒服，在上风向灭火。尽可能将容器从火场移至空旷处。喷水冷却火场容器，直至灭火结束。
泄漏处理	隔离泄漏污染区，限制出入。建议应急处理人员戴防尘口罩，穿防毒服，戴橡胶手套。尽可能切断泄漏源。用塑料布覆盖泄漏物，减少飞散。勿使水进入包装容器内。用洁净的铲子收集泄漏物，置于干燥、干净、盖子较松的容器内，将容器移离泄漏区。

安全存储

储存于阴凉、通风的库房。远离火种、热源。包装密封。应与酸类、食用化学品分开存放，切忌混储。

废物处置

用安全掩埋法处置。

中文名称：**锑粉**　　英文名称：antimony powder

CAS 编号：7440-36-0

化学式：Sb　　相对分子质量：121.76

时量平均浓度	危险性类别	危险标识
PC-TWA：0.5 mg/m^3	毒害品	 毒害品

理化性质

闪点：无意义	熔点：630.5℃	沸点：1 635℃
相对密度（$d_{水}$=1）：6.68	相对蒸气密度（$d_{空气}$=1）：无资料	爆炸极限：无资料

预防措施

呼吸防护	可能接触其粉尘时，应佩戴过滤式防尘呼吸器。必要时，佩戴空气呼吸器或长管面具。
眼睛防护	戴化学安全防护眼镜。
手 防 护	戴乳胶手套。
身体防护	穿实验室工作服。
其他防护	在通风橱内进行化学反应。实验室禁止吸烟和饮食。

事故响应

皮肤接触	脱去污染的衣着，用肥皂水和清水彻底冲洗皮肤。如有不适感，就医。
眼睛接触	提起眼睑，用流动清水或生理盐水冲洗。如有不适感，就医。
吸　入	迅速脱离现场至空气新鲜处。保持呼吸道通畅。如呼吸困难，给输氧。如呼吸、心跳停止，立即进行心肺复苏术。就医。
食　入	饮大量温水，催吐。洗胃。就医。

应急处理

消防措施	用干粉、干砂灭火。禁止使用二氧化碳和酸碱灭火剂灭火。消防人员须佩戴空气呼吸器，穿全身防火防毒服，在上风向灭火。尽可能将容器从火场移至空旷处。
泄漏处理	消除所有点火源。隔离泄漏污染区，限制出入。建议应急处理人员戴防尘口罩，穿防毒服，戴防化学品手套。禁止接触或跨越泄漏物。尽可能切断泄漏源。小量泄漏：避免扬尘，用洁净的铲子收集于干燥、干净、有盖的容器中。大量泄漏：用塑料布、帆布覆盖，减少飞散。收集回收。

安全存储

储存于阴凉、干燥、通风良好的库房。远离火种、热源。库温不超过 35℃，相对湿度不超过 80%。包装密封。应与氧化剂、酸类和食用化学品分开存放，切忌混储。配备相应品种和数量的消防器材。储区应备有合适的材料收容泄漏物。

废物处置

若可能，回收利用。

中文名称:**锑化氢** 英文名称:antimony trihydride

CAS 编号:7803-52-3

化学式:H_3Sb 相对分子质量:124.78

时量平均浓度	危险性类别	危险标识
PC-TWA:0.5 mg/m^3	有毒气体	 有毒气体

理化性质

闪点:无意义 熔点:-88℃ 沸点:-18.4℃

相对密度($d_{水}$=1):2.26(-25℃) 相对蒸气密度($d_{空气}$=1):4.4 爆炸极限:无资料

预防措施

呼吸防护	正常工作情况下,佩戴过滤式防毒面具(半面罩)。紧急事态抢救或撤离时,建议佩戴空气呼吸器。
眼睛防护	戴化学安全防护眼镜。
手 防 护	戴橡胶手套。
身体防护	穿实验室工作服。
其他防护	采用防爆型照明、通风设施。禁止使用易产生火花的机械设备和工具。

戴过滤式防毒面具(半面罩)

戴化学安全防护眼镜

戴橡胶手套

穿实验室工作服

事故响应

皮肤接触	用大量流动清水冲洗。冻伤时:将患处浸泡于38~42℃的温水中复温。不要涂擦。不要使用热水或辐射热。使用清洁、干燥的敷料包扎。如有不适感,就医。
眼睛接触	立即提起眼睑,用大量流动清水或生理盐水彻底冲洗10~15min。如有不适感,就医。
吸 入	迅速脱离现场至空气新鲜处。保持呼吸道通畅。如呼吸困难,给输氧。如呼吸、心跳停止,立即进行心肺复苏术。就医。
食 入	不会通过该途径接触。

应急处理

消防措施	用雾状水、泡沫、二氧化碳灭火。消防人员须佩戴空气呼吸器,穿全身防火防毒服,在上风向灭火。切断气源。若不能切断气源,则不允许熄灭泄漏处的火焰。尽可能将容器从火场移至空旷处。喷水保持火场容器冷却,直至灭火结束。
泄漏处理	消除所有点火源。根据气体扩散的影响区域划定警戒区,无关人员从侧风、上风向撤离至安全区。建议应急处理人员穿内置正压自给式呼吸器的全封闭防化服。禁止接触或跨越泄漏物。尽可能切断泄漏源。

安全存储

储存于阴凉、通风的有毒气体专用库房。远离火种、热源。应与氧化剂、酸类、碱类、食用化学品分开存放,切忌混储。

废物处置

根据国家和地方有关法规的要求处置。或与制造商联系,确定处置方法。

中文名称:**五氟化磷**　　英文名称:pentafluorophosphorus

CAS 登记号:7647-19-0

化学式:PF_5　　相对分子质量:125.97

时量平均浓度	危险性类别	危险标识
PC-TWA:2 mg/m³	有毒气体	 有毒气体

理化性质

闪点:无意义	熔点:-93.8℃	沸点:-84.6℃
相对密度($d_{水}$=1):5.81(气体)	相对蒸气密度($d_{空气}$=1):4.46	爆炸极限:无意义

预防措施

呼吸防护	可能接触其蒸气时,必须佩戴过滤式防毒面具(全面罩)。必要时,佩戴空气呼吸器。	 戴过滤式防毒面具(全面罩)  戴空气呼吸器  戴橡胶手套  穿实验室工作服
眼睛防护	呼吸防护中已做防护。	
手 防 护	戴橡胶手套。	
身体防护	穿实验室工作服。	
其他防护	在通风橱内进行化学反应。实验室禁止吸烟和饮食。	

事故响应

皮肤接触	立即脱去污染的衣着,用大量流动清水冲洗 20~30 min。如有不适感,就医。
眼睛接触	提起眼睑,用流动清水或生理盐水冲洗。如有不适感,就医。
吸　　入	迅速脱离现场至空气新鲜处。保持呼吸道通畅。如呼吸困难,给输氧。如呼吸、心跳停止,立即进行心肺复苏术。就医。
食　　入	不会通过该途径接触。

应急处理

消防措施	在潮湿空气中产生白色有腐蚀性和刺激性的氟化氢烟雾。在水中分解,放出剧毒的腐蚀性气体。遇碱分解。用干粉、二氧化碳灭火。消防人员须穿全身防火防毒服,在上风向灭火。切断气源。尽可能将容器从火场移至空旷处。喷水保持火场容器冷却,直至灭火结束。当火场中有大量本品泄漏物时,禁止用水、泡沫和酸碱灭火剂。
泄漏处理	根据气体的影响区域划定警戒区,无关人员从侧风、上风向撤离至安全区。建议应急处理人员穿内置正压自给式呼吸器的全封闭防化服。禁止接触或跨越泄漏物。尽可能切断泄漏源。防止气体通过下水道、通风系统和限制性空间扩散。喷雾状水抑制蒸气或改变蒸气云流向,避免水流接触泄漏物。禁止用水直接冲击泄漏物或泄漏源。隔离泄漏区直至气体散尽。

安全存储

储存于阴凉、通风的有毒气体专用库房。远离火种、热源。库温不宜超过 30℃。应与碱类等分开存放,切忌混储。储区应备有泄漏应急处理设备。

废物处置

根据国家和地方有关法规的要求处置。或与制造商联系,确定处置方法。

中文名称:**五硫化二磷**　　英文名称:phosphorus pentasulfide

CAS 登记号:1314–80–3

化学式:P_2S_5　　相对分子质量:222.24

时量平均浓度	危险性类别	危险标识
PC–TWA:1 mg/m^3	遇湿易燃物品	 遇湿易燃物品

理化性质

闪点:无意义	熔点:286~290℃	沸点:513~515℃
相对密度($d_{水}$=1):2.09	相对蒸气密度($d_{空气}$=1):无资料	爆炸极限:无资料

预防措施

呼吸防护	可能接触其粉尘时,须佩戴过滤式防尘呼吸器。
眼睛防护	戴化学安全防护眼镜。
手 防 护	戴橡胶手套。
身体防护	穿实验室工作服。
其他防护	采用防爆型照明、通风设施。禁止使用易产生火花的机械设备和工具。

事故响应

皮肤接触	脱去污染的衣着,用肥皂水和清水彻底冲洗皮肤。如有不适感,就医。
眼睛接触	提起眼睑,用流动清水或生理盐水冲洗。如有不适感,就医。
吸　　入	迅速脱离现场至空气新鲜处。保持呼吸道通畅。如呼吸困难,给输氧。如呼吸、心跳停止,立即进行心肺复苏术。就医。
食　　入	漱口。就医。

应急处理

消防措施	用干粉、二氧化碳、砂土灭火。禁止用水和泡沫灭火。消防人员须佩戴空气呼吸器,穿全身防火防毒服,在上风向灭火。尽可能将容器从火场移至空旷处。喷水保持火场容器冷却,直至灭火结束。
泄漏处理	严禁用水处理。隔离泄漏污染区,限制出入。消除所有点火源。建议应急处理人员戴防尘口罩,穿防毒、防静电服,戴橡胶手套。禁止接触或跨越泄漏物。尽可能切断泄漏源。保持泄漏物干燥。 小量泄漏:用干燥的砂土或其他不燃材料覆盖泄漏物,然后用塑料布覆盖,减少飞散,避免雨淋。 粉末泄漏:用塑料布或帆布覆盖泄漏物,减少飞散,保持干燥。

安全存储

储存于阴凉、干燥、通风良好的专用库房。远离火种、热源。库温不超过 32℃,相对湿度不超过 75%。包装必须密封,切勿受潮。应与氧化剂、酸类、醇类等分开存放,切忌混储。储区应备有合适的材料收容泄漏物。

废物处置

根据国家和地方有关法规的要求处置。或与制造商联系,确定处置方法。

中文名称:**五氧化二钒**　　英文名称:vanadium pentoxide

CAS 登记号:1314-62-1

化学式:V_2O_5　　相对分子质量:182

最高容许浓度 / 时量平均浓度	危险性类别	危险标识
无资料	毒害品	 毒害品

理化性质

闪点:无意义	熔点:690℃	沸点:分解
相对密度($d_{水}$=1):3.35	相对蒸气密度($d_{空气}$=1):无资料	爆炸极限:无意义

预防措施

呼吸防护	空气中浓度超标时,应该佩戴防毒面具。必要时,佩戴自给式呼吸器。
眼睛防护	戴化学安全防护眼镜。
手 防 护	戴乳胶手套。
身体防护	穿实验室工作服。
其他防护	在通风橱内进行化学反应。实验室禁止吸烟和饮食。

戴防毒面具

戴化学安全防护眼镜

戴乳胶手套

穿实验室工作服

事故响应

皮肤接触	立即脱去污染的衣着,用大量流动清水冲洗 20~30 min。如有不适感,就医。
眼睛接触	立即提起眼睑,用大量流动清水或生理盐水彻底冲洗 10~15 min。如有不适感,就医。
吸　入	迅速脱离现场至空气新鲜处。保持呼吸道通畅。如呼吸困难,给输氧。如呼吸、心跳停止,立即进行心肺复苏术。就医。
食　入	给饮大量温水,催吐。就医。

应急处理

消防措施	本品不燃,根据着火原因选择适当灭火剂灭火。消防人员须佩戴正压自给式呼吸器,穿全身防火防毒服,在上风向灭火。
泄漏处理	隔离泄漏污染区,周围设警告标志。建议应急处理人员戴正压自给式呼吸器,穿化学防护服。不要直接接触泄漏物,避免扬尘。用清洁的铲子收集于干燥、干净、有盖的容器中,转移到安全场所。也可以用水泥、沥青或适当的热塑性材料固化处理再废弃。如大量泄漏,收集回收或无害处理后废弃。

安全存储

储存于阴凉、通风的库房内。远离火种、热源。避免阳光直射。包装必须密封,切勿受潮。应与碱类、酸类、氧化剂等分开存放,不可混储混运。搬运时要轻装轻卸,防止包装及容器损坏。分装和搬运作业要注意个人防护。

废物处置

根据国家和地方有关法规的要求处置。或与制造商联系,确定处置方法。

中文名称:**五氧化二磷**	英文名称:phosphorus pentoxide
CAS 登记号:1314-56-3	
化学式:P_2O_5	相对分子质量:141.94

最高容许浓度	危险性类别	危险标识
MAC:1 mg/m^3	酸性腐蚀品	

理化性质

闪点:无意义	熔点:340~360℃	沸点:360℃ (升华)
相对密度($d_{水}$=1):2.39	相对蒸气密度($d_{空气}$=1):4.9	爆炸极限:无意义

预防措施

呼吸防护	可能接触其粉尘时,须佩戴过滤式防尘呼吸器或长管面具。紧急事态抢救或撤离时,建议佩戴空气呼吸器。
眼睛防护	戴化学安全防护眼镜。
手 防 护	戴橡胶耐酸碱手套。
身体防护	穿橡胶耐酸碱服。
其他防护	在通风橱内进行化学反应。实验室禁止吸烟和饮食。

事故响应

皮肤接触	立即脱去污染的衣着,用大量流动清水冲洗 20~30 min。如有不适感,就医。
眼睛接触	立即提起眼睑,用大量流动清水或生理盐水彻底冲洗 10~15 min。如有不适感,就医。
吸　　入	迅速脱离现场至空气新鲜处。保持呼吸道通畅。如呼吸困难,给输氧。如呼吸、心跳停止,立即进行心肺复苏术。就医。
食　　入	用水漱口,禁止催吐。忌服油类。就医。

应急处理

消防措施	用干粉、砂土灭火。消防人员须佩戴空气呼吸器,穿全身防火防毒服,在上风向灭火。尽可能将容器从火场移至空旷处。喷水保持火场容器冷却,直至灭火结束。
泄漏处理	建议应急处理人员戴防尘口罩,穿防酸碱服,戴橡胶耐酸碱手套。勿使泄漏物与可燃物质(如木材、纸、油等)接触。穿上适当的防护服前严禁接触破裂的容器和泄漏物。尽可能切断泄漏源。用干燥的砂土或其他不燃材料覆盖泄漏物。用洁净的无火花工具收集泄漏物,置于一盖子较松的塑料容器中,待处置。

安全存储

储存于阴凉、干燥、通风良好的库房。远离火种、热源。库温不超过 25℃,相对湿度不超过 75%。包装必须密封,切勿受潮。应与活性金属粉末、碱类、过氧化物、醇类等分开存放,切忌混储。储区应备有合适的材料收容泄漏物。

废物处置

用安全掩埋法处置。

中文名称:**五氧化二锑**　　英文名称:antimony pentoxide

CAS 登记号:1314-60-9

化学式:Sb_2O_5　　相对分子质量:323.50

时量平均浓度	危险性类别	危险标识
PC-TWA:0.5 mg/m³	毒害品	

理化性质

闪点:无意义	熔点:380℃(分解)	沸点:无资料
相对密度($d_{水}$=1):3.78	相对蒸气密度($d_{空气}$=1):无资料	爆炸极限:无意义

预防措施

呼吸防护	可能接触其粉尘时,应该佩戴过滤式防尘呼吸器。必要时,佩戴空气呼吸器或长管面具。
眼睛防护	戴化学安全防护眼镜。
手 防 护	戴乳胶手套。
身体防护	穿实验室工作服。
其他防护	在通风橱内进行化学反应。实验室禁止吸烟和饮食。

事故响应

皮肤接触	脱去污染的衣着,用肥皂水和清水彻底冲洗皮肤。如有不适感,就医。
眼睛接触	提起眼睑,用流动清水或生理盐水冲洗。如有不适感,就医。
吸　　入	迅速脱离现场至空气新鲜处。保持呼吸道通畅。如呼吸困难,给输氧。如呼吸、心跳停止,立即进行心肺复苏术。就医。
食　　入	饮大量温水,催吐。洗胃。给饮牛奶或蛋清。就医。

应急处理

消防措施	本品不燃,根据着火原因选择适当灭火剂灭火。消防人员须佩戴空气呼吸器,穿全身防火防毒服,在上风向灭火。尽可能将容器从火场移至空旷处。喷水保持火场容器冷却,直至灭火结束。
泄漏处理	建议应急处理人员戴防尘口罩,穿防毒服,戴防化学品手套。尽可能切断泄漏源。用塑料布覆盖泄漏物,减少飞散。勿使水进入包装容器内。用洁净的铲子收集泄漏物,置于干燥、干净、盖子较松的容器内,将容器移离泄漏区。

安全存储

储存于阴凉、通风的库房。远离火种、热源。包装密封。应与还原剂、酸类、食用化学品分开存放,切忌混储。储区应备有合适的材料收容泄漏物。

废物处置

根据国家和地方有关法规的要求处置。或与厂商或制造商联系,确定处置方法。

中文名称：**硒酸**　　英文名称：selenic acid

CAS 编号：7783-08-6

化学式：H_2SeO_4　　相对分子质量：144.98

时量平均浓度	危险性类别	危险标识
PC-TWA：0.1 mg/m^3	酸性腐蚀品	 酸性腐蚀品

理化性质		
闪点：无意义	熔点：58℃	沸点：260℃（分解）
相对密度（$d_{水}$=1）：2.95	相对蒸气密度（$d_{空气}$=1）：无资料	爆炸极限：无意义

预防措施		
呼吸防护	可能接触其粉尘时，佩戴过滤式防尘呼吸器或空气呼吸器。紧急事态抢救或撤离时，建议佩戴空气呼吸器。	 戴过滤式防尘呼吸器  戴化学安全防护眼镜  戴橡胶耐酸碱手套  穿橡胶耐酸碱服
眼睛防护	戴化学安全防护眼镜。	
手防护	戴橡胶耐酸碱手套。	
身体防护	穿橡胶耐酸碱服。	
其他防护	在通风橱内进行化学反应。实验室禁止吸烟和饮食。	

事故响应	
皮肤接触	立即脱去污染的衣着，用大量流动清水冲洗 20~30 min。如有不适感，就医。
眼睛接触	立即提起眼睑，用大量流动清水或生理盐水彻底冲洗 10~15 min 。如有不适感，就医。
吸　　入	迅速脱离现场至空气新鲜处。保持呼吸道通畅。如呼吸困难，给输氧。如呼吸、心跳停止，立即进行心肺复苏术。就医。
食　　入	用水漱口，给饮牛奶或蛋清。就医。

应急处理	
消防措施	本品不燃，根据着火原因选择适当灭火剂灭火。消防人员须佩戴空气呼吸器，穿全身耐酸碱消防服灭火。尽可能将容器从火场移至空旷处。喷水保持火场容器冷却，直至灭火结束。
泄漏处理	隔离泄漏污染区，限制出入。建议应急处理人员戴防尘口罩，穿防腐蚀，防毒服，戴橡胶耐酸碱手套。用塑料布覆盖泄漏物，用洁净铲子收集泄漏物，置于干燥、干净、盖子较松的容器内，将容器移离泄漏区。

安全存储
储存于阴凉、干燥、通风良好的库房。远离火种、热源。应与氧化剂、碱类分开存放，切忌混储。

废物处置
根据国家和地方有关法规的要求处置。或与制造商联系，确定处置方法。

中文名称：**烯丙胺**　　英文名称：allylamine

CAS 登记号：107–11–9

化学式：$CH_2{=}CHCH_2NH_2$　　相对分子质量：57.1

最高容许浓度 / 时量平均浓度	危险性类别	危险标识
未制定标准	高度易燃液体；剧毒液体	 高度易燃液体  剧毒液体

理化性质

闪点：–29℃（CC）	熔点：–88.2℃	沸点：55~58℃
相对密度（$d_{水}$=1）：0.76	相对蒸气密度（$d_{空气}$=1）：2.0	爆炸极限：2.2%~22.0%

预防措施

呼吸防护	可能接触其蒸气时，佩戴过滤式防毒面具（全面罩）。紧急事态抢救或撤离时，应该佩戴空气呼吸器。	 戴过滤式防毒面具（全面罩）  戴空气呼吸器  戴橡胶耐油手套  穿防静电工作服
眼睛防护	呼吸防护中已做防护。	
手 防 护	戴橡胶耐油手套。	
身体防护	穿防静电工作服。尽可能减少直接接触。	
其他防护	采用防爆型照明、通风设施。禁止使用易产生火花的机械设备和工具。	

事故响应

皮肤接触	脱去污染的衣着，用肥皂水和清水彻底冲洗皮肤。如有不适感，就医。
眼睛接触	立即提起眼睑，用大量流动清水或生理盐水彻底冲洗 10~15 min。如有不适感，就医。
吸　　入	迅速脱离现场至空气新鲜处。保持呼吸道通畅。如呼吸困难，给输氧。如呼吸、心跳停止，立即进行心肺复苏术。就医。
食　　入	漱口。就医。

应急处理

消防措施	用干粉、抗溶性泡沫、二氧化碳、砂土灭火。消防人员须佩戴空气呼吸器，穿全身防火防毒服，在上风向灭火。尽可能将容器从火场移至空旷处。喷水保持火场容器冷却，直至灭火结束。
泄漏处理	消除所有点火源。建议应急处理人员戴正压自给式呼吸器，穿防毒、防静电服，戴橡胶耐油手套。尽可能切断泄漏源。小量泄漏：用砂土或其他不燃材料吸收。大量泄漏：构筑围堤或挖坑收容。用防爆泵转移至槽车或专用收集器内。

安全存储

储存于阴凉、通风的库房。远离火种、热源。包装要求密封。应与氧化剂、酸类、食用化学品分开存放，切忌混储。

废物处置

建议用焚烧法处置。焚烧炉排出的氮氧化物通过洗涤器除去。

中文名称：**硝基苯**　　英文名称：nitrobenzene

CAS 登记号：98–95–3

化学式：$C_6H_5NO_2$　　相对分子质量：123.1

时量平均浓度	危险性类别	危险标识
PC–TWA：2 mg/m^3	毒害品	 毒害品

理化性质

闪点：88℃（CC）　　熔点：5.7℃　　沸点：210.8℃

相对密度（$d_{水}$=1）：1.20　　相对蒸气密度（$d_{空气}$=1）：4.25　　爆炸极限：1.8%~40%

预防措施

呼吸防护	可能接触其蒸气时，佩戴过滤式防毒面具（半面罩）。紧急事态抢救或撤离时，佩戴空气呼吸器。
眼睛防护	戴化学安全防护眼镜。
手 防 护	戴橡胶耐油手套。
身体防护	穿实验室工作服。
其他防护	在通风橱内进行化学反应。实验室禁止吸烟和饮食。

戴过滤式防毒面具（半面罩）

戴化学安全防护眼镜

戴橡胶耐油手套

穿实验室工作服

事故响应

皮肤接触	立即脱去污染的衣着，用肥皂水和清水彻底冲洗皮肤。如有不适感，就医。
眼睛接触	提起眼睑，用流动清水或生理盐水冲洗。如有不适感，就医。
吸　　入	迅速脱离现场至空气新鲜处。保持呼吸道通畅。如呼吸困难，给输氧。如呼吸、心跳停止，立即进行心肺复苏术。就医。
食　　入	饮大量温水，催吐。就医。饮酒增加本品毒性。

应急处理

消防措施	用雾状水、泡沫、二氧化碳、砂土灭火。消防人员须佩戴空气呼吸器，穿全身防火防毒服，在上风向灭火。尽可能将容器从火场移至空旷处。喷水保持火场容器冷却，直至灭火结束。
泄漏处理	消除所有点火源。建议应急处理人员戴正压自给式呼吸器，穿防毒服，戴橡胶耐油手套。尽可能切断泄漏源。小量泄漏：用干燥的砂土或其他不燃材料吸收或覆盖。大量泄漏：构筑围堤或挖坑收容。用砂土、惰性物质、蛭石吸收大量液体。用泵转移至槽车或专用收集器内。

安全存储

储存于阴凉、通风的库房。远离火种、热源。保持容器密封。应与还原剂、氧化剂、碱类、食用化学品分开存放，切忌混储。

废物处置

用焚烧法处置。焚烧炉排出的氮氧化物通过洗涤器除去。

中文名称:**硝酸**　　英文名称:nitric acid

CAS 登记号:7697-37-2

化学式:HNO_3　　相对分子质量:63.02

最高容许浓度/时量平均浓度	危险性类别	危险标识
未制定标准	酸性腐蚀品;易制爆	 酸性腐蚀品  易制爆

理化性质

闪点:无意义	熔点:-42℃(无水)	沸点:83℃
相对密度($d_{水}$=1):1.50(无水)	相对蒸气密度($d_{空气}$=1):2~3	爆炸极限:无意义

预防措施

呼吸防护	可能接触其烟雾时,佩戴抗冲击面罩或空气呼吸器。
眼睛防护	呼吸防护中已做防护。
手 防 护	戴橡胶耐酸碱手套。
身体防护	穿橡胶耐酸碱服。
其他防护	在通风橱内进行化学反应。实验室禁止吸烟和饮食。

戴抗冲击面罩

戴空气呼吸器

戴橡胶耐酸碱手套

穿橡胶耐酸碱服

事故响应

皮肤接触	立即脱去污染的衣着,用大量流动清水冲洗 20~30 min。如有不适感,就医。
眼睛接触	立即提起眼睑,用大量流动清水或生理盐水彻底冲洗 10~15 min。如有不适感,就医。
吸　　入	迅速脱离现场至空气新鲜处。保持呼吸道通畅。如呼吸困难,给输氧。如呼吸、心跳停止,立即进行心肺复苏术。就医。
食　　入	用水漱口,禁止催吐。给饮牛奶或蛋清。就医。

应急处理

消防措施	本品不燃,根据着火原因选择适当灭火剂灭火。消防人员须佩戴空气呼吸器,穿全身耐酸碱消防服灭火。尽可能将容器从火场移至空旷处。喷水保持火场容器冷却,直至灭火结束。
泄漏处理	大量泄漏:构筑围堤或挖坑收容。用砂土、惰性物质或蛭石吸收大量液体。用石灰(CaO)、碎石灰石($CaCO_3$)或碳酸氢钠($NaHCO_3$)中和。用抗溶性泡沫覆盖,减少蒸发。用耐腐蚀泵转移至槽车或专用收集器内。

安全存储

储存于阴凉、通风的库房。远离火种、热源。库温不超过 30℃,相对湿度不超过 80%。保持容器密封。应与还原剂、碱类、醇类、碱金属等分开存放,切忌混储。储区应备有泄漏应急处理设备和合适的收容材料。

废物处置

加入纯碱-消石灰溶液中,生成中性的硝酸盐溶液,用水稀释后排入废水系统。

中文名称:**硝酸铵**	英文名称:ammonium nitrate
CAS 登记号:6484–52–2	
化学式:NH_4NO_3	相对分子质量:80.04

最高容许浓度/时量平均浓度	危险性类别	危险标识
未制定标准	氧化剂;易制爆	

理化性质

闪点:无意义	熔点:169.6℃	沸点:210℃(分解)
相对密度($d_{水}$=1):1.72	相对蒸气密度($d_{空气}$=1):无资料	爆炸极限:无意义

预防措施

呼吸防护	可能接触其粉尘时,建议佩戴抗冲击面罩。
眼睛防护	呼吸防护中已做防护。
手 防 护	戴橡胶手套。
身体防护	穿实验室工作服。
其他防护	在通风橱内进行化学反应。实验室禁止吸烟和饮食。

事故响应

皮肤接触	脱去污染的衣着,用肥皂水和清水彻底冲洗皮肤。如有不适感,就医。
眼睛接触	提起眼睑,用流动清水或生理盐水冲洗。如有不适感,就医。
吸　　入	迅速脱离现场至空气新鲜处。保持呼吸道通畅。如呼吸困难,给输氧。如呼吸、心跳停止,立即进行心肺复苏术。就医。
食　　入	漱口。就医。

应急处理

消防措施	本品不燃,根据着火原因选择适当灭火剂灭火。消防人员须佩戴防毒面具,穿全身消防服,在上风向灭火。尽可能将容器从火场移至空旷处。喷水冷却火场容器,直至灭火结束。遇大火,消防人员须在有防护掩蔽处操作。切勿将水流直接射至熔融物,以免引起严重的流淌火灾或引起剧烈的沸溅。
泄漏处理	建议应急处理人员戴防尘口罩,穿防毒服,戴橡胶手套。勿使泄漏物与可燃物质(如木材、纸、油等)接触。小量泄漏:用洁净的铲子收集泄漏物,置于干燥、干净、盖子较松的容器内,将容器移离泄漏区。大量泄漏:泄漏物回收后,用水冲洗泄漏区。

安全存储

储存于阴凉、干燥、通风良好的专用库房内。远离火种、热源。库温不宜超过 30℃,相对湿度不超过 75%。应与易(可)燃物、还原剂、酸类、活性金属粉末等分开存放,切忌混储。

废物处置

根据国家和地方有关法规的要求处置。或与制造商联系,确定处置方法。

中文名称:**硝酸钡** 英文名称:barium nitrate

CAS 登记号:10022-31-8

化学式:$Ba(NO_3)_2$ 相对分子质量:261.34

时量平均浓度	危险性类别	危险标识
PC-TWA:0.5 mg/m^3	氧化剂;易制爆	 氧化剂  易制爆

理化性质

闪点:无意义	熔点:592℃	沸点:分解
相对密度($d_{水}$=1):3.24	相对蒸气密度($d_{空气}$=1):9.2	爆炸极限:无意义

预防措施

呼吸防护	可能接触其粉尘时,建议佩戴抗冲击面罩。	 戴抗冲击面罩  戴橡胶手套  穿实验室工作服
眼睛防护	呼吸防护中已做防护。	
手 防 护	戴橡胶手套。	
身体防护	穿实验室工作服。	
其他防护	在通风橱内进行化学反应。实验室禁止吸烟和饮食。	

事故响应

皮肤接触	脱去污染的衣着,用肥皂水和清水彻底冲洗皮肤。就医。
眼睛接触	提起眼睑,用流动清水或生理盐水冲洗。如有不适感,就医。
吸 入	迅速脱离现场至空气新鲜处。保持呼吸道通畅。如呼吸困难,给输氧。如呼吸、心跳停止,立即进行心肺复苏术。就医。
食 入	饮大量温水,催吐。用 2%~5%硫酸钠溶液洗胃,导泻。就医。

应急处理

消防措施	本品不燃,根据着火原因选择适当灭火剂灭火。消防人员须佩戴空气呼吸器,穿全身防火防毒服,在上风向灭火。尽可能将容器从火场移至空旷处。喷水保持火场容器冷却,直至灭火结束。切勿将水流直接射至熔融物,以免引起严重的流淌火灾或引起剧烈的沸溅。
泄漏处理	隔离泄漏污染区,限制出入。建议应急处理人员戴防尘口罩,穿防毒服,戴氯丁橡胶手套。勿使泄漏物与可燃物质(木材、纸、油等)接触。穿上适当的防护服前严禁接触破裂的容器和泄漏物。尽可能切断泄漏源。用洁净的铲子收集泄漏物,置于干燥、干净、盖子较松的容器内,将容器移离泄漏区。

安全存储

储存于阴凉、通风的库房。远离火种、热源。库温不超过 30℃,相对湿度不超过 80%。应与易(可)燃物、还原剂、酸类、碱类、食用化学品分开存放,切忌混储。储区应备有合适的材料收容泄漏物。

废物处置

根据国家和地方有关法规的要求处置。或与厂商或制造商联系,确定处置方法。

中文名称:**硝酸铋**　　英文名称:bismuth nitrate

CAS 登记号:10361-44-1

化学式:$Bi(NO_3)_3$　　相对分子质量:394.98

最高容许浓度 / 时量平均浓度	危险性类别	危险标识
未制定标准	氧化剂	

理化性质

闪点:无意义	熔点:75~80℃ (分解)	沸点:分解
相对密度($d_{水}$=1):2.83	相对蒸气密度($d_{空气}$=1):无资料	爆炸极限:无意义

预防措施

呼吸防护	空气中浓度较高时,应该佩戴过滤式防尘呼吸器。
眼睛防护	戴化学安全防护眼镜。
手 防 护	戴橡胶手套。
身体防护	穿实验室工作服。
其他防护	在通风橱内进行化学反应。实验室禁止吸烟和饮食。

事故响应

皮肤接触	脱去污染的衣着,用肥皂水和清水彻底冲洗皮肤。如有不适感,就医。
眼睛接触	提起眼睑,用流动清水或生理盐水冲洗。就医。如有不适感,就医。
吸　　入	迅速脱离现场至空气新鲜处。保持呼吸道通畅。如呼吸困难,给输氧。如呼吸、心跳停止,立即进行心肺复苏术。就医。
食　　入	如患者神志清醒,催吐。就医。

应急处理

消防措施	本品不燃,根据着火原因选择适当灭火剂灭火。消防人员须佩戴空气呼吸器,穿全身防火防毒服,在上风向灭火。尽可能将容器从火场移至空旷处。喷水保持火场容器冷却,直至灭火结束。切勿将水流直接射至熔融物,以免引起严重的流淌火灾或引起剧烈的沸溅。
泄漏处理	建议应急处理人员戴防尘口罩,穿防毒服,戴橡胶手套。勿使泄漏物与可燃物质(如木材、纸、油等)接触。尽可能切断泄漏源。用洁净的铲子收集泄漏物,置于干燥、干净、盖子较松的容器内,将容器移离泄漏区。

安全存储

储存于阴凉、通风的库房。远离火种、热源。库温不宜超过30℃,相对湿度不超过80%。包装密封。应与易(可)燃物、还原剂等分开存放,切忌混储。

废物处置

用安全掩埋法处置。

中文名称：**硝酸钙**　　英文名称：calcium nitrate

CAS 登记号：10124-37-5

化学式：$Ca(NO_3)_2$　　相对分子质量：236.18

最高容许浓度 / 时量平均浓度	危险性类别	危险标识
未制定标准	氧化剂；易制爆	

理化性质

闪点：无意义	熔点：561℃	沸点：无资料
相对密度（$d_{水}=1$）：2.36	相对蒸气密度（$d_{空气}=1$）：无资料	爆炸极限：无意义

预防措施

呼吸防护	可能接触其粉尘时，建议佩戴抗冲击面罩。	
眼睛防护	呼吸防护中已做防护。	
手 防 护	戴橡胶手套。	
身体防护	穿实验室工作服。	
其他防护	在通风橱内进行化学反应。实验室禁止吸烟和饮食。	

事故响应

皮肤接触	立即脱去污染的衣着，用大量流动清水冲洗 20~30 min。如有不适感，就医。
眼睛接触	提起眼睑，用流动清水或生理盐水冲洗。如有不适感，就医。
吸　　入	迅速脱离现场至空气新鲜处。保持呼吸道通畅。如呼吸困难，给输氧。如呼吸、心跳停止，立即进行心肺复苏术。就医。
食　　入	漱口。饮大量温水。就医。

应急处理

消防措施	本品不燃，根据着火原因选择适当灭火剂灭火。消防人员须佩戴空气呼吸器，穿全身防火防毒服，在上风向灭火。尽可能将容器从火场移至空旷处。喷水保持火场容器冷却，直至灭火结束。
泄漏处理	建议应急处理人员戴防尘口罩，穿防毒服，戴氯丁橡胶手套。勿使泄漏物与可燃物质（如木材、纸、油等）接触。小量泄漏：用洁净的铲子收集泄漏物，置于干燥、干净、盖子较松的容器内，将容器移离泄漏区。大量泄漏：泄漏物回收后，用水冲洗泄漏区。

安全存储

储存于阴凉、通风的库房。远离火种、热源。库温不宜超过 28℃，相对湿度不超过 75%。应与还原剂、酸类分开存放，切忌混储。储区应备有合适的材料收容泄漏物。

废物处置

根据国家和地方有关法规的要求处置。或与制造商联系，确定处置方法。

中文名称:**硝酸钴**	英文名称:cobalt nitrate
CAS 登记号:10141-05-6	
化学式:$Co(NO_3)_2$	相对分子质量:182.95

最高容许浓度/时量平均浓度	危险性类别	危险标识
未制定标准	氧化剂	

理化性质

闪点:无意义　　熔点:100~105℃(分解)　　沸点:分解

相对密度($d_{水}$=1):2.49　　相对蒸气密度($d_{空气}$=1):无资料　　爆炸极限:无意义

预防措施

呼吸防护	空气中浓度较高时,应该佩戴过滤式防尘呼吸器。
眼睛防护	戴化学安全防护眼镜。
手　防　护	戴橡胶手套。
身体防护	穿实验室工作服。
其他防护	在通风橱内进行化学反应。实验室禁止吸烟和饮食。

事故响应

皮肤接触	脱去污染的衣着,用肥皂水和清水彻底冲洗皮肤。如有不适感,就医。
眼睛接触	提起眼睑,用流动清水或生理盐水冲洗。如有不适感,就医。
吸　　入	迅速脱离现场至空气新鲜处。保持呼吸道通畅。如呼吸困难,给输氧。如呼吸、心跳停止,立即进行心肺复苏术。就医。
食　　入	漱口。饮大量温水。就医。

应急处理

消防措施	本品不燃,根据着火原因选择适当灭火剂灭火。消防人员须佩戴空气呼吸器,穿全身防火防毒服,在上风向灭火。尽可能将容器从火场移至空旷处。喷水保持火场容器冷却,直至灭火结束。
泄漏处理	隔离泄漏污染区,限制出入。建议应急处理人员戴防尘口罩,穿防毒服,戴橡胶手套。勿使泄漏物与可燃物质(如木材、纸、油等)接触。穿上适当的防护服前严禁接触破裂的容器和泄漏物。勿使水进入包装容器中。小量泄漏:用洁净的铲子收集泄漏物,置于干燥、干净、盖子较松的容器内,将容器移离泄漏区。大量泄漏:泄漏物回收后,用水冲洗泄漏区。

安全存储

储存于阴凉、干燥、通风良好的库房。远离火种、热源。库温不超过30℃,相对湿度不超过80%。包装密封。应与易(可)燃物、还原剂、活性金属粉末等分开存放,切忌混储。储区应备有合适的材料收容泄漏物。

废物处置

根据国家和地方有关法规的要求处置。或与制造商联系,确定处置方法。

中文名称:**硝酸钾**　　英文名称:potassium nitrate

CAS 登记号:7757-79-1

化学式:KNO_3　　相对分子质量:140.21

最高容许浓度 / 时量平均浓度	危险性类别	危险标识
未制定标准	氧化剂;易制爆	 氧化剂　易制爆

理化性质

闪点:无意义	熔点:334℃	沸点:400℃(分解)
相对密度($d_{水}$=1):2.11	相对蒸气密度($d_{空气}$=1):无资料	爆炸极限:无意义

预防措施

呼吸防护	可能接触其粉尘时,建议佩戴抗冲击面罩。	 戴抗冲击面罩　戴橡胶手套  穿实验室工作服
眼睛防护	呼吸防护中已做防护。	
手 防 护	戴橡胶手套。	
身体防护	穿实验室工作服。	
其他防护	在通风橱内进行化学反应。实验室禁止吸烟和饮食。	

事故响应

皮肤接触	立即脱去污染的衣着,用大量流动清水冲洗 20~30 min。如有不适感,就医。
眼睛接触	立即提起眼睑,用大量流动清水或生理盐水彻底冲洗 10~15 min 。如有不适感,就医。
吸　　入	迅速脱离现场至空气新鲜处。保持呼吸道通畅。如呼吸困难,给输氧。如呼吸、心跳停止,立即进行心肺复苏术。就医。
食　　入	漱口。就医。

应急处理

消防措施	本品不燃,根据着火原因选择适当灭火剂灭火。消防人员须佩戴空气呼吸器,穿全身防火防毒服,在上风向灭火。尽可能将容器从火场移至空旷处。切勿将水流直接射至熔融物,以免引起严重的流淌火灾或引起剧烈的沸溅。
泄漏处理	建议应急处理人员戴防尘口罩,穿防毒服,戴氯丁橡胶手套。勿使泄漏物与可燃物质(如木材、纸、油等)接触。勿使水进入包装容器中。用洁净的铲子收集泄漏物,置于干燥、干净、盖子较松的容器内,将容器移离泄漏区。

安全存储

储存于阴凉、干燥、通风良好的库房。远离火种、热源。库温不宜超过 30℃,相对湿度不超过 80%。应与易(可)燃物、还原剂、酸类、活性金属粉末等分开存放,切忌混储。

废物处置

根据国家和地方有关法规的要求处置。或与制造商联系,确定处置方法。

中文名称:**硝酸镧**　　英文名称:lanthanum nitrate

CAS 登记号:10099-59-9

化学式:$La(NO_3)_3$　　相对分子质量:324.94

最高容许浓度 / 时量平均浓度	危险性类别	危险标识
未制定标准	氧化剂	 氧化剂

理化性质

闪点:无意义	熔点:40℃	沸点:126℃
相对密度($d_{水}$=1):2.05	相对蒸气密度($d_{空气}$=1):无资料	爆炸极限:无意义

预防措施

呼吸防护	空气中浓度较高时,应该佩戴过滤式防尘呼吸器。
眼睛防护	戴化学安全防护眼镜。
手防护	戴橡胶手套。
身体防护	穿实验室工作服。
其他防护	在通风橱内进行化学反应。实验室禁止吸烟和饮食。

事故响应

皮肤接触	脱去污染的衣着,用肥皂水和清水彻底冲洗皮肤。如有不适感,就医。
眼睛接触	提起眼睑,用流动清水或生理盐水冲洗。如有不适感,就医。
吸入	迅速脱离现场至空气新鲜处。保持呼吸道通畅。如呼吸困难,给输氧。如呼吸、心跳停止,立即进行心肺复苏术。就医。
食入	如患者神志清醒,催吐。就医。

应急处理

消防措施	本品不燃,根据着火原因选择适当灭火剂灭火。消防人员须佩戴空气呼吸器,穿全身防火防毒服,在上风向灭火。尽可能将容器从火场移至空旷处。喷水保持火场容器冷却,直至灭火结束。
泄漏处理	建议应急处理人员戴防尘口罩,穿防毒服,戴橡胶手套。勿使泄漏物与可燃物质(如木材、纸、油等)接触。穿上适当的防护服前严禁接触破裂的容器和泄漏物。勿使水进入包装容器中。用洁净的铲子收集泄漏物,置于干燥、干净、盖子较松的容器内,将容器移离泄漏区。

安全存储

储存于阴凉、通风的库房。远离火种、热源。库温不宜超过 30℃,相对湿度不超过 80%。包装必须完整密封,防止吸潮。应与易(可)燃物、还原剂、食用化学品分开存放,切忌混储。

废物处置

根据国家和地方有关法规的要求处置。或与制造商联系,确定处置方法。

中文名称：**硝酸铝**	英文名称：aluminum nitrate
CAS 登记号：13473-90-0	
化学式：$Al(NO_3)_3$	相对分子质量：213.00

最高容许浓度 / 时量平均浓度	危险性类别	危险标识
未制定标准	氧化剂	 氧化剂

理化性质

闪点：无意义	熔点：73.5℃	沸点：135℃（分解）
相对密度（$d_{水}$=1）：无资料	相对蒸气密度（$d_{空气}$=1）：无资料	爆炸极限：无意义

预防措施

呼吸防护	空气中浓度较高时，应该佩戴过滤式防尘呼吸器。
眼睛防护	戴化学安全防护眼镜。
手 防 护	戴橡胶手套。
身体防护	穿实验室工作服。
其他防护	在通风橱内进行化学反应。实验室禁止吸烟和饮食。

事故响应

皮肤接触	脱去污染的衣着，用肥皂水和清水彻底冲洗皮肤。如有不适感，就医。
眼睛接触	提起眼睑，用流动清水或生理盐水冲洗。如有不适感，就医。
吸　　入	迅速脱离现场至空气新鲜处。保持呼吸道通畅。如呼吸困难，给输氧。如呼吸、心跳停止，立即进行心肺复苏术。就医。
食　　入	饮大量温水。就医。

应急处理

消防措施	本品不燃，根据着火原因选择适当灭火剂灭火。消防人员须佩戴空气呼吸器，穿全身防火防毒服，在上风向灭火。尽可能将容器从火场移至空旷处。喷水保持火场容器冷却，直至灭火结束。
泄漏处理	建议应急处理人员戴防尘口罩，穿防毒服，戴橡胶手套。勿使泄漏物与可燃物质（如木材、纸、油等）接触。小量泄漏：用洁净的铲子收集泄漏物，置于干燥、干净、盖子较松的容器内，将容器移离泄漏区。大量泄漏：泄漏物回收后，用水冲洗泄漏区。

安全存储

储存于阴凉、干燥、通风良好的库房。远离火种、热源。库温不宜超过 30℃，相对湿度不超过 80%。包装必须密封，切勿受潮。应与易（可）燃物、还原剂、酸类、活性金属粉末等分开存放，切忌混储。

废物处置

根据国家和地方有关法规的要求处置。或与制造商联系，确定处置方法。

中文名称:**硝酸镁**　　英文名称:magnesium nitrate

CAS 登记号:13446-18-9

化学式:$Mg(NO_3)_2 \cdot 6H_2O$　　相对分子质量:256.43

最高容许浓度 / 时量平均浓度	危险性类别	危险标识
未制定标准	氧化剂;易制爆	

理化性质

闪点:无意义　　熔点:89℃　　沸点:330℃（分解）

相对密度($d_{水}$=1):1.464　　相对蒸气密度($d_{空气}$=1):6.0　　爆炸极限:无意义

预防措施

呼吸防护	可能接触其粉尘时,应该佩戴抗冲击面罩。	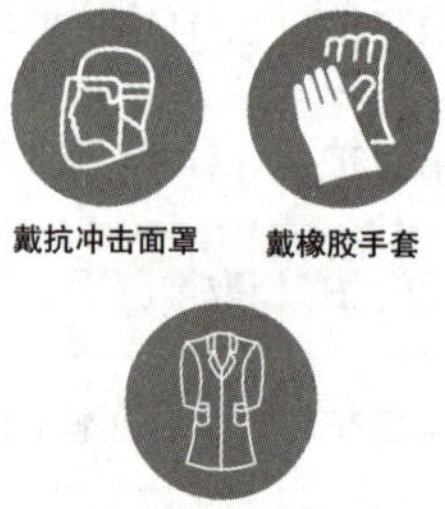
眼睛防护	呼吸防护中已做防护。	
手 防 护	戴橡胶手套。	
身体防护	穿实验室工作服。	
其他防护	在通风橱内进行化学反应。实验室禁止吸烟和饮食。	

事故响应

皮肤接触	脱去污染的衣着,用肥皂水和清水彻底冲洗皮肤。如有不适感,就医。
眼睛接触	提起眼睑,用流动清水或生理盐水冲洗。如有不适感,就医。
吸　　入	迅速脱离现场至空气新鲜处。保持呼吸道通畅。如呼吸困难,给输氧。如呼吸、心跳停止,立即进行心肺复苏术。就医。
食　　入	饮大量温水。就医。

应急处理

消防措施	本品不燃,根据着火原因选择适当灭火剂灭火。消防人员须佩戴空气呼吸器,穿全身防火防毒服,在上风向灭火。尽可能将容器从火场移至空旷处。喷水保持火场容器冷却,直至灭火结束。切勿将水流直接射至熔融物,以免引起严重的流淌火灾或引起剧烈的沸溅。
泄漏处理	建议应急处理人员戴防尘口罩,穿防毒服,戴橡胶手套。勿使泄漏物与可燃物质(如木材、纸、油等)接触。小量泄漏:用洁净的铲子收集泄漏物,置于干燥、干净、盖子较松的容器内,将容器移离泄漏区。大量泄漏:泄漏物回收后,用水冲洗泄漏区。

安全存储

储存于阴凉、干燥、通风良好的库房。远离火种、热源。库温不宜超过 28℃。相对湿度不超过 75%。包装必须密封,切勿受潮。应与易(可)燃物、还原剂等分开存放,切忌混储。

废物处置

根据国家和地方有关法规的要求处置。或与制造商联系,确定处置方法。

中文名称：**硝酸锰**　　英文名称：manganese nitrate

CAS 登记号：20694-39-7

化学式：$Mn(NO_3)_2 \cdot 4H_2O$　　相对分子质量：251.01

时量平均浓度	危险性类别	危险标识
PC-TWA：0.15 mg/m^3	氧化剂	

理化性质

闪点：无意义	熔点：25.8℃	沸点：129.4℃
相对密度（$d_{水}$=1）：1.82	相对蒸气密度（$d_{空气}$=1）：无资料	爆炸极限：无意义

预防措施

呼吸防护	可能接触其蒸气时，必须佩戴过滤式防毒面具（半面罩）。可能接触其粉尘时，建议佩戴过滤式防尘呼吸器。
眼睛防护	戴化学安全防护眼镜。
手 防 护	戴橡胶手套。
身体防护	穿实验室工作服。
其他防护	在通风橱内进行化学反应。实验室禁止吸烟和饮食。

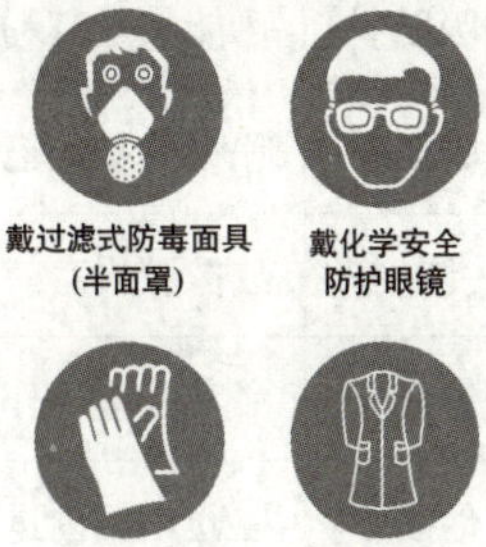

事故响应

皮肤接触	脱去污染的衣着，用肥皂水和清水彻底冲洗皮肤。如有不适感，就医。
眼睛接触	提起眼睑，用流动清水或生理盐水冲洗。如有不适感，就医。
吸　　入	迅速脱离现场至空气新鲜处。保持呼吸道通畅。如呼吸困难，给输氧。如呼吸、心跳停止，立即进行心肺复苏术。就医。
食　　入	饮大量温水。催吐。就医。

应急处理

消防措施	本品不燃，根据着火原因选择适当灭火剂灭火。消防人员须佩戴空气呼吸器，穿全身防火防毒服，在上风向灭火。尽可能将容器从火场移至空旷处。喷水保持火场容器冷却，直至灭火结束。
泄漏处理	建议应急处理人员戴防尘口罩，穿防毒服，戴橡胶手套。勿使泄漏物与可燃物质（如木材、纸、油等）接触。穿上适当的防护服前严禁接触破裂的容器和泄漏物。尽可能切断泄漏源。勿使水进入包装容器中。小量泄漏：用洁净的铲子收集泄漏物，置于干燥、干净、盖子较松的容器内，将容器移离泄漏区。大量泄漏：泄漏物回收后，用水冲洗泄漏区。

安全存储

储存于阴凉、通风的库房。远离火种、热源。库温不宜超过25℃。包装必须完整密封，防止吸潮。应与易（可）燃物、还原剂等分开存放，切忌混储。

废物处置

根据国家和地方有关法规的要求处置。或与制造商联系，确定处置方法。

中文名称:**硝酸钠**　　英文名称:sodium nitrate

CAS 登记号:7631-99-4

化学式:$NaNO_3$　　相对分子质量:85.00

最高容许浓度 / 时量平均浓度	危险性类别	危险标识
未制定标准	氧化剂;易制爆	 氧化剂　易制爆

理化性质

闪点:无意义	熔点:306.8℃	沸点:380℃(分解)
相对密度($d_{水}$=1):2.26	相对蒸气密度($d_{空气}$=1):无资料	爆炸极限:无意义

预防措施

呼吸防护	可能接触其粉尘时,建议佩戴抗冲击面罩。	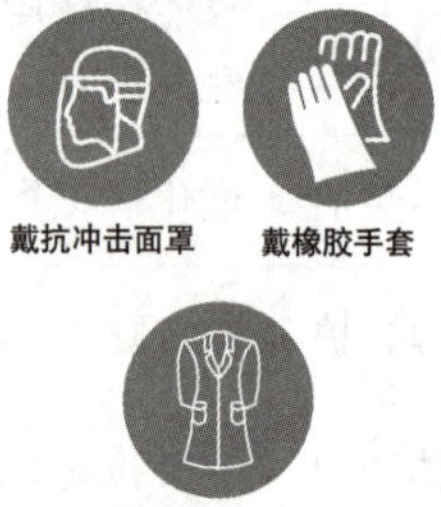 戴抗冲击面罩　戴橡胶手套　穿实验室工作服
眼睛防护	呼吸防护中已做防护。	
手 防 护	戴橡胶手套。	
身体防护	穿实验室工作服。	
其他防护	在通风橱内进行化学反应。实验室禁止吸烟和饮食。	

事故响应

皮肤接触	脱去污染的衣着,用肥皂水和清水彻底冲洗皮肤。就医。
眼睛接触	提起眼睑,用流动清水或生理盐水冲洗。如有不适感,就医。
吸　　入	迅速脱离现场至空气新鲜处。保持呼吸道通畅。如呼吸困难,给输氧。如呼吸、心跳停止,立即进行心肺复苏术。就医。
食　　入	漱口。就医。

应急处理

消防措施	本品不燃,根据着火原因选择适当灭火剂灭火。消防人员须佩戴空气呼吸器,穿全身防火防毒服,在上风向灭火。尽可能将容器从火场移至空旷处。喷水保持火场容器冷却,直至灭火结束。切勿将水流直接射至熔融物,以免引起严重的流淌火灾或引起剧烈的沸溅。
泄漏处理	建议应急处理人员戴防尘口罩,穿防毒服,戴氯丁橡胶手套。勿使泄漏物与可燃物质(如木材、纸、油等)接触。穿上适当的防护服前严禁接触破裂的容器和泄漏物。尽可能切断泄漏源。勿使水进入包装容器中。小量泄漏:用洁净的铲子收集泄漏物,置于干燥、干净、盖子较松的容器内,将容器移离泄漏区。大量泄漏:泄漏物回收后,用水冲洗泄漏区。

安全存储

储存于阴凉、通风的库房。远离火种、热源。库温不超过30℃,相对湿度不超过80%。应与还原剂、活性金属粉末、酸类、易(可)燃物等分开存放,切忌混储。

废物处置

根据国家和地方有关法规的要求处置。或与制造商联系,确定处置方法。

中文名称:**硝酸镍**　　英文名称:nickel nitrate

CAS 登记号:13478-00-7

化学式:$Ni(NO_3)_2 \cdot 6H_2O$　　相对分子质量:290.85

时量平均浓度	危险性类别	危险标识
PC-TWA:0.5 mg/m^3	氧化剂;易制爆	

理化性质

闪点:无意义	熔点:56.7℃	沸点:136.7℃
相对密度($d_{水}$=1):2.05	相对蒸气密度($d_{空气}$=1):10.0	爆炸极限:无意义

预防措施

呼吸防护	可能接触其粉尘时,应该佩戴抗冲击面罩。	
眼睛防护	呼吸防护中已做防护。	
手 防 护	戴橡胶手套。	
身体防护	穿实验室工作服。	
其他防护	在通风橱内进行化学反应。实验室禁止吸烟和饮食。	

事故响应

皮肤接触	脱去污染衣着,用肥皂水和清水彻底冲洗皮肤。如有不适感,就医。
眼睛接触	立即提起眼睑,用大量流动清水或生理盐水彻底冲洗 10~15 min。如有不适感,就医。
吸　　入	迅速脱离现场至空气新鲜处。保持呼吸道通畅。如呼吸困难,给输氧。如呼吸、心跳停止,立即进行心肺复苏术。就医。
食　　入	饮大量温水,催吐。就医。

应急处理

消防措施	本品不燃,根据着火原因选择适当灭火剂灭火。消防人员须佩戴空气呼吸器,穿全身防火防毒服,在上风向灭火。尽可能将容器从火场移至空旷处。喷水保持火场容器冷却,直至灭火结束。
泄漏处理	建议应急处理人员戴防尘口罩,穿防毒服,戴橡胶手套。勿使泄漏物与可燃物质(如木材、纸、油等)接触。穿上适当的防护服前严禁接触破裂的容器和泄漏物。尽可能切断泄漏源。勿使水进入包装容器中。小量泄漏:用洁净的铲子收集泄漏物,置于干燥、干净、盖子较松的容器内,将容器移离泄漏区。大量泄漏:泄漏物回收后,用水冲洗泄漏区。

安全存储

储存于阴凉、通风的库房。远离火种、热源。库温不超过 30℃,相对湿度不超过 80%。包装必须密封,切勿受潮。应与还原剂、酸类分开存放,切忌混储。

废物处置

根据国家和地方有关法规的要求处置。或与制造商联系,确定处置方法。

中文名称：**硝酸铅**　　英文名称：lead nitrate

CAS 登记号：10099-74-8

化学式：$Pb(NO_3)_2$　　相对分子质量：331.21

时量平均浓度	危险性类别	危险标识
PC-TWA：0.05 mg/m^3	氧化剂；易制爆	

理化性质

闪点：无意义　　熔点：470℃（分解）　　沸点：无资料

相对密度（$d_{水}$=1）：4.53　　相对蒸气密度（$d_{空气}$=1）：无资料　　爆炸极限：无意义

预防措施

呼吸防护	可能接触其粉尘时，建议佩戴抗冲击面罩。	
眼睛防护	呼吸防护中已做防护。	
手 防 护	戴橡胶手套。	
身体防护	穿实验室工作服。	
其他防护	在通风橱内进行化学反应。实验室禁止吸烟和饮食。	

事故响应

皮肤接触	脱去污染的衣着，用肥皂水和清水彻底冲洗皮肤。就医。
眼睛接触	提起眼睑，用流动清水或生理盐水冲洗。如有不适感，就医。
吸　　入	迅速脱离现场至空气新鲜处。保持呼吸道通畅。如呼吸困难，给输氧。如呼吸、心跳停止，立即进行心肺复苏术。就医。
食　　入	饮大量温水，催吐。就医。

应急处理

消防措施	本品不燃，根据着火原因选择适当灭火剂灭火。消防人员须佩戴空气呼吸器，穿全身防火防毒服，在上风向灭火。尽可能将容器从火场移至空旷处。喷水保持火场容器冷却，直至灭火结束。切勿将水流直接射至熔融物，以免引起严重的流淌火灾或引起剧烈的沸溅。
泄漏处理	建议应急处理人员戴防尘口罩，穿防毒服，戴氯丁橡胶手套。勿使泄漏物与可燃物质（如木材、纸、油等）接触。穿上适当的防护服前严禁接触破裂的容器和泄漏物。尽可能切断泄漏源。用洁净的铲子收集泄漏物，置于干燥、干净、盖子较松的容器内，将容器移离泄漏区。

安全存储

储存于阴凉、通风的库房。远离火种、热源。库温不超过30℃，相对湿度不超过80%。包装密封。应与易(可)燃物、还原剂、食用化学品分开存放，切忌混储。储区应备有合适的材料收容泄漏物。

废物处置

根据国家和地方有关法规的要求处置。或与制造商联系，确定处置方法。

中文名称：**硝酸铈** 英文名称：cerium nitrate

CAS 登记号：10294-41-4

化学式：$Ce(NO_3)_3 \cdot 6H_2O$ 相对分子质量：434.27

最高容许浓度 / 时量平均浓度	危险性类别	危险标识
未制定标准	氧化剂	 氧化剂

理化性质		
闪点：无意义	熔点：150℃	沸点：200℃（分解）
相对密度（$d_{水}=1$）：无资料	相对蒸气密度（$d_{空气}=1$）：无资料	爆炸极限：无意义

预防措施		
呼吸防护	空气中浓度较高时，应该佩戴过滤式防尘呼吸器。	 戴过滤式防尘呼吸器  戴化学安全防护眼镜  戴橡胶手套  穿实验室工作服
眼睛防护	戴化学安全防护眼镜。	
手 防 护	戴橡胶手套。	
身体防护	穿实验室工作服。	
其他防护	在通风橱内进行化学反应。实验室禁止吸烟和饮食。	

事故响应	
皮肤接触	脱去污染的衣着，用肥皂水和清水彻底冲洗皮肤。如有不适感，就医。
眼睛接触	立即提起眼睑，用大量流动清水或生理盐水彻底冲洗 10~15 min。如有不适感，就医。
吸 入	迅速脱离现场至空气新鲜处。保持呼吸道通畅。如呼吸困难，给输氧。如呼吸、心跳停止，立即进行心肺复苏术。就医。
食 入	漱口，就医。

应急处理	
消防措施	本品不燃，根据着火原因选择适当灭火剂灭火。消防人员须佩戴空气呼吸器，穿全身防火防毒服，在上风向灭火。尽可能将容器从火场移至空旷处。喷水保持火场容器冷却，直至灭火结束。
泄漏处理	建议应急处理人员戴防尘口罩，穿防毒服，戴橡胶手套。勿使泄漏物与可燃物质(如木材、纸、油等)接触。尽可能切断泄漏源。勿使水进入包装容器中。用洁净的铲子收集泄漏物，置于干燥、干净、盖子较松的容器内，将容器移离泄漏区。

安全存储
储存于阴凉、通风的库房。远离火种、热源。库温不超过 30℃，相对湿度不超过 80%。包装密封。应与易（可）燃物、还原剂分开存放，切忌混储。储区应备有合适的材料收容泄漏物。

废物处置
根据国家和地方有关法规的要求处置。或与制造商联系，确定处置方法。

中文名称：**硝酸铁**　　英文名称：ferric nitrate

CAS 登记号：7782-61-8

化学式：$Fe(NO_3)_3 \cdot 9H_2O$　　相对分子质量：403.98

最高容许浓度 / 时量平均浓度	危险性类别	危险标识
未制定标准	氧化剂	 氧化剂

理化性质

闪点：无意义	熔点：47.2℃	沸点：125℃（分解）
相对密度（$d_{水}$=1)：1.68	相对蒸气密度（$d_{空气}$=1)：无资料	爆炸极限：无意义

预防措施

呼吸防护	可能接触其粉尘时，应该佩戴过滤式防尘呼吸器。
眼睛防护	戴化学安全防护眼镜。
手 防 护	戴橡胶手套。
身体防护	穿实验室工作服。
其他防护	在通风橱内进行化学反应。实验室禁止吸烟和饮食。

事故响应

皮肤接触	立即脱去污染的衣着，用大量流动清水冲洗 20~30 min。如有不适感，就医。
眼睛接触	立即提起眼睑，用大量流动清水或生理盐水彻底冲洗 10~15 min。如有不适感，就医。
吸　　入	迅速脱离现场至空气新鲜处。保持呼吸道通畅。如呼吸困难，给输氧。如呼吸、心跳停止，立即进行心肺复苏术。就医。
食　　入	饮大量温水。就医。

应急处理

消防措施	本品不燃，根据着火原因选择适当灭火剂灭火。消防人员须佩戴空气呼吸器，穿全身防火防毒服灭火。尽可能将容器从火场移至空旷处。喷水保持火场容器冷却，直至灭火结束。
泄漏处理	建议应急处理人员戴防尘口罩，穿防毒服，戴橡胶手套。勿使泄漏物与可燃物质(如木材、纸、油等)接触。尽可能切断泄漏源。勿使水进入包装容器中。用洁净的铲子收集泄漏物，置于干燥、干净、盖子较松的容器内，将容器移离泄漏区。

安全存储

储存于阴凉、干燥、通风良好的库房。远离火种、热源。库温不超过 30℃，相对湿度不超过 80%。包装密封。应与易(可)燃物、还原剂、活性金属粉末等分开存放，切忌混储。

废物处置

根据国家和地方法规的要求处置。或与制造商联系，确定处置方法。

中文名称:**硝酸戊酯**　　英文名称:amyl nitrate

CAS 登记号:1002-16-0

化学式:$C_5H_{11}NO_3$　　相对分子质量:133.17

最高容许浓度 / 时量平均浓度	危险性类别	危险标识
未制定标准	可燃液体	 可燃液体

理化性质

闪点:48℃(OC)　　熔点:-123.2℃　　沸点:150~155℃

相对密度($d_{水}$=1):0.996(20℃)　　相对蒸气密度($d_{空气}$=1):无资料　　爆炸极限:无资料

预防措施

呼吸防护	可能接触其蒸气时,应该佩戴过滤式防毒面具(半面罩)。紧急事态抢救或撤离时,建议佩戴空气呼吸器。
眼睛防护	戴化学安全防护眼镜。
手 防 护	戴橡胶耐油手套。
身体防护	穿防静电工作服。
其他防护	采用防爆型照明、通风设施。禁止使用易产生火花的机械设备和工具。

事故响应

皮肤接触	脱去污染的衣着,用肥皂水和清水彻底冲洗皮肤。如有不适感,就医。
眼睛接触	提起眼睑,用流动清水或生理盐水冲洗。如有不适感,就医。
吸　　入	迅速脱离现场至空气新鲜处。保持呼吸道通畅。如呼吸困难,给输氧。如呼吸、心跳停止,立即进行心肺复苏术。就医。
食　　入	饮水,禁止催吐。如有不适感,就医。

应急处理

消防措施	用泡沫、干粉、二氧化碳、砂土灭火。消防人员须佩戴空气呼吸器,穿全身防火防毒服,在上风向灭火。尽可能将容器从火场移至空旷处。喷水冷却火场容器,直至灭火结束。容器突然发出异常声音或出现异常现象,应立即撤离。
泄漏处理	建议应急处理人员戴正压自给式呼吸器,穿防静电服,戴橡胶耐油手套。勿使泄漏物与可燃物质接触。防止泄漏物进入水体、下水道、地下室或限制性空间。小量泄漏:用蛭石、砂土等不燃材料吸收泄漏物。大量泄漏:构筑围堤或挖坑收容。

安全存储

储存于阴凉、通风的库房。远离火种、热源。库温不超过 37℃。应与还原剂、氧化剂分开存放,切忌混储。

废物处置

建议用焚烧法处置。焚烧炉排出的氮氧化物通过洗涤器除去。

中文名称：**硝酸锌**　　英文名称：zinc nitrate

CAS 登记号：10196-18-6

化学式：$Zn(NO_3)_2 \cdot 6H_2O$　　相对分子质量：297.51

最高容许浓度 / 时量平均浓度	危险性类别	危险标识
未制定标准	氧化剂	

理化性质

闪点：无意义	熔点：36~37℃	沸点：105℃（分解）
相对密度（$d_{水}$=1）：2.07	相对蒸气密度（$d_{空气}$=1）：10.3	爆炸极限：无意义

预防措施

呼吸防护	可能接触其粉尘时，建议佩戴过滤式防尘呼吸器。
眼睛防护	戴化学安全防护眼镜。
手防护	戴橡胶手套。
身体防护	穿实验室工作服。
其他防护	在通风橱内进行化学反应。实验室禁止吸烟和饮食。

事故响应

皮肤接触	立即脱去污染的衣着，用大量流动清水冲洗 20~30 min。如有不适感，就医。
眼睛接触	立即提起眼睑，用大量流动清水或生理盐水彻底冲洗 10~15 min。如有不适感，就医。
吸入	迅速脱离现场至空气新鲜处。保持呼吸道通畅。如呼吸困难，给输氧。如呼吸、心跳停止，立即进行心肺复苏术。就医。
食入	饮大量温水。就医。

应急处理

消防措施	本品不燃，根据着火原因选择适当灭火剂灭火。消防人员须佩戴空气呼吸器，穿全身防火防毒服灭火。尽可能将容器从火场移至空旷处。喷水保持火场容器冷却，直至灭火结束。
泄漏处理	建议应急处理人员戴防尘口罩，穿防毒服，戴橡胶手套。勿使泄漏物与可燃物质（如木材、纸、油等）接触。尽可能切断泄漏源。勿使水进入包装容器中。用洁净的铲子收集泄漏物，置于干燥、干净、盖子较松的容器内，将容器移离泄漏区。

安全存储

储存于阴凉、通风的库房。远离火种、热源。库温不超过 28℃，相对湿度不超过 75%。包装必须完整密封，防止吸潮。应与易（可）燃物、还原剂、活性金属粉末等分开存放，切忌混储。

废物处置

根据国家和地方有关法规的要求处置。或与制造商联系，确定处置方法。

中文名称：**硝酸亚汞**　　英文名称：mercurous nitrate

CAS 登记号：7782-86-7

化学式：$Hg_2(NO_3)_2 \cdot 2H_2O$　　相对分子质量：561.22

最高容许浓度 / 时量平均浓度	危险性类别	危险标识
未制定标准	毒害品	 毒害品

理化性质

闪点：无意义　　熔点：70℃（分解）　　沸点：分解

相对密度（$d_{水}$=1）：4.79　　相对蒸气密度（$d_{空气}$=1）：无资料　　爆炸极限：无意义

预防措施

呼吸防护	可能接触其粉尘时，应该佩戴过滤式防尘呼吸器。必要时，佩戴空气呼吸器或长管面具。
眼睛防护	戴化学安全防护眼镜。
手防护	戴橡胶手套。
身体防护	穿实验室工作服。
其他防护	在通风橱内进行化学反应。实验室禁止吸烟和饮食。

事故响应

皮肤接触	脱去污染的衣着，用肥皂水和清水彻底冲洗皮肤。如有不适感，就医。
眼睛接触	提起眼睑，用流动清水或生理盐水冲洗。如有不适感，就医。
吸入	迅速脱离现场至空气新鲜处。保持呼吸道通畅。如呼吸困难，给输氧。如呼吸、心跳停止，立即进行心肺复苏术。就医。
食入	如患者神志清醒，催吐，洗胃。口服活性炭悬液，导泻。就医。

应急处理

消防措施	本品不燃，根据着火原因选择适当灭火剂灭火。消防人员须佩戴防毒面具，穿全身消防服，在上风向灭火。灭火时尽可能将容器从火场移至空旷处。
泄漏处理	隔离泄漏污染区，限制出入。切断火源。建议应急处理人员戴防尘口罩，穿防毒服，戴氯丁橡胶手套。勿使泄漏物与可燃物质（如木材、纸、油等）接触。用洁净的铲子收集泄漏物，置于干燥、干净、盖子较松的容器内，将容器移离泄漏区。

安全存储

储存于阴凉、通风的库房。远离火种、热源。避免光照。应与氧化剂、食用化学品分开存放，切忌混储。禁止震动、撞击或摩擦。

废物处置

根据国家和地方有关法规的要求处置。或与制造商联系，确定处置方法。

中文名称:**硝酸乙酯**	英文名称:ethyl nitrate
CAS 登记号:625-58-1	
化学式:$C_2H_5NO_3$	相对分子质量:91.08

最高容许浓度/时量平均浓度	危险性类别	危险标识
未制定标准	易燃液体	 易燃液体

理化性质

闪点:10℃	熔点:-112℃	沸点:88.7℃
相对密度($d_{水}$=1):1.11	相对蒸气密度($d_{空气}$=1):3.14	爆炸极限:4%~10%

预防措施

呼吸防护	可能接触其蒸气时,应该佩戴过滤式防毒面具(半面罩)。紧急事态抢救或撤离时,建议佩戴空气呼吸器。
眼睛防护	戴化学安全防护眼镜。
手 防 护	戴橡胶耐油手套。
身体防护	穿实验室工作服。
其他防护	采用防爆型照明、通风设施。禁止使用易产生火花的机械设备和工具。

戴过滤式防毒面具(半面罩)

戴化学安全防护眼镜

戴橡胶耐油手套

穿实验室工作服

事故响应

皮肤接触	脱去污染的衣着,用肥皂水和清水彻底冲洗皮肤。如有不适感,就医。
眼睛接触	提起眼睑,用流动清水或生理盐水冲洗。如有不适感,就医。
吸 入	迅速脱离现场至空气新鲜处。保持呼吸道通畅。如呼吸困难,给输氧。如呼吸、心跳停止,立即进行心肺复苏术。就医。
食 入	饮大量温水,催吐,就医。

应急处理

消防措施	用泡沫、干粉、二氧化碳、砂土灭火。消防人员须佩戴空气呼吸器,穿全身防火防毒服,在上风向灭火。尽可能将容器从火场移至空旷处。喷水保持火场容器冷却,直至灭火结束。容器突然发出异常声音或出现异常现象,应立即撤离。
泄漏处理	消除所有点火源。建议应急处理人员戴正压自给式呼吸器,穿防静电服,戴橡胶耐油手套。作业时所用的所有设备应接地。小量泄漏:用砂土或其他不燃材料吸收。使用洁净的无火花工具收集吸收材料。大量泄漏:构筑围堤或挖坑收容。

安全存储

储存于有冷藏装置、通风良好、散热良好的不燃结构的库房内。远离火种、热源。应与还原剂、氧化剂分开存放,切忌混储。

废物处置

建议用焚烧法处置。焚烧炉排出的氮氧化物通过洗涤器除去。

中文名称:**硝酸银**　　英文名称:silver nitrate

CAS 登记号:7761-88-8

化学式:$AgNO_3$　　相对分子质量:169.88

最高容许浓度 / 时量平均浓度	危险性类别	危险标识
未制定标准	氧化剂	

理化性质

闪点:无意义　　熔点:212℃　　沸点:444℃

相对密度($d_{水}$=1):4.35　　相对蒸气密度($d_{空气}$=1):无资料　　爆炸极限:无意义

预防措施

呼吸防护	可能接触其粉尘时,建议佩戴过滤式防尘呼吸器。
眼睛防护	戴化学安全防护眼镜。
手 防 护	戴橡胶手套。
身体防护	穿实验室工作服。
其他防护	在通风橱内进行化学反应。实验室禁止吸烟和饮食。

事故响应

皮肤接触	脱去污染的衣着,用肥皂水和清水彻底冲洗皮肤。如有不适感,就医。
眼睛接触	提起眼睑,用流动清水或生理盐水冲洗。如有不适感,就医。
吸　　入	迅速脱离现场至空气新鲜处。保持呼吸道通畅。如呼吸困难,给输氧。如呼吸、心跳停止,立即进行心肺复苏术。就医。
食　　入	漱口,禁止催吐。就医。

应急处理

消防措施	本品不燃,根据着火原因选择适当灭火剂灭火。消防人员须佩戴空气呼吸器,穿全身防火防毒服灭火。尽可能将容器从火场移至空旷处。喷水保持火场容器冷却,直至灭火结束。切勿将水流直接射至熔融物,以免引起严重的流淌火灾或引起剧烈的沸溅。
泄漏处理	建议应急处理人员戴防尘口罩,穿防毒服,戴氯丁橡胶手套。勿使泄漏物与可燃物质(如木材、纸、油等)接触。尽可能切断泄漏源。勿使水进入包装容器中。用洁净的铲子收集泄漏物,置于干燥、干净、盖子较松的容器内,将容器移离泄漏区。

安全存储

储存于阴凉、通风的库房。远离火种、热源。避免光照。库温不超过 30℃,相对湿度不超过 80%。包装必须密封,切勿受潮。应与易(可)燃物、还原剂、碱类、醇类、食用化学品分开存放,切忌混储。

废物处置

与制造商联系,确定处置方法。处置前应参阅国家和地方有关法规。

中文名称:**锌粉**	英文名称:zinc powder
CAS 登记号:7440-66-6	
化学式:Zn	相对分子质量:65.38

最高容许浓度/时量平均浓度	危险性类别	危险标识
未制定标准	遇湿易燃物品	 遇湿易燃物品

理化性质

闪点:无意义	熔点:419.6℃	沸点:907℃
相对密度($d_{水}$=1):7.13	相对蒸气密度($d_{空气}$=1):无资料	
爆炸下限:212~284 mg/m^3	爆炸上限:无资料	

预防措施

呼吸防护	应该佩戴过滤式防尘呼吸器。必要时,佩戴空气呼吸器。
眼睛防护	戴化学安全防护眼镜。
手 防 护	戴乳胶手套。
身体防护	穿防静电工作服。
其他防护	采用防爆型照明、通风设施。禁止使用易产生火花的机械设备和工具。

事故响应

皮肤接触	脱去污染的衣着,用肥皂水和清水彻底冲洗皮肤。如有不适感,就医。
眼睛接触	提起眼睑,用流动清水或生理盐水冲洗。如有不适感,就医。
吸　　入	迅速脱离现场至空气新鲜处。保持呼吸道通畅。如呼吸困难,给输氧。如呼吸、心跳停止,立即进行心肺复苏术。就医。
食　　入	漱口。就医。

应急处理

消防措施	用干粉、干砂灭火。禁止用水和泡沫灭火。消防人员须佩戴空气呼吸器,穿全身防火防毒服灭火。尽可能将容器从火场移至空旷处。喷水保持火场容器冷却,直至灭火结束。
泄漏处理	建议应急处理人员戴防尘口罩,穿防静电服,戴防护手套。禁止接触或跨越泄漏物。尽可能切断泄漏源。严禁用水处理。小量泄漏:用干燥的砂土或其他不燃材料覆盖泄漏物,然后用塑料布覆盖,减少飞散,避免雨淋。粉末泄漏:用塑料布或帆布覆盖泄漏物,减少飞散,保持干燥。在专家指导下清除。

安全存储

储存于阴凉、干燥、通风良好的专用库房内。远离火种、热源。库温不超过32℃,相对湿度不超过75%。包装密封。应与氧化剂、酸类、碱类、胺类、氯代烃等分开存放,切忌混储。

废物处置

处置前应参阅国家和地方有关法规。恢复材料的原状态,以便重新使用。

中文名称:**溴化汞**	英文名称:mercury bromide
CAS 登记号:7789-47-1	
化学式:$HgBr_2$	相对分子质量:360.41

最高容许浓度 / 时量平均浓度	危险性类别	危险标识
无资料	高毒固体	 高毒固体

理化性质

闪点:无资料	熔点:237℃	沸点:322℃(升华)
相对密度($d_{水}$=1):6.109(25℃)	相对蒸气密度($d_{空气}$=1):无资料	爆炸极限:无资料

预防措施

呼吸防护	可能接触其粉尘时,应该佩戴防毒面具。紧急事态抢救或撤离时,建议佩戴自给式呼吸器。	 戴防毒面具  戴化学安全防护眼镜  戴乳胶手套  穿实验室工作服
眼睛防护	戴化学安全防护眼镜。	
手 防 护	戴乳胶手套。	
身体防护	穿实验室工作服。	
其他防护	在通风橱内进行化学反应。实验室禁止吸烟和饮食。	

事故响应

皮肤接触	立即脱去污染的衣着,用大量流动清水冲洗 20~30 min。如有不适感,就医。
眼睛接触	立即提起眼睑,用大量流动清水或生理盐水彻底冲洗 10~15 min。如有不适感,就医。
吸 入	迅速脱离现场至空气新鲜处。保持呼吸道通畅。如呼吸困难,给输氧。如呼吸、心跳停止,立即进行心肺复苏术。就医。
食 入	给饮牛奶、豆浆或蛋清,洗胃。就医。

应急处理

消防措施	受高热分解,放出高毒的烟气。本品不燃,根据着火原因选择适当灭火剂灭火。
泄漏处理	隔离泄漏污染区,周围设警告标志。建议应急处理人员戴自给式呼吸器,穿化学防护服。不要直接接触泄漏物,用砂土吸收,铲入提桶,倒至空旷地方深埋。被污染地面用肥皂或洗涤剂刷洗,经稀释的污水排入废水系统。如大量泄漏,利用围堤收容,然后收集、转移、回收或无害处理后废弃。

安全存储

储存于阴凉、干燥、通风良好的库房。远离火种、热源。专人保管。保持容器密封。避免光照。应与氧化剂、食用化工原料等分开存放。

废物处置

处置前应参阅国家和地方有关法规。或与厂商或制造商联系,确定处置方法。

中文名称：**溴酸钾**　　英文名称：potassium bromate

CAS 登记号：7758-01-2

化学式：$KBrO_3$　　相对分子质量：167.01

最高容许浓度 / 时量平均浓度	危险性类别	危险标识
未制定标准	氧化剂	 氧化剂

理化性质

闪点：无意义	熔点：350℃	沸点：370℃（分解）
相对密度（$d_{水}$=1）：3.27（17.5℃）	相对蒸气密度（$d_{空气}$=1）：无资料	爆炸极限：无意义

预防措施

呼吸防护	空气中粉尘浓度超标时，应该佩戴过滤式防尘呼吸器。紧急事态抢救或撤离时，佩戴空气呼吸器。	 戴过滤式防尘呼吸器  戴化学安全防护眼镜  戴橡胶手套  穿实验室工作服
眼睛防护	戴化学安全防护眼镜。	
手 防 护	戴橡胶手套。	
身体防护	穿实验室工作服。	
其他防护	在通风橱内进行化学反应。实验室禁止吸烟和饮食。	

事故响应

皮肤接触	脱去污染的衣着，用肥皂水和清水彻底冲洗皮肤。如有不适感，就医。
眼睛接触	提起眼睑，用流动清水或生理盐水冲洗。如有不适感，就医。
吸　　入	迅速脱离现场至空气新鲜处。保持呼吸道通畅。如呼吸困难，给输氧。如呼吸、心跳停止，立即进行心肺复苏术。就医。
食　　入	漱口，催吐。口服活性炭悬液。就医。

应急处理

消防措施	本品不燃，根据着火原因选择适当灭火剂灭火。消防人员须佩戴空气呼吸器，穿全身防火防毒服灭火。尽可能将容器从火场移至空旷处。喷水保持火场容器冷却，直至灭火结束。
泄漏处理	隔离泄漏污染区，限制出入。建议应急处理人员戴防尘口罩，穿防毒服，戴橡胶手套。勿使泄漏物与可燃物质（如木材、纸、油等）接触。穿上适当的防护服前严禁接触破裂的容器和泄漏物。尽可能切断泄漏源。勿使水进入包装容器中。用洁净的铲子收集泄漏物，置于干燥、干净、盖子较松的容器内，将容器移离泄漏区。

安全存储

储存于阴凉、通风的库房。远离火种、热源。库温不超过 30℃，相对湿度不超过 80%。包装密封。应与还原剂、易（可）燃物分开存放，切忌混储。

废物处置

用安全掩埋法处置。

中文名称:**溴乙酸**　　英文名称:bromoacetic acid

CAS 登记号:79-08-3

化学式:$CH_2BrCOOH$　　相对分子质量:138.96

最高容许浓度 / 时量平均浓度	危险性类别	危险标识
未制定标准	酸性腐蚀品	 酸性腐蚀品

理化性质

闪点:无意义　　熔点:49~51℃　　沸点:208℃

相对密度($d_{水}$=1):1.934　　相对蒸气密度($d_{空气}$=1):无资料　　爆炸极限:无资料

预防措施

呼吸防护	空气中粉尘浓度超标时,须佩戴过滤式防尘呼吸器。紧急事态抢救或撤离时,佩戴空气呼吸器。	
眼睛防护	戴化学安全防护眼镜。	
手 防 护	戴橡胶耐酸碱手套。	
身体防护	穿橡胶耐酸碱服。	
其他防护	在通风橱内进行化学反应。实验室禁止吸烟和饮食。	

事故响应

皮肤接触	立即脱去污染的衣着,用大量流动清水冲洗 20~30 min。如有不适感,就医。
眼睛接触	立即提起眼睑,用大量流动清水或生理盐水彻底冲洗 10~15 min。如有不适感,就医。
吸　　入	迅速脱离现场至空气新鲜处。保持呼吸道通畅。如呼吸困难,给输氧。如呼吸、心跳停止,立即进行心肺复苏术。就医。
食　　入	用水漱口,给饮牛奶或蛋清。就医。

应急处理

消防措施	用雾状水、泡沫、二氧化碳灭火。消防人员须佩戴空气呼吸器,穿全身防火防毒服,在上风向灭火。尽可能将容器从火场移至空旷处。喷水保持火场容器冷却,直至灭火结束。
泄漏处理	隔离泄漏污染区,限制出入。建议应急处理人员戴防尘口罩,穿防酸碱服,戴橡胶耐酸碱手套。尽可能切断泄漏源。用干燥的砂土或其他不燃材料覆盖泄漏物,然后用塑料布覆盖,减少飞散,避免雨淋。用洁净的铲子收集泄漏物,置于干燥、干净、盖子较松的容器内,将容器移离泄漏区。

安全存储

储存于阴凉、通风的库房。远离火种、热源。包装密封。应与氧化剂、碱类、食用化学品分开存放,切忌混储。配备相应品种和数量的消防器材。

废物处置

建议用焚烧法处置。焚烧炉排出的卤化氢通过酸洗涤器除去。

中文名称:**亚硫酸氢钠**	英文名称:sodium bisulfite
CAS 登记号:7631-90-5	
化学式:$NaHSO_3$	相对分子质量:104.06

最高容许浓度 / 时量平均浓度	危险性类别	危险标识
无资料	酸性腐蚀品	 酸性腐蚀品

理化性质		
闪点:无资料	熔点:(分解)	沸点:无资料
相对密度($d_{水}$=1):1.48(20℃)	相对蒸气密度($d_{空气}$=1):无资料	爆炸极限:无资料

预防措施		
呼吸防护	应该佩戴自吸过滤式防尘口罩。空气中浓度较高时,建议佩戴自给式呼吸器。	 戴自吸过滤式防尘口罩  戴化学安全防护眼镜
眼睛防护	戴化学安全防护眼镜。	
手 防 护	戴橡胶手套。	 戴橡胶手套  穿实验室工作服
身体防护	穿实验室工作服。	
其他防护	在通风橱内进行化学反应。实验室禁止吸烟和饮食。	

事故响应	
皮肤接触	立即脱去污染的衣着,用大量流动清水冲洗 20~30 min。如有不适感,就医。
眼睛接触	立即提起眼睑,用大量流动清水或生理盐水彻底冲洗 10~15 min。如有不适感,就医。
吸　　入	迅速脱离现场至空气新鲜处。保持呼吸道通畅。如呼吸困难,给输氧。如呼吸、心跳停止,立即进行心肺复苏术。就医。
食　　入	给饮牛奶、豆浆或蛋清。就医。

应急处理	
消防措施	具有强还原性。有腐蚀性。接触酸或酸气能产生有毒气体。受高热分解,放出有毒的烟气。用雾状水、二氧化碳、砂土灭火。
泄漏处理	隔离泄漏污染区,周围设警告标志。建议应急处理人员戴自给式呼吸器,穿化学防护服。不要直接接触泄漏物,用砂土、蛭石或其他惰性材料吸收,收集运至废物处理场所。用水刷洗泄漏污染区,对污染地带进行通风。如大量泄漏,收集回收或无害处理后废弃。

安全存储
储存于阴凉、通风的库房。远离火种、热源。避免阳光曝晒。保持容器密封,勿与空气接触,防止氧化变质。应与碱类、酸类等分开存放。不宜久存,以免变质。

废物处置
根据国家和地方有关法规的要求处置。或与制造商联系,确定处置方法。

中文名称:**亚氯酸钠** 英文名称:sodium chlorite

CAS 登记号:7758-19-2

化学式:$NaClO_2$ 相对分子质量:90.44

最高容许浓度 / 时量平均浓度	危险性类别	危险标识
无资料	无资料	

理化性质

闪点:无资料 熔点:180~200℃ 沸点:>35℃

相对密度($d_{水}$=1):2.5 相对蒸气密度($d_{空气}$=1):无资料 爆炸极限:无资料

预防措施

呼吸防护	可能接触其粉尘时,建议佩戴自吸过滤式防尘口罩。必要时,佩戴空气呼吸器。	
眼睛防护	戴化学安全防护眼镜。	
手 防 护	戴乳胶手套。	
身体防护	穿防静电工作服。	
其他防护	在通风橱内进行化学反应。实验室禁止吸烟和饮食。	

事故响应

皮肤接触	立即脱去污染的衣物。用大量肥皂水和清水冲洗皮肤。如有不适感,就医。
眼睛接触	提起眼睑,用大量清水彻底冲洗至少 15 min。如有不适感,就医。
吸　　入	迅速脱离现场至空气新鲜处。保持呼吸道通畅。如呼吸困难,给输氧。如呼吸、心跳停止,立即进行心肺复苏术。就医。
食　　入	禁止催吐。切勿给失去知觉者从嘴里喂食任何东西。就医。

应急处理

消防措施	用干粉、二氧化碳或耐醇泡沫灭火。避免用太强烈的水汽灭火。消防人员须佩戴呼吸面具,穿上全身防护服,在安全距离处、有充足防护的情况下灭火。
泄漏处理	清除所有点火源。迅速将人员撤离到安全区域,远离泄漏区域并处于上风方向。建议应急处理人员戴正压自给式呼吸器,穿防毒、防静电服,戴化学防渗透手套。

安全存储

储存在阴凉、干燥和通风的库房。远离热源、火种。保持容器密封。

废物处置

根据国家和地方有关法规的要求处置。或与制造商联系,确定处置方法。

中文名称:**亚硫酸**　　英文名称:sulfurous acid

CAS 登记号:7782-99-2

化学式:H_2SO_3　　相对分子质量:82.08

最高容许浓度/时量平均浓度	危险性类别	危险标识
未制定标准	酸性腐蚀品	 酸性腐蚀品

理化性质

闪点:无意义　　熔点:无资料　　沸点:无资料

相对密度($d_{水}$=1):1.03　　相对蒸气密度($d_{空气}$=1):2.8　　爆炸极限:无意义

预防措施

呼吸防护	可能接触其烟雾时,佩戴过滤式防毒面具(全面罩)或空气呼吸器。紧急事态抢救或撤离时,建议佩戴空气呼吸器。
眼睛防护	呼吸防护中已做防护。
手 防 护	戴橡胶耐酸碱手套。
身体防护	穿橡胶耐酸碱服。
其他防护	在通风橱内进行化学反应。实验室禁止吸烟和饮食。

戴过滤式防毒面具(全面罩)

戴空气呼吸器

戴橡胶耐酸碱手套

穿橡胶耐酸碱服

事故响应

皮肤接触	立即脱去污染的衣着,用大量流动清水冲洗 20~30 min。如有不适感,就医。
眼睛接触	立即提起眼睑,用大量流动清水或生理盐水彻底冲洗 10~15 min。如有不适感,就医。
吸　入	迅速脱离现场至空气新鲜处。保持呼吸道通畅。如呼吸困难,给输氧。如呼吸、心跳停止,立即进行心肺复苏术。就医。
食　入	用水漱口,给饮牛奶或蛋清。就医。

应急处理

消防措施	本品不燃,根据着火原因选择适当灭火剂灭火。消防人员须佩戴空气呼吸器,穿全身耐酸碱消防服灭火。尽可能将容器从火场移至空旷处。喷水冷却火场容器,直至灭火结束。
泄漏处理	隔离泄漏污染区。建议应急处理人员戴防尘口罩,穿防酸碱服,戴橡胶耐酸碱手套。尽可能切断泄漏源。用塑料布覆盖泄漏物,减少飞散。勿使水进入包装容器内。用洁净的铲子收集泄漏物,置于干燥、干净、盖子较松的容器内,将容器移离泄漏区。

安全存储

储存于阴凉、通风的库房。远离火种、热源。包装要求密封,不可与空气接触。应与碱类分开存放,切忌混储。

废物处置

根据国家和地方有关法规的要求处置。或与制造商联系,确定处置方法。

中文名称:**亚硝酸钠**　　英文名称:sodium nitrite

CAS 登记号:7632-00-0

化学式:$NaNO_2$　　相对分子质量:69.00

最高容许浓度 / 时量平均浓度	危险性类别	危险标识
未制定标准	氧化剂	 氧化剂

理化性质

闪点:无意义	熔点:271℃	沸点:320℃(分解)
相对密度($d_{水}$=1):2.17	相对蒸气密度($d_{空气}$=1):无资料	爆炸极限:无意义

预防措施

呼吸防护	空气中浓度较高时,应该佩戴过滤式防尘呼吸器。
眼睛防护	戴化学安全防护眼镜。
手 防 护	戴橡胶手套。
身体防护	穿实验室工作服。
其他防护	在通风橱内进行化学反应。实验室禁止吸烟和饮食。

戴过滤式防尘呼吸器

戴化学安全防护眼镜

戴橡胶手套

穿实验室工作服

事故响应

皮肤接触	脱去污染的衣着,用肥皂水和清水彻底冲洗皮肤。就医。
眼睛接触	提起眼睑,用流动清水或生理盐水冲洗。如有不适感,就医。
吸　　入	迅速脱离现场至空气新鲜处。保持呼吸道通畅。如呼吸困难,给输氧。如呼吸、心跳停止,立即进行心肺复苏术。就医。
食　　入	饮大量温水,催吐。就医。

应急处理

消防措施	本品不燃,根据着火原因选择适当灭火剂灭火。消防人员须佩戴空气呼吸器,穿全身防火防毒服,在上风向灭火。尽可能将容器从火场移至空旷处。喷水保持火场容器冷却,直至灭火结束。切勿将水流直接射至熔融物,以免引起严重的流淌火灾或引起剧烈的沸溅。
泄漏处理	建议应急处理人员戴防尘口罩,穿防毒服,戴橡胶手套。勿使泄漏物与可燃物质(如木材、纸、油等)接触。穿上适当的防护服前严禁接触破裂的容器和泄漏物。尽可能切断泄漏源。勿使水进入包装容器中。小量泄漏:用洁净的铲子收集泄漏物,置于干燥、干净、盖子较松的容器内,将容器移离泄漏区。大量泄漏:泄漏物回收后,用水冲洗泄漏区。

安全存储

储存于阴凉、干燥、通风良好的专用库房。远离火种、热源。库温不宜超过 30℃。应与还原剂、活性金属粉末、酸类、食用化学品等分开存放,切忌混储。

废物处置

根据国家和地方有关法规的要求处置。或与制造商联系,确定处置方法。

中文名称：**盐酸**　　英文名称：hydrochloric acid

CAS 登记号：7647-01-0

化学式：HCl　　相对分子质量：36.46

最高容许浓度	危险性类别	危险标识
MAC：7.5 mg/m^3	酸性腐蚀品；易制毒	 酸性腐蚀品  易制毒

理化性质

闪点：无意义	熔点：−114.8℃（纯品）	沸点：108.6℃（20%）
相对密度（$d_{水}$=1)：1.1（20%）	相对蒸气密度（$d_{空气}$=1)：1.26	爆炸极限：无意义

预防措施

呼吸防护	可能接触其烟雾时，佩戴过滤式防毒面具(全面罩)或空气呼吸器。紧急事态抢救或撤离时，建议佩戴空气呼吸器。	 戴过滤式防毒面具（全面罩）  戴空气呼吸器
眼睛防护	呼吸防护中已做防护。	
手 防 护	戴橡胶耐酸碱手套。	 戴橡胶耐酸碱手套  穿橡胶耐酸碱服
身体防护	穿橡胶耐酸碱服。	
其他防护	在通风橱内进行化学反应。实验室禁止吸烟和饮食。	

事故响应

皮肤接触	立即脱去污染的衣着，用大量流动清水冲洗 20~30 min。如有不适感，就医。
眼睛接触	立即提起眼睑，用大量流动清水或生理盐水彻底冲洗 10~15 min。如有不适感，就医。
吸　　入	迅速脱离现场至空气新鲜处。保持呼吸道通畅。如呼吸困难，给输氧。如呼吸、心跳停止，立即进行心肺复苏术。就医。
食　　入	用水漱口，给饮牛奶或蛋清。就医。

应急处理

消防措施	本品不燃，根据着火原因选择适当灭火剂灭火。消防人员须佩戴空气呼吸器，穿全身耐酸碱消防服灭火。尽可能将容器从火场移至空旷处。喷水保持火场容器冷却，直至灭火结束。
泄漏处理	建议应急处理人员戴正压自给式呼吸器，穿防酸碱服，戴橡胶耐酸碱手套。小量泄漏：用干燥的砂土或其他不燃材料覆盖泄漏物。大量泄漏：构筑围堤或挖坑收容。用熟石灰、粉状石灰石($CaCO_3$)、苏打灰或碳酸氢钠($NaHCO_3$)中和。用抗溶性泡沫覆盖，减少蒸发。

安全存储

储存于阴凉、通风的库房。库温不超过 30℃，相对湿度不超过 80%。保持容器密封。应与碱类、胺类、碱金属、易（可）燃物分开存放，切忌混储。

废物处置

用碱液－石灰水中和，生成氯化钠和氯化钙，用水稀释后排入废水系统。

中文名称:**氧气**　　英文名称:oxygen

CAS 登记号:7782-44-7

化学式:O_2　　相对分子质量:32.00

最高容许浓度 / 时量平均浓度	危险性类别	危险标识
未制定标准	助燃气体	 助燃气体

理化性质

闪点:无资料	熔点:-218.8℃	沸点:-183.1℃
相对密度($d_{水}$=1):1.14(-183℃)	相对蒸气密度($d_{空气}$=1):1.43	爆炸极限:无资料

预防措施

呼吸防护	一般不需特殊防护。	 戴乳胶手套  穿实验室工作服
眼睛防护	一般不需特殊防护。	
手 防 护	戴乳胶手套。	
身体防护	穿实验室工作服。	
其他防护	在通风橱内进行化学反应。实验室禁止吸烟和饮食。	

事故响应

皮肤接触	冻伤时:将患处浸泡于 38~42℃的温水中复温,不要涂擦。不要使用热水或辐射热。使用清洁、干燥的敷料包扎。就医。
眼睛接触	不会通过该途径接触。
吸　　入	迅速脱离现场至空气新鲜处。保持呼吸道通畅。如呼吸、心跳停止,立即进行心肺复苏术。就医。
食　　入	不会通过该途径接触。

应急处理

消防措施	本品助燃,根据着火原因选择适当灭火剂灭火。切断气源。尽可能将容器从火场移至空旷处。喷水保持火场容器冷却。
泄漏处理	消除所有点火源。根据气体扩散的影响区域划定警戒区,无关人员从侧风、上风向撤离至安全区。建议应急处理人员戴正压自给式呼吸器,穿一般作业工作服。勿使泄漏物与可燃物质(如木材、纸、油等)接触。尽可能切断泄漏源。喷雾状水抑制蒸气或改变蒸气云流向。漏出气允许排入大气中。隔离泄漏区直至气体散尽。

安全存储

储存于阴凉、通风的不燃气体专用库房。远离火种、热源。库温不宜超过 30℃。应与易(可)燃物、活性金属粉末等分开存放,切忌混储。储区应备有泄漏应急处理设备。

废物处置

废气直接排入大气。

中文名称：**3,3′-氧化二丙腈**　　英文名称 3,3′-oxydipropionitrile

CAS 登记号：1656-48-0

化学式：$C_6H_8N_2O$　　相对分子质量：124.16

最高容许浓度 / 时量平均浓度	危险性类别	危险标识
无资料	毒害品	 毒害品

理化性质

闪点：82.2℃	熔点：-26.3℃	沸点：172℃ (1.33 kPa)
相对密度（$d_{水}$=1)：1.041	相对蒸气密度（$d_{空气}$=1)：无资料	爆炸极限：无资料

预防措施

呼吸防护	空气中浓度超标时，必须佩戴自吸过滤式防毒面具（半面罩）。
眼睛防护	戴化学安全防护眼镜。
手 防 护	戴乳胶手套。
身体防护	穿实验室工作服。
其他防护	在通风橱内进行化学反应。实验室禁止吸烟和饮食。

戴过滤式防毒面具（半面罩）

戴化学安全防护眼镜

戴乳胶手套

穿实验室工作服

事故响应

皮肤接触	立即脱去污染的衣着，用大量流动清水冲洗 20~30 min。如有不适感，就医。
眼睛接触	立即提起眼睑，用大量流动清水或生理盐水彻底冲洗 10~15 min。如有不适感，就医。
吸　　入	迅速脱离现场至空气新鲜处。保持呼吸道通畅。如呼吸困难，给输氧。如呼吸、心跳停止，立即进行心肺复苏术。就医。
食　　入	饮适量温水，催吐。就医。

应急处理

消防措施	遇明火、高热可燃。受高热分解，放出高毒的烟气。用泡沫、二氧化碳、干粉、砂土灭火。
泄漏处理	疏散泄漏污染区人员至安全区，禁止无关人员进入污染区。建议应急处理人员戴防毒面具，穿化学防护服。用大量水冲洗，经稀释的污水排入废水系统。或用砂土吸收，倒至空旷地方深埋。如大量泄漏，利用围堤收容，然后收集、转移、回收或无害处理后废弃。

安全存储

储存于阴凉、干燥、通风良好的库房。远离火种、热源。专人保管。保持容器密封。应与氧化剂、酸类、碱类分开存放。不能与食物、种子、饲料、日用品混装。

废物处置

根据国家和地方有关法规的要求处置。或与制造商联系，确定处置方法。

中文名称:**氧化钙**　　英文名称:calcium oxide

CAS 登记号:1305-78-8

化学式:CaO　　相对分子质量:56.08

时量平均浓度	危险性类别	危险标识
PC-TWA:2 mg/m^3	碱性腐蚀品	 碱性腐蚀品

理化性质

闪点:无意义	熔点:2 570℃	沸点:2 850℃
相对密度($d_{水}$=1):3.2~3.4	相对蒸气密度($d_{空气}$=1):无资料	爆炸极限:无意义

预防措施

呼吸防护	可能接触其粉尘时,建议佩戴过滤式防尘呼吸器。
眼睛防护	必要时,戴化学安全防护眼镜。
手 防 护	戴橡胶手套。
身体防护	穿橡胶耐酸碱服。
其他防护	在通风橱内进行化学反应。实验室禁止吸烟和饮食。

事故响应

皮肤接触	立即脱去污染的衣着,先用植物油或矿物油清洗,再用大量流动清水冲洗。如有不适感,就医。
眼睛接触	提起眼睑,用流动清水或生理盐水冲洗。如有不适感,就医。
吸　　入	迅速脱离现场至空气新鲜处。保持呼吸道通畅。如呼吸困难,给输氧。如呼吸、心跳停止,立即进行心肺复苏术。就医。
食　　入	用水漱口,禁止催吐。不给任何饮品。就医。

应急处理

消防措施	与酸类物质能发生剧烈反应。具有较强的腐蚀性。本品不燃,根据着火原因选择适当灭火剂灭火。消防人员须佩戴空气呼吸器,穿全身耐酸碱消防服灭火。尽可能将容器从火场移至空旷处。喷水保持火场容器冷却,直至灭火结束。
泄漏处理	隔离泄漏污染区,限制出入。建议应急处理人员戴防尘口罩,穿防酸碱服,戴橡胶手套。作业前使用的所有设备应接地。穿上适当的防护服前严禁接触破裂的容器和泄漏物。尽可能切断泄漏源。用干燥的砂土或其他不燃材料覆盖泄漏物,然后用塑料布覆盖,减少飞散,避免雨淋。用洁净的铲子收集泄漏物,置于干燥、干净、盖子较松的容器内,将容器移离泄漏区。

安全存储

储存于阴凉、通风的库房。包装必须完整密封,防止吸潮。应与易(可)燃物、酸类等分开存放,切忌混储。储区应备有合适的材料收容泄漏物。

废物处置

中和、稀释后,排入废水系统。

中文名称:**液氮**　　英文名称:liquid nitrogen

CAS 登记号:7727-37-9

化学式:N_2　　相对分子质量:28.02

最高容许浓度 / 时量平均浓度	危险性类别	危险标识
未制定标准	加压气体	 加压气体

理化性质

闪点:无意义	熔点:-209.8℃	沸点:-195.8℃
相对密度($d_{水}$=1):0. 81(-196℃)	相对蒸气密度($d_{空气}$=1):0.97	爆炸极限:无意义

预防措施

呼吸防护	一般不需要特殊防护。当实验室空气中氧气浓度低于 18% 时,必须佩戴空气呼吸器或长管面具。	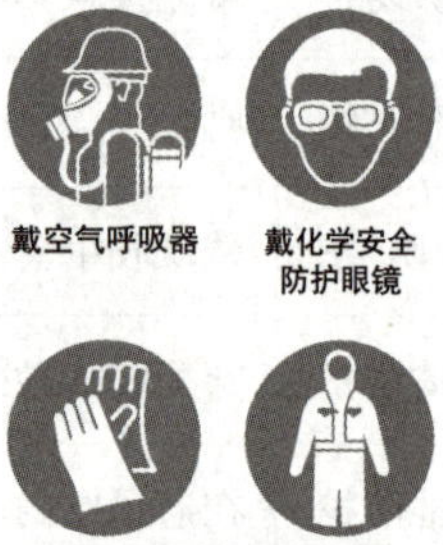
眼睛防护	戴化学安全防护眼镜。	
手 防 护	戴防寒手套。	
身体防护	穿防寒服。	
其他防护	在通风橱内进行化学反应。实验室禁止吸烟和饮食。	

事故响应

皮肤接触	冻伤时:将患处浸泡于 38~42℃的温水中复温。不要涂擦。不要使用热水或辐射热。使用清洁、干燥的敷料包扎。如有不适感,就医。
眼睛接触	不会通过该途径接触。
吸　　入	迅速脱离现场至空气新鲜处。保持呼吸道通畅。如呼吸困难,给输氧。如呼吸、心跳停止,立即进行心肺复苏术。就医。
食　　入	不会通过该途径接触。

应急处理

消防措施	本品不燃,根据着火原因选择适当灭火剂灭火。用雾状水保持火场中容器冷却。可用雾状水喷淋加速液氮蒸发,但不可使水枪射至液氮。
泄漏处理	建议应急处理人员戴正压自给式呼吸器,穿防寒服。禁止接触或跨越泄漏物。尽可能切断泄漏源。若可能翻转容器,使之逸出气体而非液体。禁止用水直接冲击泄漏物或泄漏源。漏出气允许排入大气中。泄漏场所保持通风。

安全存储

储存在阴凉、通风的不燃气体专用库房。库温不超过 30℃。储区应备有泄漏应急处理设备。

废物处置

废气直接排入大气。

中文名称:**液化石油气** 英文名称:liquefied petroleum gas

CAS 登记号:68476-85-7

时量平均浓度	危险性类别	危险标识
PC-TWA:1 000 mg/m^3	易燃气体	 易燃气体

理化性质

闪点:-80~-60℃ 熔点:-160~-107℃ 沸点:-12~4℃

相对密度($d_{水}$=1):0.5~0.6 相对蒸气密度($d_{空气}$=1):1.5~2.0 爆炸极限:2.3%~9.5%

预防措施

呼吸防护	高浓度环境中,建议佩戴过滤式防毒面具(半面罩)。
眼睛防护	戴化学安全防护眼镜。
手 防 护	戴乳胶手套。
身体防护	穿防静电工作服。
其他防护	采用防爆型照明、通风设施。禁止使用易产生火花的机械设备和工具。

戴过滤式防毒面具(半面罩)

戴化学安全防护眼镜

戴乳胶手套

穿防静电工作服

事故响应

皮肤接触	冻伤时:将患处浸泡于 38~42℃的温水中复温。不要涂擦。不要使用热水或辐射热。使用清洁、干燥的敷料包扎。如有不适感,就医。
眼睛接触	提起眼睑,用流动清水或生理盐水冲洗。如有不适感,就医。
吸 入	迅速脱离现场至空气新鲜处。保持呼吸道通畅。如呼吸困难,给输氧。如呼吸、心跳停止,立即进行心肺复苏术。就医。
食 入	不会通过该途径接触。

应急处理

消防措施	用泡沫、雾状水、二氧化碳灭火。切断气源。若不能切断气源,则不允许熄灭泄漏处的火焰。消防人员须佩戴空气呼吸器,穿全身防火防毒服,在上风向灭火。尽可能将容器从火场移至空旷处。喷水保持火场容器冷却,直至灭火结束。
泄漏处理	建议应急处理人员戴正压自给式呼吸器,穿防静电、防寒服。作业时使用的所有设备应接地。若可能翻转容器,使之逸出气体而非液体。喷雾状水抑制蒸气或改变蒸气云流向,避免水流接触泄漏物。禁止用水直接冲击泄漏物或泄漏源。

安全存储

储存于阴凉、通风的易燃气体专用库房。远离火种、热源。库温不宜超过 30℃。应与氧化剂、卤素分开存放,切忌混储。

废物处置

建议用焚烧法处置。

中文名称:**一氧化氮**　　英文名称:nitrogen monoxide

CAS 登记号:10102-43-9

化学式:NO　　相对分子质量:30.01

时量平均浓度	危险性类别	危险标识
PC-TWA:15 mg/m^3	有毒气体	 有毒气体

理化性质		
闪点:无意义	熔点:-163.6℃	沸点:-151.8℃
相对密度($d_{水}$=1):1.27(-151℃)	相对蒸气密度($d_{空气}$=1):1.04	爆炸极限:无意义

预防措施		
呼吸防护	空气中浓度超标时,佩戴过滤式防毒面具(半面罩)。紧急事态抢救或撤离时,建议佩戴空气呼吸器。	 戴过滤式防毒面具(半面罩)  戴化学安全防护眼镜
眼睛防护	戴化学安全防护眼镜。	
手 防 护	戴乳胶手套。	 戴乳胶手套  穿实验室工作服
身体防护	穿实验室工作服。	
其他防护	在通风橱内进行化学反应。实验室禁止吸烟和饮食。	

事故响应	
皮肤接触	立即脱去污染的衣着,用大量流动清水彻底冲洗至少 15 min。就医。
眼睛接触	立即分开眼睑,用流动清水或生理盐水彻底冲洗 5~10 min。就医。
吸　　入	迅速脱离现场至空气新鲜处。保持呼吸道通畅。如呼吸困难,给输氧。如呼吸、心跳停止,立即进行心肺复苏术。就医。
食　　入	不会通过该途径接触。

应急处理	
消防措施	本品不燃,根据着火原因选择适当灭火剂灭火。消防人员须佩戴空气呼吸器,穿全身防火防毒服,在上风向灭火。尽可能将容器从火场移至空旷处。喷水冷却火场容器,直至灭火结束。
泄漏处理	根据气体扩散的影响区域划定警戒区,无关人员从侧风、上风向撤离至安全区。建议应急处理人员穿内置正压自给式呼吸器的全封闭防化服。尽可能切断泄漏源。喷雾状水抑制蒸气或改变蒸气云流向,避免水流接触泄漏物。禁止用水直接冲击泄漏物或泄漏源。

安全存储
储存于阴凉、通风的有毒气体专用库房。远离火种、热源。库温不超过 30℃。应与易(可)燃物、卤素、食用化学品分开存放,切忌混储。

废物处置
根据国家和地方有关法规的要求处置。或与制造商联系,确定处置方法。

中文名称：**一氧化碳**　　英文名称：carbon monoxide

CAS 登记号：630-08-0

化学式：CO　　相对分子质量：28.01

最高容许浓度 / 时量平均浓度	危险性类别	危险标识
MAC：15~20 mg/m^3 PC-TWA：20 mg/m^3	易燃气体；有毒气体	 易燃气体　有毒气体

理化性质

闪点：<-50℃	熔点：-205℃	沸点：-191.5℃
相对密度（$d_{水}$=1）：1.25（0℃）	相对蒸气密度（$d_{空气}$=1）：0.97	爆炸极限：12.5%~74.2%

预防措施

呼吸防护	空气中浓度超标时，佩戴过滤式防毒面具（半面罩）。紧急事态抢救或撤离时，建议佩戴空气呼吸器或一氧化碳过滤式自救器。	 戴过滤式防毒面具（半面罩）　戴空气呼吸器 戴乳胶手套　穿防静电工作服
眼睛防护	一般不需要特殊防护。	
手 防 护	戴乳胶手套。	
身体防护	穿防静电工作服。	
其他防护	采用防爆型照明、通风设施。禁止使用易产生火花的机械设备和工具。	

事故响应

皮肤接触	不会通过该途径接触。
眼睛接触	不会通过该途径接触。
吸　　入	迅速脱离现场至空气新鲜处。保持呼吸道通畅。如呼吸困难，给输氧。如呼吸、心跳停止，立即进行心肺复苏术。就医。
食　　入	不会通过该途径接触。

应急处理

消防措施	用雾状水、泡沫、干粉、二氧化碳灭火。切断气源。若不能切断气源，则不允许熄灭泄漏处的火焰。消防人员须佩戴空气呼吸器，穿全身防火防毒服，在上风向灭火。尽可能将容器从火场移至空旷处。喷水保持火场容器冷却，直至灭火结束。
泄漏处理	消除所有点火源。根据气体扩散的影响区域划定警戒区，无关人员从侧风、上风向撤离至安全区。建议应急处理人员戴正压自给式呼吸器，穿防静电服。尽可能切断泄漏源。喷雾状水抑制蒸气或改变蒸气云流向。隔离泄漏区直至气体散尽。

安全存储

储存于阴凉、通风的易燃气体专用库房。远离火种、热源。库温不超过 30℃。应与氧化剂、碱类、食用化学品分开存放，切忌混储。

废物处置

用焚烧法处置。

中文名称：**乙醇**　　英文名称：ethanol

CAS 登记号：64-17-5

化学式：C_2H_5OH　　相对分子质量：46.07

最高容许浓度 / 时量平均浓度	危险性类别	危险标识
未制定标准	易燃液体	 易燃液体

理化性质

闪点：13℃（CC）；17℃（OC）	熔点：-114.1℃	沸点：78.3℃
相对密度（$d_{水}$=1）：0.79（20℃）	相对蒸气密度（$d_{空气}$=1）：1.59	爆炸极限：3.3%~19.0%

预防措施

呼吸防护	一般不需要特殊防护。高浓度接触时，可佩戴过滤式防毒面具（半面罩）。	 戴过滤式防毒面具（半面罩）  戴乳胶手套  穿防静电工作服
眼睛防护	一般不需要特殊防护。	
手　防　护	戴乳胶手套。	
身体防护	穿防静电工作服。	
其他防护	采用防爆型照明、通风设施。禁止使用易产生火花的机械设备和工具。	

事故响应

皮肤接触	脱去污染的衣着，用肥皂水和清水彻底冲洗皮肤。如有不适感，就医。
眼睛接触	提起眼睑，用流动清水或生理盐水冲洗。如有不适感，就医。
吸　　入	迅速脱离现场至空气新鲜处。保持呼吸道通畅。如呼吸困难，给输氧。如呼吸、心跳停止，立即进行心肺复苏术。就医。
食　　入	漱口。就医。

应急处理

消防措施	用抗溶性泡沫、干粉、二氧化碳、砂土灭火。消防人员须佩戴防毒面具，穿全身消防服，在上风向灭火。尽可能将容器从火场移至空旷处。喷水冷却火场容器，直至灭火结束。容器突然发出异常声音或出现异常现象，应立即撤离。
泄漏处理	建议应急处理人员戴正压自给式呼吸器，穿防静电服。作业时所用的所有设备应接地。小量泄漏：用砂土或其他不燃材料吸收。使用洁净的无火花工具收集吸收材料。大量泄漏：构筑围堤或挖坑收容。用抗溶性泡沫覆盖，减少蒸发。用防爆泵转移至槽车或专用收集器内。

安全存储

储存于阴凉、通风的库房。远离火种、热源。库温不宜超过 37℃。保持容器密封。应与氧化剂、酸类、碱金属、胺类分开存放，切忌混储。

废物处置

建议用焚烧法处置。

中文名称：**乙醇胺**　　　　英文名称：monoethanolamine

CAS 登记号：141-43-5

化学式：$HO(CH_2)_2NH_2$　　　　相对分子质量：61.08

最高容许浓度 / 时量平均浓度	危险性类别	危险标识
无资料	碱性腐蚀品	 碱性腐蚀品

理化性质

闪点：93℃	熔点：10.5℃	沸点：170.5℃
相对密度（$d_{水}$=1）：1.02	相对蒸气密度（$d_{空气}$=1）：2.11	爆炸极限：无资料

预防措施

呼吸防护	可能接触其烟雾时，建议佩戴过滤式防毒面具（半面罩）。
眼睛防护	戴化学安全防护眼镜。
手 防 护	戴橡胶手套。
身体防护	穿实验室工作服。
其他防护	在通风橱内进行化学反应。实验室禁止吸烟和饮食。

戴过滤式防毒面具（半面罩）

戴化学安全防护眼镜

戴橡胶手套

穿实验室工作服

事故响应

皮肤接触	立即脱去污染的衣着，用大量流动清水冲洗 20~30 min。如有不适感，就医。
眼睛接触	立即提起眼睑，用大量流动清水或生理盐水彻底冲洗。或用 3%硼酸溶液冲洗。就医。
吸　　入	迅速脱离现场至空气新鲜处。保持呼吸道通畅。如呼吸困难，给输氧。如呼吸、心跳停止，立即进行心肺复苏术。就医。
食　　入	立即漱口，给饮牛奶或蛋清。就医。

应急处理

消防措施	遇高热、明火或与氧化剂接触，有引起燃烧的危险。与硫酸、硝酸、盐酸等强酸发生剧烈反应。用雾状水、泡沫、二氧化碳、砂土、干粉灭火。
泄漏处理	隔离泄漏污染区，限制出入。建议应急处理人员戴防毒面具，穿化学防护服。禁止接触或跨越泄漏物。在确保安全情况下堵漏。小量泄漏：用干燥的砂土或其他不燃材料吸收或覆盖，收集于容器中。大量泄漏：构筑围堤或挖坑收容。

安全存储

储存于阴凉、通风的库房内。远离火种、热源。避免阳光直射。保持容器密封。应与氧化剂、酸类分开存放。搬运时要轻装轻卸，防止包装及容器损坏。

废物处置

根据国家和地方有关法规的要求处置。或与制造商联系，确定处置方法。

中文名称：**1,2- 乙二胺**　　英文名称：1, 2-ethylenediamine

CAS 登记号：107-15-3

化学式：$NH_2(CH_2)_2NH_2$　　相对分子质量：60.12

时量平均浓度	危险性类别	危险标识
PC-TWA：4 mg/m^3	碱性腐蚀品；易制爆	 碱性腐蚀品　易制爆

理化性质

闪点：33.9℃（OC）；43.3℃（CC）　熔点：8.5℃　沸点：116~117.2℃

相对密度（$d_{水}$=1）：0.9（20℃）　相对蒸气密度（$d_{空气}$=1）：2.07　爆炸极限：2.7%~16.6%

预防措施

呼吸防护	空气中浓度超标时，应佩戴抗冲击面罩。	 戴抗冲击面罩　戴橡胶耐油手套 穿实验室工作服
眼睛防护	呼吸防护中已做防护。	
手 防 护	戴橡胶耐油手套。	
身体防护	穿实验室工作服。	
其他防护	采用防爆型照明、通风设施。禁止使用易产生火花的机械设备和工具。	

事故响应

皮肤接触	立即脱去污染的衣着，用大量流动清水冲洗 20~30 min。如有不适感，就医。
眼睛接触	立即提起眼睑，用大量流动清水或生理盐水彻底冲洗 10~15 min。如有不适感，就医。
吸　　入	迅速脱离现场至空气新鲜处。保持呼吸道通畅。如呼吸困难，给输氧。如呼吸、心跳停止，立即进行心肺复苏术。就医。
食　　入	用水漱口，给饮牛奶或蛋清。禁止催吐。就医。

应急处理

消防措施	其蒸气与空气混合，能形成爆炸性混合物。用水、抗溶性泡沫、干粉、二氧化碳、砂土灭火。消防人员须佩戴防毒面具，穿全身消防服，在上风向灭火。尽可能将容器从火场移至空旷处。喷水冷却容器。容器突然发出异常声音或出现异常现象，应立即撤离。
泄漏处理	消除所有点火源。根据液体流动和蒸气扩散的影响区域划定警戒区，无关人员从侧风、上风向撤离至安全区。建议应急处理人员戴正压自给式呼吸器，穿防静电、防腐蚀、防毒服，戴橡胶耐油手套。尽可能切断泄漏源。

安全存储

储存于阴凉、通风的库房。远离火种、热源。库温不宜超过 30℃。包装要求密封，不可与空气接触。应与氧化剂、酸类等分开存放，切忌混储。

废物处置

用控制焚烧法处置。焚烧炉排出的氮氧化物通过洗涤器除去。

中文名称:**乙二醇二甲醚**　　英文名称:1, 2-dimethoxyethane

CAS 登记号:110-71-4

化学式:$(CH_3OCH_2)_2$　　相对分子质量:90.12

最高容许浓度 / 时量平均浓度	危险性类别	危险标识
未制定标准	易燃液体	 易燃液体

理化性质

闪点:-2℃ (CC)	熔点:-58℃	沸点:82~83℃
相对密度($d_{水}$=1):0.87(20℃)	相对蒸气密度($d_{空气}$=1):3.11	爆炸极限:1.9%~18.7%

预防措施

呼吸防护	高浓度蒸气接触时,可佩戴过滤式防毒面具(半面罩)。
眼睛防护	一般不需要特殊防护。高浓度接触时,可戴化学安全防护眼镜。
手防护	戴橡胶耐油手套。
身体防护	穿防静电工作服。
其他防护	采用防爆型照明、通风设施。禁止使用易产生火花的机械设备和工具。

戴过滤式防毒面具(半面罩)

戴化学安全防护眼镜

戴橡胶耐油手套

穿防静电工作服

事故响应

皮肤接触	脱去污染的衣着,用肥皂水和清水彻底冲洗皮肤。如有不适感,就医。
眼睛接触	提起眼睑,用流动清水或生理盐水冲洗。如有不适感,就医。
吸入	迅速脱离现场至空气新鲜处。保持呼吸道通畅。如呼吸困难,给输氧。如呼吸、心跳停止,立即进行心肺复苏术。就医。
食入	漱口,大量饮水。就医。

应急处理

消防措施	用抗溶性泡沫、干粉、二氧化碳、砂土灭火。消防人员须佩戴防毒面具,穿全身消防服,在上风向灭火。尽可能将容器从火场移至空旷处。喷水保持火场容器冷却,直至灭火结束。容器突然发出异常声音或出现异常现象,应立即撤离。
泄漏处理	消除所有点火源。建议应急处理人员戴正压自给式呼吸器,穿防静电服,戴橡胶耐油手套。作业时所用的所有设备应接地。小量泄漏:用砂土或其他不燃材料吸收。使用洁净的无火花工具收集吸收材料。大量泄漏:构筑围堤或挖坑收容。

安全存储

储存于阴凉、通风的库房。远离火种、热源。应与氧化剂、酸类分开存放,切忌混储。

废物处置

建议用焚烧法处置。

中文名称：**乙二醇甲醚**　　英文名称：ethylene glycol monomethyl ether

CAS 登记号：109-86-4

化学式：$CH_3O(CH_2)_2OH$　　相对分子质量：76.11

时量平均浓度	危险性类别	危险标识
PC-TWA：15 mg/m^3	可燃液体	 可燃液体

理化性质

闪点：39℃	熔点：-85.1℃	沸点：124.5℃
相对密度（$d_{水}$=1）：0.97（20℃）	相对蒸气密度（$d_{空气}$=1）：2.62	爆炸极限：1.8%~14%

预防措施

呼吸防护	空气中浓度超标时，佩戴过滤式防毒面具（半面罩）。高浓度环境中，佩戴空气呼吸器或长管面具。	 戴过滤式防毒面具（半面罩）  戴化学安全防护眼镜  戴橡胶耐油手套  穿防静电工作服
眼睛防护	戴化学安全防护眼镜。	
手 防 护	戴橡胶耐油手套。	
身体防护	穿防静电工作服。	
其他防护	采用防爆型照明、通风设施。禁止使用易产生火花的机械设备和工具。	

事故响应

皮肤接触	脱去污染的衣着，用肥皂水和清水彻底冲洗皮肤。如有不适感，就医。
眼睛接触	提起眼睑，用流动清水或生理盐水冲洗。如有不适感，就医。
吸　　入	迅速脱离现场至空气新鲜处。保持呼吸道通畅。如呼吸困难，给输氧。如呼吸、心跳停止，立即进行心肺复苏术。就医。
食　　入	漱口，饮大量温水。就医。

应急处理

消防措施	用抗溶性泡沫、干粉、二氧化碳、砂土灭火。消防人员须佩戴防毒面具，穿全身消防服，在上风向灭火。尽可能将容器从火场移至空旷处。喷水保持火场容器冷却，直至灭火结束。容器突然发出异常声音或出现异常现象，应立即撤离。
泄漏处理	建议应急处理人员戴正压自给式呼吸器，穿防静电服，戴橡胶耐油手套。尽可能切断泄漏源，防止泄漏物进入水体、下水道、地下室或限制性空间。

安全存储

储存于阴凉、通风的库房。远离火种、热源。库温不宜超过 37℃。包装要求密封，不可与空气接触。应与氧化剂分开存放，切忌混储。

废物处置

不含过氧化物的废液经浓缩后，控制一定的速度燃烧。含过氧化物的废液经浓缩后，在安全距离外敞口燃烧。

中文名称：**乙腈**　　英文名称：acetonitrile

CAS 登记号：75-05-8

化学式：CH_3CN　　相对分子质量：41.06

时量平均浓度	危险性类别	危险标识
PC-TWA：30 mg/m^3	易燃液体	 易燃液体

理化性质

闪点：12.8℃（CC）；6℃（OC）	熔点：−45℃	沸点：81.6℃
相对密度（$d_{水}$=1）：0.79（15℃）	相对蒸气密度（$d_{空气}$=1）：1.42	爆炸极限：3.0%~16.0%

预防措施

呼吸防护	可能接触毒物时，必须佩戴过滤式防毒面具（全面罩）或空气呼吸器。紧急事态抢救或撤离时，佩戴空气呼吸器。	 戴过滤式防毒面具（全面罩）  戴空气呼吸器  戴橡胶耐油手套  穿实验室工作服
眼睛防护	呼吸防护中已做防护。	
手　防　护	戴橡胶耐油手套。	
身体防护	穿实验室工作服。	
其他防护	采用防爆型照明、通风设施。禁止使用易产生火花的机械设备和工具。	

事故响应

皮肤接触	立即脱去污染的衣着，用流动清水或 5% 硫代硫酸钠溶液彻底冲洗。如有不适感，就医。
眼睛接触	提起眼睑，用流动清水或生理盐水冲洗。如有不适感，就医。
吸　　入	迅速脱离现场至空气新鲜处。保持呼吸道通畅。如呼吸困难，给输氧。如呼吸、心跳停止，立即进行人工呼吸（勿用口对口）和胸外心脏按压术。就医。
食　　入	如患者神志清醒，催吐。洗胃。就医。

应急处理

消防措施	用抗溶性泡沫、干粉、二氧化碳、砂土灭火。消防人员须佩戴空气呼吸器，穿全身防火防毒服，在上风向灭火。尽可能将容器从火场移至空旷处。喷水冷却火场容器，直至灭火结束。容器突然发出异常声音或出现异常现象，应立即撤离。
泄漏处理	建议应急处理人员戴正压自给式呼吸器，穿防毒、防静电服，戴橡胶耐油手套。小量泄漏：用砂土或其他不燃材料吸收。使用洁净的无火花工具收集吸收材料。大量泄漏：构筑围堤或挖坑收容。用抗溶性泡沫覆盖，减少蒸发。用防爆泵转移至槽车或专用收集器内。

安全存储

储存于阴凉、通风的库房。远离火种、热源。库温不宜超过 37℃。应与氧化剂、还原剂、酸类、碱类、易(可)燃物、食用化学品分开存放，切忌混储。

废物处置

用焚烧法处置。焚烧炉排出的氮氧化物通过洗涤器除去。

中文名称：**乙醛**　　　英文名称：acetaldehyde

CAS登记号：75-07-0

化学式：CH_3CHO　　　相对分子质量：44.06

最高容许浓度	危险性类别	危险标识
MAC：45 mg/m^3	高度易燃液体	 高度易燃液体

理化性质

闪点：-39℃（CC）；-40℃（OC）	熔点：-123.5℃	沸点：20.8℃
相对密度（$d_{水}$=1）：0.788（16℃）	相对蒸气密度（$d_{空气}$=1）：1.52	爆炸极限：4.0%~57%

预防措施

呼吸防护	空气中浓度超标时，佩戴过滤式防毒面具（半面罩）。
眼睛防护	戴化学安全防护眼镜。
手 防 护	戴橡胶手套。
身体防护	穿防静电工作服。
其他防护	采用防爆型照明、通风设施。禁止使用易产生火花的机械设备和工具。

戴过滤式防毒面具（半面罩）

戴化学安全防护眼镜

戴橡胶手套

穿防静电工作服

事故响应

皮肤接触	脱去污染的衣着，用肥皂水和清水彻底冲洗皮肤。如有不适感，就医。
眼睛接触	提起眼睑，用流动清水或生理盐水冲洗。如有不适感，就医。
吸　　入	迅速脱离现场至空气新鲜处。保持呼吸道通畅。如呼吸困难，给输氧。如呼吸、心跳停止，立即进行心肺复苏术。就医。
食　　入	漱口，大量饮水。如有不适感，就医。

应急处理

消防措施	用抗溶性泡沫、干粉、二氧化碳、砂土灭火。消防人员须佩戴空气呼吸器，穿全身防火防毒服，在上风向灭火。尽可能将容器从火场移至空旷处。喷水保持火场容器冷却，直至灭火结束。容器突然发出异常声音或出现异常现象，应立即撤离。遇到大火，消防人员须在有防爆掩蔽处操作。
泄漏处理	建议应急处理人员戴正压自给式呼吸器，穿防静电服，戴橡胶手套。尽可能切断泄漏源。防止泄漏物进入水体、下水道、地下室或限制性空间。小量泄漏：用砂土或其他不燃材料吸收。使用洁净的无火花工具收集吸收材料。大量泄漏：构筑围堤或挖坑收容。用抗溶性泡沫覆盖，减少蒸发。

安全存储

储存于阴凉、通风的库房。远离火种、热源。库温不宜超过29℃。包装要求密封，不可与空气接触。应与氧化剂、还原剂、酸类等分开存放，切忌混储。不宜大量储存或久存。

废物处置

用焚烧法处置。

中文名称：**乙酸**　　英文名称：acetic acid

CAS 登记号：64-19-7

化学式：CH_3COOH　　相对分子质量：60.06

时量平均浓度	危险性类别	危险标识
PC-TWA：10 mg/m^3	酸性腐蚀品	 酸性腐蚀品

理化性质		
闪点：39℃（CC）；43℃（OC）	熔点：16.6℃	沸点：118.1℃（101.7 kPa）
相对密度（$d_{水}$=1）：1.05（20℃）	相对蒸气密度（$d_{空气}$=1）：2.07	爆炸极限：5.4%~16.0%

预防措施		
呼吸防护	空气中浓度超标时，应该佩戴过滤式防毒面具（全面罩）。紧急事态抢救或撤离时，佩戴空气呼吸器。	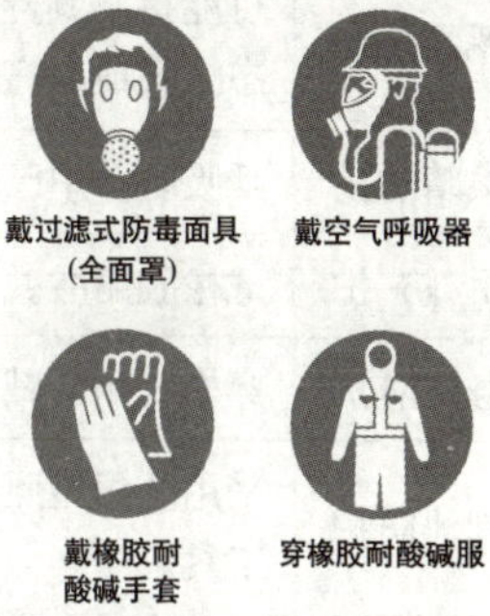
眼睛防护	呼吸防护中已做防护。	
手 防 护	戴橡胶耐酸碱手套。	
身体防护	穿橡胶耐酸碱服。	
其他防护	采用防爆型照明、通风设施。禁止使用易产生火花的机械设备和工具。	

事故响应	
皮肤接触	立即脱去污染的衣着，用大量流动清水冲洗 20~30 min。如有不适感，就医。
眼睛接触	立即提起眼睑，用大量流动清水或生理盐水彻底冲洗 10~15 min。如有不适感，就医。
吸　　入	迅速脱离现场至空气新鲜处。保持呼吸道通畅。如呼吸困难，给输氧。如呼吸、心跳停止，立即进行心肺复苏术。就医。
食　　入	用水漱口，给饮牛奶或蛋清。就医。

应急处理	
消防措施	用雾状水、抗溶性泡沫、干粉、二氧化碳灭火。消防人员须佩戴空气呼吸器，穿全身耐酸碱消防服灭火。尽可能将容器从火场移至空旷处。喷水保持火场容器冷却，直至灭火结束。
泄漏处理	消除所有点火源。建议应急处理人员戴正压自给式呼吸器，穿防静电、防腐蚀、防毒服。作业时使用的所有设备应接地。小量泄漏：用砂土或其他不燃材料吸收。使用洁净的无火花工具收集吸收材料。大量泄漏：构筑围堤或挖坑收容。

安全存储

储存于阴凉、通风的库房。远离火种、热源。冬季应保持库温高于 16℃，以防凝固。应与氧化剂、碱类分开存放，切忌混储。

废物处置

用焚烧法处置。

中文名称：**乙酸酐**　　英文名称：acetic anhydride

CAS 登记号：108-24-7

化学式：$(CH_3CO)_2O$　　相对分子质量：102.1

时量平均浓度	危险性类别	危险标识
PC-TWA：16 mg/m^3	酸性腐蚀品；易制毒	 酸性腐蚀品  易制毒

理化性质

闪点：49℃（CC）	熔点：-73.1℃	沸点：139~140℃
相对密度（$d_{水}$=1)：1.08	相对蒸气密度（$d_{空气}$=1)：3.52	爆炸极限：2.7%~10.3%

预防措施

呼吸防护	可能接触其蒸气时，必须佩戴过滤式防毒面具（全面罩）。紧急事态抢救或撤离时，建议佩戴空气呼吸器。	 戴过滤式防毒面具（全面罩）  戴空气呼吸器  戴橡胶耐酸碱手套  穿橡胶耐酸碱服
眼睛防护	呼吸防护中已做防护。	
手防护	戴橡胶耐酸碱手套。	
身体防护	穿橡胶耐酸碱服。	
其他防护	采用防爆型照明、通风设施。禁止使用易产生火花的机械设备和工具。	

事故响应

皮肤接触	立即脱去污染的衣着，用大量流动清水冲洗 20~30 min。如有不适感，就医。
眼睛接触	立即提起眼睑，用大量流动清水或生理盐水彻底冲洗 10~15 min。如有不适感，就医。
吸入	迅速脱离现场至空气新鲜处。保持呼吸道通畅。如呼吸困难，给输氧。如呼吸、心跳停止，立即进行心肺复苏术。就医。
食入	用水漱口，给饮牛奶或蛋清。就医。

应急处理

消防措施	用雾状水、抗溶性泡沫、干粉、二氧化碳灭火。消防人员须佩戴空气呼吸器，穿全身耐酸碱消防服灭火。尽可能将容器从火场移至空旷处。喷水保持火场容器冷却，直至灭火结束。容器突然发出异常声音或出现异常现象，应立即撤离。
泄漏处理	建议应急处理人员戴正压自给式呼吸器，穿防静电、防腐蚀服，戴橡胶耐酸碱手套。小量泄漏：用干燥的砂土或其他不燃材料覆盖泄漏物。大量泄漏：构筑围堤或挖坑收容。用耐腐蚀泵转移至槽车或专用收集器内。

安全存储

储存于阴凉、干燥、通风良好的库房。远离火种、热源。库温不超过 32℃。应与氧化剂、还原剂、酸类、碱类、活性金属粉末、醇类分开存放，切忌混储。

废物处置

用焚烧法处置。

中文名称:**乙酸甲酯**　　英文名称:methyl acetate

CAS 登记号:79-20-9

化学式:CH_3COOCH_3　　相对分子质量:74.09

时量平均浓度	危险性类别	危险标识
PC-TWA:200 mg/m^3	易燃液体	 易燃液体

理化性质

闪点:-10℃(CC);-5.6℃(OC)　　熔点:-98.1℃　　沸点:56.8℃

相对密度($d_{水}$=1):0.93(20℃)　　相对蒸气密度($d_{空气}$=1):2.6　　爆炸极限:3.1%~16.0%

预防措施

呼吸防护	可能接触其蒸气时,应佩戴过滤式防毒面具(半面罩)。紧急事态抢救或撤离时,建议佩戴空气呼吸器。	 戴过滤式防毒面具(半面罩)  戴化学安全防护眼镜  戴橡胶耐油手套  穿防静电工作服
眼睛防护	戴化学安全防护眼镜。	
手防护	戴橡胶耐油手套。	
身体防护	穿防静电工作服。	
其他防护	采用防爆型照明、通风设施。禁止使用易产生火花的机械设备和工具。	

事故响应

皮肤接触	脱去污染的衣着,用肥皂水和清水彻底冲洗皮肤。如有不适感,就医。
眼睛接触	提起眼睑,用流动清水或生理盐水冲洗。如有不适感,就医。
吸入	迅速脱离现场至空气新鲜处。保持呼吸道通畅。如呼吸困难,给输氧。如呼吸、心跳停止,立即进行心肺复苏术。就医。
食入	漱口,饮大量温水。就医。

应急处理

消防措施	用雾状水、抗溶性泡沫、干粉、二氧化碳灭火。消防人员须佩戴空气呼吸器,穿全身耐酸碱消防服灭火。尽可能将容器从火场移至空旷处。喷水保持火场容器冷却,直至灭火结束。容器突然发出异常声音或出现异常现象,应立即撤离。
泄漏处理	建议应急处理人员戴正压自给式呼吸器,穿防静电、防腐蚀服,戴橡胶耐酸碱手套。勿使泄漏物与可燃物质(如木材、纸、油等)接触。小量泄漏:用洁净的无火花工具收集泄漏物,置于一盖子较松的塑料容器中。大量泄漏:构筑围堤或挖坑收容。用砂土、惰性物质或蛭石吸收大量液体。

安全存储

储存于阴凉、干燥、通风良好的库房。远离火种、热源。应与氧化剂、还原剂、酸类、碱类、活性金属粉末、醇类分开存放,切忌混储。

废物处置

用焚烧法处置。

中文名称:**乙酸戊酯**　　英文名称:penyl acetate

CAS 登记号:628-63-7

化学式:$CH_3COOC_5H_{11}$　　相对分子质量:130.21

时量平均浓度	危险性类别	危险标识
PC-TWA:100 mg/m^3	可燃液体	 可燃液体

理化性质

闪点:21℃ (CC)	熔点:-70.8℃	沸点:149.2℃
相对密度($d_{水}$=1):0.88	相对蒸气密度($d_{空气}$=1):4.5	爆炸极限:1.1%~7.5%

预防措施

呼吸防护	空气中浓度较高时,应该佩戴过滤式防毒面具(全面罩)。必要时,佩戴空气呼吸器。
眼睛防护	呼吸防护中已做防护。
手 防 护	戴橡胶耐油手套。
身体防护	穿防静电工作服。
其他防护	采用防爆型照明、通风设施。禁止使用易产生火花的机械设备和工具。

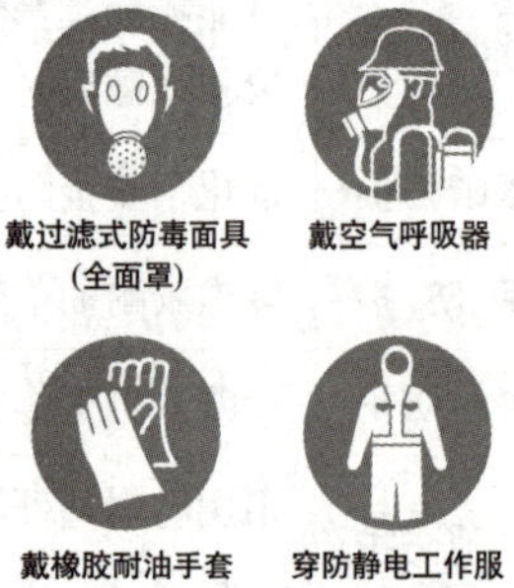

事故响应

皮肤接触	脱去污染的衣着,用肥皂水和清水彻底冲洗皮肤。如有不适感,就医。
眼睛接触	提起眼睑,用流动清水或生理盐水冲洗。如有不适感,就医。
吸　　入	迅速脱离现场至空气新鲜处。保持呼吸道通畅。如呼吸困难,给输氧。如呼吸、心跳停止,立即进行心肺复苏术。就医。
食　　入	漱口,大量饮水。如有不适感,就医。

应急处理

消防措施	用泡沫、干粉、二氧化碳、砂土灭火。消防人员须佩戴空气呼吸器,穿全身防火防毒服,在上风向灭火。尽可能将容器从火场移至空旷处。喷水保持火场容器冷却,直至灭火结束。容器突然发出异常声音或出现异常现象,应立即撤离。
泄漏处理	建议应急处理人员戴正压自给式呼吸器,穿防静电服,戴橡胶耐油手套。小量泄漏:用砂土或其他不燃材料吸收。使用洁净的无火花工具收集吸收材料。大量泄漏:构筑围堤或挖坑收容。用砂土、惰性物质或蛭石吸收大量液体。

安全存储

储存于阴凉、通风的库房。远离火种、热源。库温不宜超过 37℃。保持容器密封。应与氧化剂、酸类、碱类分开存放,切忌混储。

废物处置

用焚烧法处置。

中文名称：**乙酸铅**　　英文名称：lead acetate

CAS 登记号：6080-56-4

化学式：$Pb(CH_3COO)_2$　　相对分子质量：379.33

最高容许浓度 / 时量平均浓度	危险性类别	危险标识
无资料	毒害品	 毒害品

理化性质

闪点：无资料　　熔点：75℃（失水）　　沸点：280℃（无水物）

相对密度（$d_{水}$=1）：2.55　　相对蒸气密度（$d_{空气}$=1）：无资料　　爆炸极限：无资料

预防措施

呼吸防护	应该佩戴自吸过滤式防尘口罩。必要时，佩戴防毒面具。
眼睛防护	必要时，戴化学安全防护眼镜。
手 防 护	戴乳胶手套。
身体防护	穿实验室工作服。
其他防护	在通风橱内进行化学反应。实验室禁止吸烟和饮食。

戴自吸过滤式防尘口罩

戴化学安全防护眼镜

戴乳胶手套

穿实验室工作服

事故响应

皮肤接触	立即脱去污染的衣着，用大量流动清水冲洗 20~30 min。如有不适感，就医。
眼睛接触	立即提起眼睑，用大量流动清水或生理盐水彻底冲洗 10~15 min。如有不适感，就医。
吸　　入	迅速脱离现场至空气新鲜处。保持呼吸道通畅。如呼吸困难，给输氧。如呼吸、心跳停止，立即进行心肺复苏术。就医。
食　　入	给饮大量温水，催吐。用清水或硫代硫酸钠溶液洗胃。给饮牛奶或蛋清。就医。

应急处理

消防措施	遇明火、高热可燃。受高热分解，放出有毒的气体。用雾状水、泡沫、二氧化碳、砂土灭火。
泄漏处理	隔离泄漏污染区，限制出入。建议应急处理人员戴防毒面具，穿化学防护服。禁止接触或跨越泄漏物。尽可能切断泄漏源。避免扬尘，用洁净的铲子收集泄漏物，置于干燥、干净、盖子较松的容器内，将容器移离泄漏区。大量泄漏：构筑围堤或挖坑收容。泄漏物回收后，用水冲洗泄漏区。

安全存储

储存于阴凉、通风的库房内。远离火种、热源。避免阳光直射。保持容器密封。应与氧化剂、酸类、碱类分开存放，不可混储混运。

废物处置

根据国家和地方有关法规的要求处置。或与制造商联系，确定处置方法。

中文名称：**乙酸乙酯**　　英文名称：ethyl acetate

CAS 登记号：141-78-6

化学式：$CH_3COOC_2H_5$　　相对分子质量：88.12

时量平均浓度	危险性类别	危险标识
PC-TWA：200 mg/m^3	易燃液体	 易燃液体

理化性质

闪点：-4℃（CC）；7.2℃（OC）　　熔点：-83.6℃　　沸点：77.2℃

相对密度（$d_{水}$=1）：0.90（20℃）　　相对蒸气密度（$d_{空气}$=1）：3.04　　爆炸极限：2.2%~11.5%

预防措施

呼吸防护	可能接触其蒸气时，应佩戴过滤式防毒面具（半面罩）。紧急事态抢救或撤离时，建议佩戴空气呼吸器。
眼睛防护	戴化学安全防护眼镜。
手 防 护	戴橡胶耐油手套。
身体防护	穿防静电工作服。
其他防护	采用防爆型照明、通风设施。禁止使用易产生火花的机械设备和工具。

戴过滤式防毒面具（半面罩）

戴化学安全防护眼镜

戴橡胶耐油手套

穿防静电工作服

事故响应

皮肤接触	脱去污染的衣着，用肥皂水和清水彻底冲洗皮肤。如有不适感，就医。
眼睛接触	提起眼睑，用流动清水或生理盐水冲洗。如有不适感，就医。
吸　　入	迅速脱离现场至空气新鲜处。保持呼吸道通畅。如呼吸困难，给输氧。如呼吸、心跳停止，立即进行心肺复苏术。就医。
食　　入	漱口。就医。

应急处理

消防措施	用泡沫、二氧化碳、干粉、砂土灭火。消防人员须佩戴空气呼吸器，穿全身防火防毒服灭火。尽可能将容器从火场移至空旷处。喷水冷却容器，直至灭火结束。容器突然发出异常声音或出现异常现象，应立即撤离。用水灭火无效。
泄漏处理	建议应急处理人员戴正压自给式呼吸器，穿防静电服，戴橡胶耐油手套。尽可能切断泄漏源，防止泄漏物进入水体、下水道、地下室或限制性空间。小量泄漏：用砂土或其他不燃材料吸收。使用洁净的无火花工具收集吸收材料。大量泄漏：构筑围堤或挖坑收容。用泡沫覆盖，减少蒸发。

安全存储

储存于阴凉，通风的库房。远离火种、热源。库温不宜超过37℃。应与氧化剂、酸类、碱类分开存放，切忌混储。

废物处置

用焚烧法处置。

中文名称：**异丙醇**　　英文名称：isopropyl alcohol

CAS登记号：67-63-0

化学式：$(CH_3)_2CHOH$　　相对分子质量：60.11

时量平均浓度	危险性类别	危险标识
PC-TWA：350 mg/m^3	易燃液体	 易燃液体

理化性质		
闪点：11℃（CC）	熔点：-88.5℃	沸点：82.5℃
相对密度（$d_{水}$=1）：0.79	相对蒸气密度（$d_{空气}$=1）：2.1	爆炸极限：2.0%~12.7%

预防措施		
呼吸防护	一般不需要特殊防护。高浓度接触时，可佩戴过滤式防毒面具（半面罩）。	 戴过滤式防毒面具（半面罩）  戴化学安全防护眼镜  戴橡胶手套  穿防静电工作服
眼睛防护	一般不需要特殊防护。高浓度接触时，可戴化学安全防护眼镜。	
手 防 护	戴橡胶手套。	
身体防护	穿防静电工作服。	
其他防护	采用防爆型照明、通风设施。禁止使用易产生火花的机械设备和工具。	

事故响应	
皮肤接触	脱去污染的衣着，用肥皂水和清水彻底冲洗皮肤。如有不适感，就医。
眼睛接触	提起眼睑，用流动清水或生理盐水冲洗。如有不适感，就医。
吸　　入	迅速脱离现场至空气新鲜处。保持呼吸道通畅。如呼吸困难，给输氧。如呼吸、心跳停止，立即进行心肺复苏术。就医。
食　　入	饮水，禁止催吐。如有不适感，就医。

应急处理	
消防措施	用抗溶性泡沫、二氧化碳、干粉、砂土灭火。消防人员须佩戴防毒面具，穿全身消防服，在上风向灭火。尽可能将容器从火场移至空旷处。喷水保持火场容器冷却，直至灭火结束。容器突然发出异常声音或出现异常现象，应立即撤离。
泄漏处理	消除所有点火源。建议应急处理人员戴正压自给式呼吸器，穿防静电服。禁止接触或跨越泄漏物。尽可能切断泄漏源。小量泄漏：用砂土或其他不燃材料吸收。使用洁净的无火花工具收集吸收材料。大量泄漏：构筑围堤或挖坑收容。用抗溶性泡沫覆盖，减少蒸发。用防爆泵转移至槽车或专用收集器内。

安全存储
储存于阴凉、通风的库房。远离火种、热源。库温不超过37℃。保持容器密封。应与氧化剂、酸类、卤素等分开存放，切忌混储。

废物处置
用焚烧法处置。处置前应参阅国家和地方有关法规。

中文名称:**异丁酸**　　英文名称:isobutyric acid

CAS 登记号:79-31-2

化学式:$(CH_3)_2CHCOOH$　　相对分子质量:88.1

最高容许浓度 / 时量平均浓度	危险性类别	危险标识
未制定标准	可燃液体	 可燃液体

理化性质

闪点:77℃(CC);55.6℃(OC)　　熔点:-47℃　　沸点:154.5℃

相对密度($d_{水}$=1):0.95　　相对蒸气密度($d_{空气}$=1):3.04　　爆炸极限:2%~10%

预防措施

呼吸防护	可能接触其蒸气时,建议佩戴过滤式防毒面具(半面罩)。	 戴过滤式防毒面具(半面罩)  戴化学安全防护眼镜  戴橡胶手套  穿橡胶耐酸碱服
眼睛防护	戴化学安全防护眼镜。	
手 防 护	戴橡胶手套。	
身体防护	穿橡胶耐酸碱服。	
其他防护	采用防爆型照明、通风设施。禁止使用易产生火花的机械设备和工具。	

事故响应

皮肤接触	立即脱去污染的衣着,用肥皂水和清水彻底冲洗皮肤。如有不适感,就医。
眼睛接触	立即提起眼睑,用大量流动清水或生理盐水彻底冲洗 10~15 min。如有不适感,就医。
吸　　入	迅速脱离现场至空气新鲜处。保持呼吸道通畅。如呼吸困难,给输氧。如呼吸、心跳停止,立即进行心肺复苏术。就医。
食　　入	大量饮水,禁止催吐。如有不适感,就医。

应急处理

消防措施	用雾状水、抗溶性泡沫、二氧化碳、干粉、砂土灭火。消防人员须佩戴空气呼吸器,穿全身耐酸碱消防服灭火。尽可能将容器从火场移至空旷处。喷水冷却火场容器,直至灭火结束。容器突然发出异常声音或出现异常现象,应立即撤离。
泄漏处理	建议应急处理人员戴正压自给式呼吸器,穿防静电、防腐蚀、防毒服,戴橡胶手套。小量泄漏:用砂土或其他不燃材料吸收。使用洁净的无火花工具收集吸收材料。大量泄漏:构筑围堤或挖坑收容。用抗溶性泡沫覆盖,减少蒸发。用防爆、耐腐蚀泵转移至槽车或专用收集器内。

安全存储

储存于阴凉、通风的库房。远离火种、热源。库温不超过 37℃。保持容器密封。应与氧化剂、还原剂、碱类分开存放,切忌混储。

废物处置

建议用焚烧法处置。处置前应参阅国家和地方有关法规。

中文名称:**异丁酸酐**　　英文名称:isobutyric anhydride

CAS登记号:97-72-3

化学式:[$(CH_3)_2CHCO$]$_2$O　　相对分子质量:158.22

最高容许浓度 / 时量平均浓度	危险性类别	危险标识
未制定标准	可燃液体	 可燃液体

理化性质		
闪点:59.44℃	熔点:–55.9~–52.9℃	沸点:181.5~183℃
相对密度($d_{水}$=1):0.954	相对蒸气密度($d_{空气}$=1):5.45	爆炸极限:1.09%~7.7%

预防措施		
呼吸防护	可能接触其蒸气时,应佩戴过滤式防毒面具(全面罩)。	 戴过滤式防毒面具(全面罩)  戴橡胶手套  穿橡胶耐酸碱服
眼睛防护	呼吸防护中已做防护。	
手　防　护	戴橡胶手套。	
身体防护	穿橡胶耐酸碱服。	
其他防护	采用防爆型照明、通风设施。禁止使用易产生火花的机械设备和工具。	

事故响应	
皮肤接触	立即脱去污染的衣着,用肥皂水和清水彻底冲洗皮肤。如有不适感,就医。
眼睛接触	立即提起眼睑,用大量流动清水或生理盐水彻底冲洗 10~15 min。如有不适感,就医。
吸　　入	迅速脱离现场至空气新鲜处。保持呼吸道通畅。如呼吸困难,给输氧。如呼吸、心跳停止,立即进行心肺复苏术。就医。
食　　入	饮水,禁止催吐。如有不适感,就医。

应急处理	
消防措施	用水、泡沫、二氧化碳、干粉、砂土灭火。消防人员须佩戴空气呼吸器,穿全身耐酸碱消防服灭火。尽可能将容器从火场移至空旷处。喷水保持火场容器冷却,直至灭火结束。容器突然发出异常声音或出现异常现象,应立即撤离。
泄漏处理	建议应急处理人员戴正压自给式呼吸器,穿防静电、防腐蚀、防毒服,戴橡胶手套。小量泄漏:用砂土或其他不燃材料吸收。使用洁净的无火花工具收集吸收材料。大量泄漏:构筑围堤或挖坑收容。用泡沫覆盖,减少蒸发。

安全存储
储存于阴凉、干燥、通风良好的库房。远离火种、热源。库温不宜超过 37℃。包装必须密封,切勿受潮。应与氧化剂、碱类等分开存放,切忌混储。

废物处置
建议用焚烧法处置。处置前应参阅国家和地方有关法规。

中文名称：**异丁烷**　　英文名称：isobutane

CAS 登记号：75-28-5

化学式：$(CH_3)_3CH$　　相对分子质量：58.14

最高容许浓度 / 时量平均浓度	危险性类别	危险标识
未制定标准	易燃气体	

理化性质

闪点：-82.8℃	熔点：-159.6℃	沸点：-11.8℃
相对密度（$d_{水}$=1）：0.56（20℃）	相对蒸气密度（$d_{空气}$=1）：2.01	爆炸极限：1.4%~8.5%

预防措施

呼吸防护	一般不需要特殊防护。特殊情况下，建议佩戴过滤式防毒面具（半面罩）。
眼睛防护	一般不需要特殊防护。高浓度接触时，戴化学安全防护眼镜。
手 防 护	戴乳胶手套。
身体防护	穿防静电工作服。
其他防护	采用防爆型照明、通风设施。禁止使用易产生火花的机械设备和工具。

事故响应

皮肤接触	如果发生冻伤：将患处浸泡于 38~42℃的温水中复温。不要涂擦。不要使用热水或辐射热。使用清洁、干燥的敷料包扎。如有不适感，就医。
眼睛接触	提起眼睑，用流动清水或生理盐水冲洗。如有不适感，就医。
吸　　入	迅速脱离现场至空气新鲜处。保持呼吸道通畅。如呼吸困难，给输氧。如呼吸、心跳停止，立即进行心肺复苏术。就医。
食　　入	不会通过该途径接触。

应急处理

消防措施	用雾状水、泡沫、二氧化碳、干粉灭火。切断气源。若不能切断气源，则不允许熄灭泄漏处的火焰。消防人员须佩戴空气呼吸器，穿全身防火防毒服，在上风向灭火。尽可能将容器从火场移至空旷处。喷水冷却火场容器，直至灭火结束。
泄漏处理	建议应急处理人员戴正压自给式呼吸器，穿防静电服。液化气泄漏时，穿防静电、防寒服。作业时使用的所有设备应接地。若可能翻转容器，使之逸出气体而非液体。喷雾状水抑制蒸气或改变蒸气云流向，避免水流接触泄漏物。禁止用水直接冲洗泄漏物或泄漏源。隔离泄漏区直至气体散尽。

安全存储

储存于阴凉、通风的易燃气体专用库房。远离火种、热源。库温不宜超过 30℃。应与氧化剂分开存放，切忌混储。

废物处置

建议用焚烧法处置。

中文名称：**异戊醇**　　英文名称：isoamyl alcohol

CAS 登记号：123-51-3

化学式：$(CH_3)_2CH(CH_2)_2OH$　　相对分子质量：88.17

最高容许浓度 / 时量平均浓度	危险性类别	危险标识
未制定标准	可燃液体	

理化性质

闪点：43℃（CC）　　熔点：-117.2℃　　沸点：132.5℃

相对密度（$d_{水}$=1）：0.81（15℃）　　相对蒸气密度（$d_{空气}$=1）：3.04　　爆炸极限：1.2%~9.0%

预防措施

呼吸防护	一般不需要特殊防护。高浓度接触时，可佩戴过滤式防毒面具（半面罩）。
眼睛防护	必要时，戴化学安全防护眼镜。
手 防 护	戴乳胶手套。
身体防护	穿防静电工作服。
其他防护	采用防爆型照明、通风设施。禁止使用易产生火花的机械设备和工具。

事故响应

皮肤接触	脱去污染的衣着，用肥皂水和清水彻底冲洗皮肤。如有不适感，就医。
眼睛接触	提起眼睑，用流动清水或生理盐水冲洗。如有不适感，就医。
吸　　入	迅速脱离现场至空气新鲜处。保持呼吸道通畅。如呼吸困难，给输氧。如呼吸、心跳停止，立即进行心肺复苏术。就医。
食　　入	漱口，禁止催吐。口服活性炭悬液。如有不适感，就医。

应急处理

消防措施	用泡沫、二氧化碳、干粉、砂土灭火。消防人员须佩戴空气呼吸器，穿全身防火防毒服，在上风向灭火。尽可能将容器从火场移至空旷处。喷水保持火场容器冷却，直至灭火结束。容器突然发出异常声音或出现异常现象，应立即撤离。
泄漏处理	消除所有点火源。建议应急处理人员戴正压自给式呼吸器，穿防静电服，戴防护手套。小量泄漏：用砂土或其他不燃材料吸收。使用洁净的无火花工具收集吸收材料。大量泄漏：构筑围堤或挖坑收容。用泡沫覆盖，减少蒸发。用防爆泵转移至槽车或专用收集器内。

安全存储

储存于阴凉、通风的库房。远离火种、热源。库温不宜超过37℃。保持容器密封。应与氧化剂、酸类等分开存放，切忌混储。

废物处置

用焚烧法处置。

中文名称:**异戊烷**　　英文名称:isopentane

CAS 登记号:78-78-4

化学式:$(CH_3)_2CHC_2H_5$　　相对分子质量:72.2

最高容许浓度 / 时量平均浓度	危险性类别	危险标识
未制定标准	高度易燃液体	 高度易燃液体

理化性质

闪点:<-51℃(CC)	熔点:-159.9℃	沸点:27.8℃
相对密度($d_{水}$=1):0.62	相对蒸气密度($d_{空气}$=1):2.48	爆炸极限:1.4%~7.6%

预防措施

呼吸防护	空气中浓度较高时,应该佩戴过滤式防毒面具(半面罩)。	 戴过滤式防毒面具(半面罩)  戴化学安全防护眼镜
眼睛防护	必要时,戴化学安全防护眼镜。	
手 防 护	戴橡胶耐油手套。	 戴橡胶耐油手套  穿防静电工作服
身体防护	穿防静电工作服。	
其他防护	采用防爆型照明、通风设施。禁止使用易产生火花的机械设备和工具。	

事故响应

皮肤接触	脱去污染的衣着,用肥皂水和清水彻底冲洗皮肤。如有不适感,就医。
眼睛接触	提起眼睑,用流动清水或生理盐水冲洗。如有不适感,就医。
吸　　入	迅速脱离现场至空气新鲜处。保持呼吸道通畅。如呼吸困难,给输氧。如呼吸、心跳停止,立即进行心肺复苏术。就医。
食　　入	饮水,禁止催吐。如有不适感,就医。

应急处理

消防措施	用泡沫、二氧化碳、干粉、砂土灭火。消防人员须佩戴空气呼吸器,穿全身防火防毒服,在上风向灭火。尽可能将容器从火场移至空旷处。喷水冷却火场容器。容器突然发出异常声音或出现异常现象,应立即撤离。用水灭火无效。
泄漏处理	消除所有点火源。建议应急处理人员戴正压自给式呼吸器,穿防静电服,戴橡胶耐油手套。禁止接触或跨越泄漏物。尽可能切断泄漏源。小量泄漏:用砂土或其他不燃材料吸收。使用洁净的无火花工具收集吸收材料。大量泄漏:构筑围堤或挖坑收容。用泡沫覆盖,减少蒸发。用防爆泵转移至槽车或专用收集器内。

安全存储

储存于阴凉、通风的库房。远离火种、热源。库温不超过 29℃。应与氧化剂分开存放,切忌混储。储区应备有泄漏应急处理设备和合适的收容材料。

废物处置

建议用焚烧法处置。处置前应参阅国家和地方有关法规。

中文名称:**异辛烷**　　英文名称:isooctane

CAS 登记号:540-84-1

化学式:$(CH_3)_2CHCH_2C(CH_3)_3$　　相对分子质量:114.23

最高容许浓度 / 时量平均浓度	危险性类别	危险标识
未制定标准	易燃液体	 易燃液体

理化性质

闪点:4.5℃(OC)	熔点:−107.4℃	沸点:99.2℃
相对密度($d_{水}$=1):0.69(20℃)	相对蒸气密度($d_{空气}$=1):3.9	爆炸极限:1.1%~6.0%

预防措施

呼吸防护	一般不需要特殊防护。高浓度接触时,可佩戴过滤式防毒面具(半面罩)。	 戴过滤式防毒面具(半面罩)  戴化学安全防护眼镜  戴橡胶耐油手套  穿防静电工作服
眼睛防护	戴化学安全防护眼镜。	
手 防 护	戴橡胶耐油手套。	
身体防护	穿防静电工作服。	
其他防护	采用防爆型照明、通风设施。禁止使用易产生火花的机械设备和工具。	

事故响应

皮肤接触	脱去污染的衣着,用肥皂水和清水彻底冲洗皮肤。如有不适感,就医。
眼睛接触	提起眼睑,用流动清水或生理盐水冲洗。如有不适感,就医。
吸　　入	迅速脱离现场至空气新鲜处。保持呼吸道通畅。如呼吸困难,给输氧。如呼吸、心跳停止,立即进行心肺复苏术。就医。
食　　入	饮水,禁止催吐。如有不适感,就医。

应急处理

消防措施	用泡沫、二氧化碳、干粉、砂土灭火。消防人员须佩戴空气呼吸器,穿全身防火防毒服,在上风向灭火。尽可能将容器从火场移至空旷处。喷水冷却火场容器。容器突然发出异常声音或出现异常现象,应立即撤离。用水灭火无效。
泄漏处理	建议应急处理人员戴正压自给式呼吸器,穿防静电服。作业时所用的所有设备应接地。禁止接触或跨越泄漏物。防止泄漏物进入水体、下水道、地下室或限制性空间。小量泄漏:用砂土或其他不燃材料吸收。使用洁净的无火花工具收集吸收材料。大量泄漏:构筑围堤或挖坑收容。用泡沫覆盖,减少蒸发。

安全存储

储存于阴凉、通风的库房。远离火种、热源。库温不宜超过37℃。保持容器密封。应与氧化剂分开存放。

废物处置

建议用焚烧法处置。处置前应参阅国家和地方有关法规。

中文名称:**异辛烯**　　英文名称:isooctene

CAS登记号:11071-47-9

化学式:$(CH_3)_2CH(CH_2)_3CH{=}CH_2$　　相对分子质量:112.21

最高容许浓度/时量平均浓度	危险性类别	危险标识
未制定标准	易燃液体	

理化性质

闪点:3℃	熔点:-105℃	沸点:112~113℃
相对密度($d_{水}$=1):0.72(15.5℃)	相对蒸气密度($d_{空气}$=1):无资料	爆炸极限:0.9%~5.5%

预防措施

呼吸防护	空气中浓度较高时,应该佩戴过滤式防毒面具(半面罩)。
眼睛防护	必要时,戴化学安全防护眼镜。
手 防 护	戴橡胶耐油手套。
身体防护	穿防静电工作服。
其他防护	采用防爆型照明、通风设施。禁止使用易产生火花的机械设备和工具。

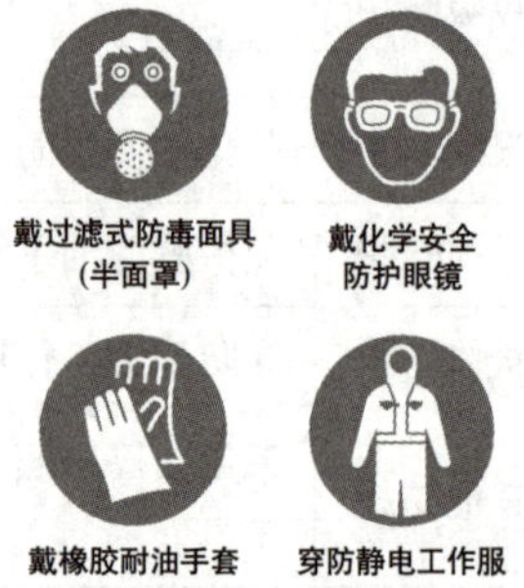

事故响应

皮肤接触	脱去污染的衣着,用肥皂水和清水彻底冲洗皮肤。如有不适感,就医。
眼睛接触	提起眼睑,用流动清水或生理盐水冲洗。如有不适感,就医。
吸　　入	迅速脱离现场至空气新鲜处。保持呼吸道通畅。如呼吸困难,给输氧。如呼吸、心跳停止,立即进行心肺复苏术。就医。
食　　入	饮大量温水,催吐。就医。

应急处理

消防措施	用泡沫、干粉、二氧化碳、砂土灭火。消防人员须佩戴空气呼吸器,穿全身防火防毒服,在上风向灭火。尽可能将容器从火场移至空旷处。喷水冷却容器。容器突然发出异常声音或出现异常现象,应立即撤离。用水灭火无效。
泄漏处理	建议应急处理人员戴空气呼吸器,穿防静电服,戴橡胶耐油手套。小量泄漏:用砂土或其他不燃材料吸收。使用洁净的无火花工具收集吸收材料。大量泄漏:构筑围堤或挖坑收容。

安全存储

储存于阴凉、通风的库房。远离火种、热源。应与氧化剂、酸类、过氧化物分开存放,切忌混储。

废物处置

建议用焚烧法处置。处置前应参阅国家和地方有关法规。

中文名称:**原甲酸乙酯**　　英文名称:ethyl orthoformate

CAS 登记号:122-51-0

化学式:$(C_2H_5O)_3CH$　　相对分子质量:148.23

最高容许浓度 / 时量平均浓度	危险性类别	危险标识
未制定标准	可燃液体	 可燃液体

理化性质

闪点:30℃ (CC);35℃ (OC)　　熔点:-61℃　　沸点:145.9℃

相对密度($d_{水}$=1):0.89　　相对蒸气密度($d_{空气}$=1):5.11　　爆炸极限:0.7%~25.1%

预防措施

呼吸防护	一般不需要特殊防护。高浓度接触时,可佩戴过滤式防毒面具(半面罩)。
眼睛防护	一般不需要特殊防护。高浓度接触时,可戴化学安全防护眼镜。
手 防 护	戴橡胶耐油手套。
身体防护	穿防静电工作服。
其他防护	采用防爆型照明、通风设施。禁止使用易产生火花的机械设备和工具。

戴过滤式防毒面具(半面罩)

戴化学安全防护眼镜

戴橡胶耐油手套

穿防静电工作服

事故响应

皮肤接触	脱去污染的衣着,用肥皂水和清水彻底冲洗皮肤。如有不适感,就医。
眼睛接触	提起眼睑,用流动清水或生理盐水冲洗。如有不适感,就医。
吸　　入	迅速脱离现场至空气新鲜处。保持呼吸道通畅。如呼吸困难,给输氧。如呼吸、心跳停止,立即进行心肺复苏术。就医。
食　　入	饮水,禁止催吐,如有不适感,就医。

应急处理

消防措施	用泡沫、干粉、二氧化碳、砂土灭火。消防人员须佩戴空气呼吸器,穿全身防火防毒服,在上风向灭火。尽可能将容器从火场移至空旷处。喷水冷却火场容器,直至灭火结束。容器突然发出异常声音或出现异常现象,应立即撤离。
泄漏处理	建议应急处理人员戴正压自给式呼吸器,穿防静电服,戴橡胶耐油手套。小量泄漏:用砂土或其他不燃材料吸收。使用洁净的无火花工具收集吸收材料。大量泄漏:构筑围堤或挖坑收容。

安全存储

储存于阴凉、通风的库房。远离火种、热源。库温不宜超过 37℃。保持容器密封。应与氧化剂、酸类分开存放,切忌混储。

废物处置

建议用焚烧法处置。处置前应参阅国家和地方有关法规。

中文名称:**正丙醇**　　英文名称:*n*-propyl alcohol

CAS 登记号:71-23-8

化学式:C_3H_7OH　　相对分子质量:60.11

时量平均浓度	危险性类别	危险标识
PC-TWA:200 mg/m^3	易燃液体	 易燃液体

理化性质

闪点:15℃	熔点:-127℃	沸点:97.1℃
相对密度($d_{水}$=1):0.8	相对蒸气密度($d_{空气}$=1):2.1	爆炸极限:2.1%~13.5%

预防措施

呼吸防护	一般不需要特殊防护。高浓度接触时,可佩戴过滤式防毒面具(半面罩)。
眼睛防护	一般不需要特殊防护。高浓度接触时,可戴化学安全防护眼镜。
手 防 护	戴橡胶手套。
身体防护	穿防静电工作服。
其他防护	采用防爆型照明、通风设施。禁止使用易产生火花的机械设备和工具。

戴过滤式防毒面具(半面罩)

戴化学安全防护眼镜

戴橡胶手套

穿防静电工作服

事故响应

皮肤接触	脱去污染的衣着,用肥皂水和清水彻底冲洗皮肤。如有不适感,就医。
眼睛接触	提起眼睑,用流动清水或生理盐水冲洗。如有不适感,就医。
吸　　入	迅速脱离现场至空气新鲜处。保持呼吸道通畅。如呼吸困难,给输氧。如呼吸、心跳停止,立即进行心肺复苏术。就医。
食　　入	饮水,禁止催吐。如有不适感,就医。

应急处理

消防措施	用抗溶性泡沫、二氧化碳、干粉、砂土灭火。消防人员须佩戴防毒面具,穿全身消防服,在上风向灭火。尽可能将容器从火场移至空旷处。喷水保持火场容器冷却,直至灭火结束。容器突然发出异常声音或出现异常现象,应立即撤离。
泄漏处理	建议应急处理人员戴正压自给式呼吸器,穿防静电服。小量泄漏:用砂土或其他不燃材料吸收。使用洁净的无火花工具收集吸收材料。大量泄漏:构筑围堤或挖坑收容。用抗溶性泡沫覆盖,减少蒸发。用防爆泵转移至槽车或专用收集器内。

安全存储

储存于阴凉、通风的库房。远离火种、热源。库温不超过 37℃。保持容器密封。应与氧化剂、酸类、卤素、食用化学品等分开存放,切忌混储。

废物处置

建议用焚烧法处置。处置前应参阅国家和地方有关法规。

中文名称：**正丁胺**	英文名称：*n*-butylamine
CAS 登记号：109-73-9	
化学式：$C_4H_9NH_2$	相对分子质量：73.16

最高容许浓度	危险性类别	危险标识
MAC：15 mg/m^3	易燃液体	 易燃液体

理化性质

闪点：-12℃	熔点：-50℃	沸点：78℃
相对密度（$d_{水}$=1）：0.74	相对蒸气密度（$d_{空气}$=1）：2.52	爆炸极限：1.7%~9.8%

预防措施

呼吸防护	可能接触其蒸气时，佩戴过滤式防毒面具（全面罩）。紧急事态抢救或撤离时，应该佩戴空气呼吸器。	 戴过滤式防毒面具（全面罩）  戴空气呼吸器  戴橡胶耐油手套  穿实验室工作服
眼睛防护	呼吸防护中已做防护。	
手 防 护	戴橡胶耐油手套。	
身体防护	穿实验室工作服。	
其他防护	采用防爆型照明、通风设施。禁止使用易产生火花的机械设备和工具。	

事故响应

皮肤接触	立即脱去污染的衣着，用大量流动清水冲洗 20~30 min。如有不适感，就医。
眼睛接触	立即提起眼睑，用大量流动清水或生理盐水彻底冲洗 10~15 min。如有不适感，就医。
吸　　入	迅速脱离现场至空气新鲜处。保持呼吸道通畅。如呼吸困难，给输氧。如呼吸、心跳停止，立即进行心肺复苏术。就医。
食　　入	饮水，禁止催吐。如有不适感，就医。

应急处理

消防措施	用抗溶性泡沫、干粉、二氧化碳、砂土灭火。消防人员须佩戴空气呼吸器，穿全身防火防毒服，在上风向灭火。尽可能将容器从火场移至空旷处。喷水冷却火场容器，直至灭火结束。容器突然发出异常声音或出现异常现象，应立即撤离。
泄漏处理	建议应急处理人员戴正压自给式呼吸器，穿防静电、防腐蚀、防毒服，戴橡胶耐油手套。小量泄漏：用砂土或其他不燃材料吸收。使用洁净的无火花工具收集吸收材料。大量泄漏：构筑围堤或挖坑收容。用抗溶性泡沫覆盖，减少蒸发。用防爆、耐腐蚀泵转移至槽车或专用收集器内。

安全存储

储存于阴凉、通风的库房。远离火种、热源。库温不宜超过 37℃。保持容器密封。应与氧化剂、酸类、铝分开存放，切忌混储。储区应备有泄漏应急处理设备。

废物处置

建议用焚烧法处置。焚烧炉排出的氮氧化物通过洗涤器除去。

中文名称：**正丁醇**　　英文名称：*n*–butyl alcohol

CAS 登记号：71–36–3

化学式：C_4H_9OH　　相对分子质量：74.14

时量平均浓度	危险性类别	危险标识
PC–TWA：100 mg/m^3	可燃液体	 可燃液体

理化性质		
闪点：29℃	熔点：–89.8℃	沸点：117.7℃
相对密度（$d_{水}$=1）：0.81	相对蒸气密度（$d_{空气}$=1）：2.55	爆炸极限：1.4%~11.3%

预防措施	
呼吸防护	一般不需要特殊防护。高浓度接触时，可佩戴过滤式防毒面具（半面罩）。
眼睛防护	戴化学安全防护眼镜。
手 防 护	戴乳胶手套。
身体防护	穿防静电工作服。
其他防护	采用防爆型照明、通风设施。禁止使用易产生火花的机械设备和工具。

事故响应	
皮肤接触	脱去污染的衣着，用肥皂水和清水彻底冲洗皮肤。如有不适感，就医。
眼睛接触	立即提起眼睑，用大量流动清水或生理盐水彻底冲洗 10~15 min。如有不适感，就医。
吸　　入	迅速脱离现场至空气新鲜处。保持呼吸道通畅。如呼吸困难，给输氧。如呼吸停止，立即进行人工呼吸。就医。
食　　入	饮大量温水，催吐。就医。

应急处理	
消防措施	用泡沫、干粉、二氧化碳、雾状水、1211 灭火剂、砂土灭火。消防人员须佩戴防毒面具，穿全身消防服，在上风向灭火。尽可能将容器从火场移至空旷处。喷水冷却容器，直至灭火结束。容器突然发出异常声音或出现异常现象，应立即撤离。
泄漏处理	建议应急处理人员戴正压自给式呼吸器，穿防静电服。禁止接触或跨越泄漏物。尽可能切断泄漏源。小量泄漏：用砂土或其他不燃材料吸收。使用洁净的无火花工具收集吸收材料。大量泄漏：构筑围堤或挖坑收容。用抗溶性泡沫覆盖，减少蒸发。用防爆泵转移至槽车或专用收集器内。

安全存储
储存于阴凉、通风的库房。远离火种、热源。温度不超过 37℃。保持容器密封。应与氧化剂、酸类分开存放，切忌混储。

废物处置
建议用焚烧法处置。处置前应参阅国家和地方有关法规。

中文名称:**正丁醛**　　英文名称:*n*-butyraldehyde

CAS 登记号:123-72-8

化学式:C_3H_7CHO　　相对分子质量:72.1

时量平均浓度	危险性类别	危险标识
PC-TWA:5 mg/m^3	易燃液体	 易燃液体

理化性质

闪点:-22℃ (CC)	熔点:-99℃	沸点:75℃
相对密度($d_{水}$=1):0.80	相对蒸气密度($d_{空气}$=1):2.5	爆炸极限:1.9%~12.5%

预防措施

呼吸防护	空气中浓度超标时,应该佩戴过滤式防毒面具(全面罩)。	 戴过滤式防毒面具(全面罩)  戴橡胶手套  穿防静电工作服
眼睛防护	呼吸防护中已做防护。	
手防护	戴橡胶手套。	
身体防护	穿防静电工作服。	
其他防护	采用防爆型照明、通风设施。禁止使用易产生火花的机械设备和工具。	

事故响应

皮肤接触	脱去污染的衣着,用肥皂水和清水彻底冲洗皮肤。如有不适感,就医。
眼睛接触	提起眼睑,用流动清水或生理盐水冲洗。如有不适感,就医。
吸入	迅速脱离现场至空气新鲜处。保持呼吸道通畅。如呼吸困难,给输氧。如呼吸、心跳停止,立即进行心肺复苏术。就医。
食入	漱口。如有不适感,就医。

应急处理

消防措施	用泡沫、干粉、二氧化碳、砂土灭火。消防人员须佩戴防毒面具,穿全身消防服,在上风向灭火。尽可能将容器从火场移至空旷处。喷水冷却火场容器,直至灭火结束。容器突然发出异常声音或出现异常现象,应立即撤离。用水灭火无效。
泄漏处理	消除所有点火源。建议应急处理人员戴正压自给式呼吸器,穿防静电服,戴橡胶手套。禁止接触或跨越泄漏物。尽可能切断泄漏源。小量泄漏:用砂土或其他不燃材料吸收。使用洁净的无火花工具收集吸收材料。大量泄漏:构筑围堤或挖坑收容。用抗溶性泡沫覆盖,减少蒸发。用防爆泵转移至槽车或专用收集器内。

安全存储

储存于阴凉、通风的库房。远离火种、热源。库温不宜超过37℃。包装要求密封,不可与空气接触。应与氧化剂、碱类、还原剂分开存放,切忌混储。

废物处置

建议用焚烧法处置。处置前应参阅国家和地方有关法规。

中文名称:**正庚烷**　　　　英文名称:*n*-heptane

CAS 登记号:142-82-5

化学式:C_7H_{16}　　　　相对分子质量:100.23

时量平均浓度	危险性类别	危险标识
PC-TWA:500 mg/m^3	易燃液体	 易燃液体

理化性质

闪点:-4℃(CC);-1℃(OC)	熔点:-90.5℃	沸点:98.5℃
相对密度($d_{水}$=1):0.68	相对蒸气密度($d_{空气}$=1):3.45	爆炸极限:1.05%~6.7%

预防措施

呼吸防护	空气中浓度较高时,佩戴过滤式防毒面具(半面罩)。	 戴过滤式防毒面具(半面罩)  戴化学安全防护眼镜  戴橡胶耐油手套  穿防静电工作服
眼睛防护	戴化学安全防护眼镜。	
手 防 护	戴橡胶耐油手套。	
身体防护	穿防静电工作服。	
其他防护	采用防爆型照明、通风设施。禁止使用易产生火花的机械设备和工具。	

事故响应

皮肤接触	脱去污染的衣着,用肥皂水和清水彻底冲洗皮肤。如有不适感,就医。
眼睛接触	提起眼睑,用流动清水或生理盐水冲洗。如有不适感,就医。
吸　　入	迅速脱离现场至空气新鲜处。保持呼吸道通畅。如呼吸困难,给输氧。如呼吸、心跳停止,立即进行心肺复苏术。就医。
食　　入	饮水,禁止催吐。如有不适感,就医。

应急处理

消防措施	用泡沫、干粉、二氧化碳、砂土灭火。消防人员须佩戴空气呼吸器,穿全身防火防毒服,在上风向灭火。尽可能将容器从火场移至空旷处。喷水冷却容器。容器突然发出异常声音或出现异常现象,应立即撤离。用水灭火无效。
泄漏处理	消除所有点火源。建议应急处理人员戴正压自给式呼吸器,穿防静电服,戴橡胶耐油手套。禁止接触或跨越泄漏物。尽可能切断泄漏源。小量泄漏:用砂土或其他不燃材料吸收。使用洁净的无火花工具收集吸收材料。大量泄漏:构筑围堤或挖坑收容。用泡沫覆盖,减少蒸发。用防爆泵转移至槽车或专用收集器内。

安全存储

储存于阴凉、通风的库房。远离火种、热源。库温不宜超过37℃。保持容器密封。应与氧化剂分开存放,切忌混储。储区应备有泄漏应急处理设备和合适的收容材料。

废物处置

建议用焚烧法处置。处置前应参阅国家和地方有关法规。

中文名称:**正己胺**　　英文名称:*n*–hexylamine

CAS 登记号:111-26-2

化学式:$C_6H_{13}NH_2$　　相对分子质量:101.22

最高容许浓度 / 时量平均浓度	危险性类别	危险标识
未制定标准	可燃液体	 可燃液体

理化性质

闪点:8℃(CC);29℃(OC)　　熔点:−22.9℃　　沸点:131.4℃

相对密度($d_{水}$=1):0.77　　相对蒸气密度($d_{空气}$=1):3.49　　爆炸极限:2.1%~9.3%

预防措施

呼吸防护	可能接触其蒸气时,佩戴过滤式防毒面具(全面罩)。
眼睛防护	呼吸防护中已做防护。
手 防 护	戴橡胶耐油手套。
身体防护	穿实验室工作服。
其他防护	采用防爆型照明、通风设施。禁止使用易产生火花的机械设备和工具。

戴过滤式防毒面具(全面罩)

戴橡胶耐油手套

穿实验室工作服

事故响应

皮肤接触	立即脱去污染的衣着,用大量流动清水冲洗 20~30 min。如有不适感,就医。
眼睛接触	立即提起眼睑,用大量流动清水或生理盐水彻底冲洗 10~15 min。如有不适感,就医。
吸　　入	迅速脱离现场至空气新鲜处。保持呼吸道通畅。如呼吸困难,给输氧。如呼吸、心跳停止,立即进行心肺复苏术。就医。
食　　入	饮水,禁止催吐。如有不适感,就医。

应急处理

消防措施	用雾状水、泡沫、干粉、二氧化碳、砂土灭火。消防人员须佩戴防毒面具,穿全身消防服,在上风向灭火。尽可能将容器从火场移至空旷处。喷水冷却火场容器,直至灭火结束。容器突然发出异常声音或出现异常现象,应立即撤离。
泄漏处理	建议应急处理人员戴正压自给式呼吸器,穿防静电、防腐蚀、防毒服,戴橡胶耐油手套。作业时所用的所有设备应接地。小量泄漏:用砂土或其他不燃材料吸收。使用洁净的无火花工具收集吸收材料。大量泄漏:构筑围堤或挖坑收容。用防爆、耐腐蚀泵转移至槽车或专用收集器内。

安全存储

储存于阴凉、通风库房。远离火种、热源。应与氧化剂、酸类分开存放,切忌混储。储区应备有泄漏应急处理设备和合适的收容材料。

废物处置

建议用焚烧法处置。处置前应参阅国家和地方有关法规。焚烧炉排出的氮氧化物通过洗涤器除去。

中文名称:**正己烷**	英文名称:*n*-hexane
CAS 登记号:110-54-3	
化学式:C_6H_{14}	相对分子质量:86.2

时量平均浓度	危险性类别	危险标识
PC-TWA:100 mg/m^3	高度易燃液体	 高度易燃液体

理化性质

闪点:-22℃	熔点:-95.3~-94.3℃	沸点:69℃
相对密度($d_{水}$=1):0.66	相对蒸气密度($d_{空气}$=1):2.97	爆炸极限:1.1%~7.5%

预防措施

呼吸防护	空气中浓度超标时,佩戴过滤式防毒面具(半面罩)。
眼睛防护	必要时,戴化学安全防护眼镜。
手 防 护	戴橡胶耐油手套。
身体防护	穿防静电工作服。
其他防护	采用防爆型照明、通风设施。禁止使用易产生火花的机械设备和工具。

戴过滤式防毒面具(半面罩)

戴化学安全防护眼镜

戴橡胶耐油手套

穿防静电工作服

事故响应

皮肤接触	脱去污染的衣着,用肥皂水和清水彻底冲洗皮肤。如有不适感,就医。
眼睛接触	提起眼睑,用流动清水或生理盐水冲洗。如有不适感,就医。
吸　　入	迅速脱离现场至空气新鲜处。保持呼吸道通畅。如呼吸困难,给输氧。如呼吸、心跳停止,立即进行心肺复苏术。就医。
食　　入	饮水,禁止催吐。如有不适感,就医。

应急处理

消防措施	用泡沫、干粉、二氧化碳、砂土灭火。消防人员须佩戴空气呼吸器,穿全身防火防毒服,在上风向灭火。喷水冷却容器。尽可能将容器从火场移至空旷处。容器突然发出异常声音或出现异常现象,应立即撤离。用水灭火无效。
泄漏处理	消除所有点火源。建议应急处理人员戴正压自给式呼吸器,穿防静电服,戴橡胶耐油手套。作业时所用的所有设备应接地。禁止接触或跨越泄漏物。尽可能切断泄漏源。小量泄漏:用砂土或其他不燃材料吸收。使用洁净的无火花工具收集吸收材料。大量泄漏:构筑围堤或挖坑收容。用泡沫覆盖,减少蒸发。用防爆泵转移至槽车或专用收集器内。

安全存储

储存于阴凉、通风的库房。远离火种、热源。库温不宜超过29℃。容器保持密封。应与氧化剂分开存放,切忌混储。

废物处置

用焚烧法处置。处置前应参阅国家和地方有关法规。

中文名称：**正壬烷**　　英文名称：*n*-nonane

CAS登记号：111-84-2

化学式：C_9H_{20}　　相对分子质量：128.2

时量平均浓度	危险性类别	危险标识
PC-TWA：500 mg/m^3	可燃液体	

理化性质

闪点：31℃（CC）	熔点：-51℃	沸点：150.8℃
相对密度（$d_{水}$=1)：0.72	相对蒸气密度（$d_{空气}$=1)：4.4	爆炸极限：0.8%~2.9%

预防措施

呼吸防护	一般不需要特殊防护。高浓度接触时，可佩戴过滤式防毒面具（半面罩）。
眼睛防护	戴化学安全防护眼镜。
手 防 护	戴橡胶耐油手套。
身体防护	穿防静电工作服。
其他防护	采用防爆型照明、通风设施。禁止使用易产生火花的机械设备和工具。

事故响应

皮肤接触	脱去污染的衣着，用肥皂水和清水彻底冲洗皮肤。如有不适感，就医。
眼睛接触	提起眼睑，用流动清水或生理盐水冲洗。如有不适感，就医。
吸　　入	迅速脱离现场至空气新鲜处。保持呼吸道通畅。如呼吸困难，给输氧。如呼吸、心跳停止，立即进行心肺复苏术。就医。
食　　入	饮水，禁止催吐。如有不适感，就医。

应急处理

消防措施	用泡沫、干粉、二氧化碳、砂土灭火。消防人员须佩戴空气呼吸器，穿全身防火防毒服，在上风向灭火。尽可能将容器从火场移至空旷处。喷水保持火场容器冷却，直至灭火结束。容器突然发出异常声音或出现异常现象，应立即撤离。
泄漏处理	消除所有点火源。建议应急处理人员戴正压自给式呼吸器，穿防静电服。尽可能切断泄漏源。防止泄漏物进入水体、下水道、地下室或限制性空间。小量泄漏：用砂土或其他不燃材料吸收。大量泄漏：构筑围堤或挖坑收容。用泡沫覆盖，减少蒸发。用砂土、惰性物质或蛭石吸收大量液体。

安全存储

储存于阴凉、通风的库房。远离火种、热源。库温不宜超过37℃。保持容器密封。应与氧化剂分开存放。储区应备有泄漏应急处理设备和合适的收容材料。

废物处置

建议用焚烧法处置。处置前应参阅国家和地方有关法规。

中文名称：**正戊醇**　　英文名称：*n*-pentanol

CAS 登记号：71-41-0

化学式：$C_5H_{11}OH$　　相对分子质量：88.17

时量平均浓度	危险性类别	危险标识
PC-TWA：100 mg/m^3	可燃液体	 可燃液体

理化性质

闪点：33℃（CC）	熔点：-78.2~-79℃	沸点：137.5℃
相对密度（$d_{水}$=1）：0.82	相对蒸气密度（$d_{空气}$=1）：3.04	爆炸极限：1.2%~10.5%

预防措施

呼吸防护	一般不需要特殊防护。高浓度接触时，可佩戴过滤式防毒面具（半面罩）。
眼睛防护	戴化学安全防护眼镜。
手 防 护	戴橡胶耐油手套。
身体防护	穿防静电工作服。
其他防护	采用防爆型照明、通风设施。禁止使用易产生火花的机械设备和工具。

戴过滤式防毒面具（半面罩）

戴化学安全防护眼镜

戴橡胶耐油手套

穿防静电工作服

事故响应

皮肤接触	脱去污染的衣着，用肥皂水和清水彻底冲洗皮肤。如有不适感，就医。
眼睛接触	提起眼睑，用流动清水或生理盐水冲洗。如有不适感，就医。
吸　　入	迅速脱离现场至空气新鲜处。保持呼吸道通畅。如呼吸困难，给输氧。如呼吸、心跳停止，立即进行心肺复苏术。就医。
食　　入	用水漱口，禁止催吐。就医。

应急处理

消防措施	用泡沫、干粉、二氧化碳、1211 灭火剂、砂土灭火。消防人员须佩戴空气呼吸器，穿全身防火防毒服，在上风向灭火。尽可能将容器从火场移至空旷处。喷水保持火场容器冷却。
泄漏处理	消除所有点火源。建议应急处理人员戴正压自给式呼吸器，穿防静电服，戴橡胶耐油手套。作业时所用的所有设备应接地。禁止接触或跨越泄漏物。尽可能切断泄漏源。防止泄漏物进入水体、下水道、地下室或限制性空间。小量泄漏：用砂土或其他不燃材料吸收。使用洁净的无火花工具收集吸收材料。大量泄漏：构筑围堤或挖坑收容。用砂土、惰性物质或蛭石吸收大量液体。用抗溶性泡沫覆盖，减少蒸发。

安全存储

储存于阴凉、通风的库房。远离火种、热源。库温不宜超过 37℃。保持容器密封。应与氧化剂、酸类等分开存放，切忌混储。储区应备有泄漏应急处理设备。

废物处置

建议用焚烧法处置。处置前应参阅国家和地方有关法规。

中文名称:**正辛烷**　　英文名称:*n*-octane

CAS 登记号:111-65-9

化学式:C_8H_{18}　　相对分子质量:114.26

时量平均浓度	危险性类别	危险标识
PC-TWA:500 mg/m^3	易燃液体	 易燃液体

理化性质		
闪点:13℃(CC);22℃(OC)	熔点:-56.8℃	沸点:125.6℃
相对密度($d_{水}$=1):0.70	相对蒸气密度($d_{空气}$=1):3.94	爆炸极限:1.0%~6.5%

预防措施		
呼吸防护	一般不需要特殊防护。高浓度接触时,可佩戴过滤式防毒面具(半面罩)。	 戴过滤式防毒面具(半面罩)  戴化学安全防护眼镜
眼睛防护	必要时,戴化学安全防护眼镜。	
手 防 护	戴橡胶耐油手套。	 戴橡胶耐油手套  穿防静电工作服
身体防护	穿防静电工作服。	
其他防护	采用防爆型照明、通风设施。禁止使用易产生火花的机械设备和工具。	

事故响应	
皮肤接触	脱去污染的衣着,用肥皂水和清水彻底冲洗皮肤。如有不适感,就医。
眼睛接触	提起眼睑,用流动清水或生理盐水冲洗。如有不适感,就医。
吸　　入	迅速脱离现场至空气新鲜处。保持呼吸道通畅。如呼吸困难,给输氧。如呼吸、心跳停止,立即进行心肺复苏术。就医。
食　　入	不给任何饮品,禁止催吐。如有不适感,就医。

应急处理	
消防措施	用泡沫、干粉、二氧化碳、砂土灭火。消防人员须佩戴空气呼吸器,穿全身防火防毒服,在上风向灭火。尽可能将容器从火场移至空旷处。喷水保持火场容器冷却,直至灭火结束。容器突然发出异常声音或出现异常现象,应立即撤离。
泄漏处理	消除所有点火源。建议应急处理人员戴正压自给式呼吸器,穿防静电服,戴橡胶耐油手套。防止泄漏物进入水体、下水道、地下室或限制性空间。小量泄漏:用砂土或其他不燃材料吸收。使用洁净的无火花工具收集吸收材料。大量泄漏:构筑围堤或挖坑收容。用泡沫覆盖,减少蒸发。用防爆泵转移至槽车或专用收集器内。

安全存储
储存于阴凉、通风的库房。远离火种、热源。库温不宜超过37℃。保持容器密封。应与氧化剂分开存放,切忌混储。储区应备有泄漏应急处理设备和合适的收容材料。

废物处置
建议用焚烧法处置。处置前应参阅国家和地方有关法规。

中文名称:**仲丁醇**　　英文名称:sec-butyl alcohol

CAS 登记号:78-92-2

化学式:$CH_3(OH)CHC_2H_5$　　相对分子质量:74.14

最高容许浓度/时量平均浓度	危险性类别	危险标识
未制定标准	可燃液体	 可燃液体

理化性质		
闪点:23℃ (OC)	熔点:-114.7℃	沸点:99.5℃
相对密度($d_{水}$=1):0.81	相对蒸气密度($d_{空气}$=1):2.6	爆炸极限:1.7%~9.8%

预防措施		
呼吸防护	一般不需要特殊防护。高浓度接触时,可佩戴过滤式防毒面具(半面罩)。	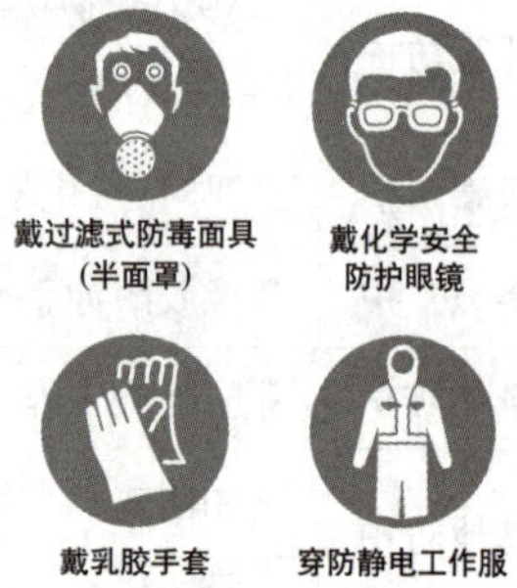
眼睛防护	戴化学安全防护眼镜。	
手 防 护	戴乳胶手套。	
身体防护	穿防静电工作服。	
其他防护	采用防爆型照明、通风设施。禁止使用易产生火花的机械设备和工具。	

事故响应	
皮肤接触	脱去污染的衣着,用肥皂水和清水彻底冲洗皮肤。如有不适感,就医。
眼睛接触	立即提起眼睑,用大量流动清水或生理盐水彻底冲洗 10~15 min。如有不适感,就医。
吸　　入	迅速脱离现场至空气新鲜处。保持呼吸道通畅。如呼吸困难,给输氧。如呼吸、心跳停止,立即进行心肺复苏术。就医。
食　　入	饮大量温水,禁止催吐。如有不适感,就医。

应急处理	
消防措施	用抗溶性泡沫、干粉、二氧化碳、雾状水、1211 灭火剂、砂土灭火。消防人员须佩戴防毒面具,穿全身消防服,在上风向灭火。尽可能将容器从火场移至空旷处。喷水冷却火场容器。容器突然发出异常声音或出现异常现象,应立即撤离。
泄漏处理	消除所有点火源。建议应急处理人员戴正压自给式呼吸器,穿防静电服。作业时所用的所有设备应接地。禁止接触或跨越泄漏物。尽可能切断泄漏源。防止泄漏物进入水体、下水道、地下室或限制性空间。小量泄漏:用砂土或其他不燃材料吸收。使用洁净的无火花工具收集吸收材料。大量泄漏:构筑围堤或挖坑收容。用抗溶性泡沫覆盖,减少蒸发。

安全存储

储存于阴凉、通风的库房。远离火种、热源。库温不宜超过 37℃。保持容器密封。应与氧化剂、酸类、卤素分开存放,切忌混储。

废物处置

建议用焚烧法处置。处置前应参阅国家和地方有关法规。

郑重声明